高等职业教育建筑设备类专业系列教材

建筑供配电与照明

主　编　张之光
副主编　黄兴豪
参　编　范蕴秋　迟权晟

机 械 工 业 出 版 社

本书在深入研究高职高专教育建筑设备类专业人才培养目标、专业教育标准和专业培养方案的基础上，按照"以能力为本位"的教学指导思想，围绕职业岗位范围、知识结构、能力结构、业务规格和素质要求编写，注重建筑供配电在生产和工程实际中的应用。

本书共九个项目，主要内容包括：供配电系统概述；电力负荷及其计算；电气设备的选择；电力线路的确定与运行维护；变配电所的确定与运行维护；电气照明系统设计；照明系统设备安装；雷电的防御；安全用电与急救。每个项目根据实际工作设计了多个教学任务。

本书可作为高职高专建筑设备工程技术、建筑工程管理、建筑工程技术等专业的教材，也可作为相关工程技术人员的培训用书和参考用书。

为便于教学，本书配套了丰富的配套资源，包括电子课件、微课视频、作业库和习题库等。凡使用本书作为授课教材的教师，均可登录机工教育服务网 www.cmpedu.com 下载资源，或加入机工社职教建筑 QQ 群 221010660 索取。如有疑问，请拨打编辑电话 010-88379373。

图书在版编目（CIP）数据

建筑供配电与照明/张之光主编. —北京：机械工业出版社，2022.12
高等职业教育建筑设备类专业系列教材
ISBN 978-7-111-72138-3

Ⅰ.①建… Ⅱ.①张… Ⅲ.①房屋建筑设备-供电系统-高等职业教育-教材②房屋建筑设备-配电系统-高等职业教育-教材③房屋建筑设备-电气照明-高等职业教育-教材 Ⅳ.①TU852②TU113.8

中国版本图书馆 CIP 数据核字（2022）第 224802 号

机械工业出版社（北京市百万庄大街 22 号 邮政编码 100037）
策划编辑：陈紫青　　　　　责任编辑：陈紫青
责任校对：郑　婕　陈　越　封面设计：马精明
责任印制：常天培
北京机工印刷厂有限公司印刷
2023 年 6 月第 1 版第 1 次印刷
184mm×260mm · 16.75 印张 · 413 千字
标准书号：ISBN 978-7-111-72138-3
定价：49.90 元

电话服务　　　　　　　　　网络服务
客服电话：010-88361066　　机　工　官　网：www.cmpbook.com
　　　　　010-88379833　　机　工　官　博：weibo.com/cmp1952
　　　　　010-68326294　　金　书　网：www.golden-book.com
封底无防伪标均为盗版　机工教育服务网：www.cmpedu.com

前　言

　　"建筑供配电与照明"是一门理论性和实践性都比较强的课程。本书在编写过程中，针对高等职业教育的教学特点，注重理论与实践相结合，同时注重培养学生的动手能力以及分析问题和解决问题的能力。

　　为保证教材内容贴近实际岗位工作，本书在内容和选材方面，力求保证知识的实用性、系统性、先进性和适用性，介绍了新工艺、新技术，遵循新标准、新规范，尽量做到语言表述精炼，图文并茂，便于理解掌握。

　　本书具有以下特色。

　　1. 校企合作开发，注重实践性

　　本书编写团队中既有来自职业院校的资深教师，又有企业一线工作人员，注重理论知识与实践操作的结合，体现职业教育特色。

　　2. "项目—任务"编写模式，设置任务工单，培养职业技能

　　为贯彻党的二十大精神，坚持问题导向，增强问题意识，提出真正解决问题的新理念、新思路、新方法，本书采用"项目—任务"编写模式，内容以"实用、够用"为原则，避免过于繁杂的理论知识，并设置了任务工单，模拟工作场景，以培养职业技能为主要目标。

　　3. 融入职业素养要求，坚持"德技并修"

　　本书每个项目最后均提炼出了"职业素养要求"，让学生在学习专业知识的同时，不断提升自己的职业素养，做到"德技并修"。

　　4. 配套丰富的数字化资源，助力教学

　　为了便于教学，本书配套了PPT课件、微课视频、作业库和习题库等数字化资源。

　　本书由辽宁建筑职业学院张之光担任主编，中国建筑第八工程局有限公司东北公司黄兴豪担任副主编，辽宁建筑职业学院范蕴秋、沈阳天润热力有限公司迟权晟参与了部分内容的编写工作。具体编写分工如下：张之光负责全书的策划及统稿工作，并编写项目一至项目五和附录；黄兴豪负责教学项目和教学任务的划分，并编写任务工单及项目八；范蕴秋编写项目六和项目七；迟权晟编写项目九。本书参考借鉴了多位专家和同行的作品，同时也得到许多单位和个人的大力支持，课程视频主要由中国建筑第八工程局有限公司东北公司张藤完成，在此表示衷心的感谢。

　　由于水平有限，书中难免会有错漏之处，敬请读者批评指正，不胜感激。

编　者

二维码视频列表

序号	二维码	页码	序号	二维码	页码
1	箱式变压器	45	6	建筑电气施工图的 识读方法与步骤	190
2	配电箱	85	7	建筑电气系统图识读示例	190
3	灯具	167	8	建筑电气平面图识读示例	190
4	建筑电气施工图的 组成及内容	182	9	灯具的安装	195
5	建筑电气施工图的 表达方式	183	10	开关、插座的安装	196

（续）

序号	二维码	页码	序号	二维码	页码
11	插座	196	14	电气安全基本知识	226
12	避雷针	200	15	安全用电注意事项	227
13	局部等电位联结	223	16	安全急救	228

目　录

前言

二维码视频列表

项目一　供配电系统概述 ·· 1
　　任务1　供配电电压的确定 ··· 1
　　任务2　低压配电系统接地形式的确定 ······························· 10
　　职业素养要求 ··· 13

项目二　电力负荷及其计算 ··· 14
　　任务1　电力负荷的分级 ··· 14
　　任务2　三相负荷计算 ··· 20
　　任务3　单相负荷计算 ··· 31
　　任务4　无功补偿 ··· 36
　　任务5　尖峰电流计算 ··· 42
　　职业素养要求 ··· 44

项目三　电气设备的选择 ·· 45
　　任务1　电力变压器的选择 ·· 45
　　任务2　互感器的选择 ··· 53
　　任务3　常用高压电气设备的选择 ·· 60
　　任务4　常用低压电气设备的选择 ·· 76
　　职业素养要求 ··· 89

项目四　电力线路的确定与运行维护 ····································· 90
　　任务1　电力线路接线方式的选择 ·· 90
　　任务2　供配电线路的敷设 ·· 96
　　任务3　导线的选择 ··· 105
　　任务4　电力线路的运行维护 ··· 114
　　职业素养要求 ··· 119

项目五　变配电所的确定与运行维护 ····································· 120
　　任务1　变电所的类型选择与选址 ·· 120
　　任务2　变电所的布置 ··· 125
　　任务3　确定变配电所主接线方案 ·· 134
　　任务4　变配电所的运行维护 ··· 145

职业素养要求 ·· 153

项目六　电气照明系统设计 ·· 154

　　任务 1　电气照明概述 ·· 154
　　任务 2　电光源的选择 ·· 160
　　任务 3　灯具的选择与布置 ···································· 167
　　任务 4　照度计算 ·· 173
　　任务 5　照明配电及控制 ······································ 178
　　职业素养要求 ·· 181

项目七　照明系统设备安装 ·· 182

　　任务 1　建筑电气施工图识读 ·································· 182
　　任务 2　照明器具的安装 ······································ 195
　　职业素养要求 ·· 198

项目八　雷电的防御 ·· 199

　　任务 1　防雷装置的选择与安装 ································ 199
　　任务 2　防雷措施 ·· 209
　　任务 3　电气装置的接地 ······································ 218
　　职业素养要求 ·· 225

项目九　安全用电与急救 ·· 226

　　任务 1　制订电气安全措施 ···································· 226
　　任务 2　安全急救 ·· 230
　　职业素养要求 ·· 233

附　录 ·· 234

　　附录 1　机械工厂常用重要用电设备的负荷级别（JBJ 6—1996） ··· 234
　　附录 2　民用建筑中各类建筑物的主要用电负荷分级 ············ 236
　　附录 3　LJ 型铝绞线、LGJ 型钢芯铝绞线和 LMY 型涂漆矩形硬铝母线的
　　　　　　主要技术数据 ·· 242
　　附录 4　绝缘导线和电缆的电阻和电抗值 ······················ 244
　　附录 5　10kV 油浸式三相双绕组无励磁调压配电变压器能效等级及
　　　　　　基本参数 ·· 245
　　附录 6　部分并联电容器的主要技术数据 ······················ 246
　　附录 7　功率因数调整电费表 ·································· 247
　　附录 8　绝缘导线明敷、穿钢管和穿塑料管时的允许载流量 ········ 248
　　附录 9　10kV 三芯交联聚乙烯绝缘电缆持续允许载流量及校正系数 ··· 252
　　附录 10　架空裸导线的最小截面积 ···························· 254
　　附录 11　绝缘导线芯线的最小截面积 ·························· 254
　　附录 12　部分民用和公共建筑照明标准值（GB 50034—2013） ···· 255
　　附录 13　部分工业建筑一般照明标准值（GB 50034—2013） ······ 257

参考文献 ·· 260

项目一 供配电系统概述

知识目标

1. 掌握电力系统的概念及组成，了解其运行的基本要求。
2. 掌握供配电系统的基本概念，了解常见供配电系统的类型。
3. 理解并掌握供配电系统各组成部分额定电压确定的方法。
4. 熟悉电力系统中性点运行方式的种类、特点及应用。

能力目标

1. 合理地确定发电机、变压器、线路及用电设备的额定电压。
2. 合理地选择电力用户的供配电电压。
3. 合理地确定电力系统中性点运行方式。

任务 1 供配电电压的确定

【任务描述】

根据某学校实际情况及周围环境条件，确定供配电电压。

【任务分析】

供配电系统是电力系统的重要组成部分，其任务是向用户和用电设备供应和分配电能。用户所需的电能大多由公共电力系统供应，故先学习电力系统的基本知识。供配电系统设计不仅要熟悉系统的组成，还需掌握系统运行的要求。电压是电源提供能量特性的重要参数，也是供电设备和用电设备之间配合应考虑的首要因素，因此，系统电压确定得是否正确，将直接影响供配电系统的运行。

【相关知识】

电能是一种便于输送、分配、变换、控制和管理的二次能源。它广泛应用于国民经济、社会生产和人民生活的各个方面，已经成为现代社会的主要能源和动力，是人类现代文明的物质技术基础。

一、电力系统的组成

人类所需的电能大多由发电厂生产，而发电厂基本都建在能源基地附近，往往距离用户很远，为了减少电能输送的线路损耗，发电厂生产的电能一般要经过升压变压器把电压升高，输送到用户附近，再经过降压变压器把电能的电压等级降低，然后供给用户使用。电能的输送过程如图 1-1 所示。

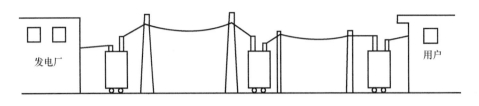

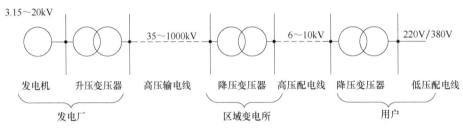

图 1-1　电能的输送过程

电力系统是指通过各级电压的电力线路，将发电厂、变配电所和电力用户连接起来的具有发电、输电、变电、配电和用电功能的统一整体。电力系统示意图如图 1-2 所示。

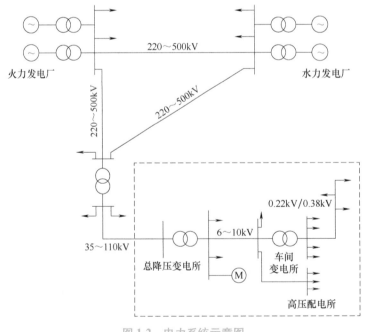

图 1-2　电力系统示意图

1. 发电厂

发电厂又称发电站，是将自然界蕴藏的各种一次能源转换为电能（二次能源）的工厂。

按照一次能源的性质不同，发电厂可分为：火力发电厂、水力发电厂、核能发电厂、风力发电厂等。一般情况下，各类发电厂是并网同时发电的，以保证电力网稳定可靠地向用户供电，同时也便于调节电能的供求关系。

2. 变电站

变电站是电力系统的重要组成部分。在电力系统中，变电站是输电和配电的集结点，它是变换电压、接受和分配电能、控制电能的流向和调整电压的电力设施，通过变压器将各级电压的电网联系起来。

规模和容量较小的变电站也称为变电所。变电所是变换电压、分配电能的场所，也是各类建筑的电能供应中心。

3. 用户

用电单位又称用户。如果引入用户的电源为 1kV 及以下的低压电源，那么这类用户叫低压用户；如果引入用户的电源为 1kV 以上的高压电源，那么这类用户叫高压用户。

4. 电力线路

电力线路又称电力网或电网，它是连接发电厂和用户的中间环节，包含变电站和输配电线路。电力线路是电力系统的重要组成部分，是电能输送和分配的通道。电力线路分为输电线路和配电线路两种。输电线路是将发电厂发出的经升压后的电能送到邻近负荷中心的枢纽变电站，或由枢纽变电站将电能送到区域变电站的线路，其电压等级一般在 35kV 及以上；配电线路则是将电能从区域变电站经降压后输送到电能用户的线路，其电压等级一般为 35kV 以下。

电网或电力系统往往以电压等级来区分。例如 10kV 电网或 10kV 系统，是指 10kV 电压级的电网或电力系统。

二、建筑供配电系统

从电网取得高压电源，然后由变压器将高压电源变换为 220V/380V 的三相四线制低压电源，再分配到各个用电负载，这一过程一般称为建筑供配电。从取得电源到用电负载之间的线路，加上线路中间的各种分支、控制及保护装置，即组成建筑供配电系统。其中，取得电源的过程称为供电，它是从电源的角度出发，考虑如何来实现建筑物电源的供应；而将电源分配至用电负载的过程称为配电，它是从用户的角度出发，考虑如何实现用电负载和电源的连接。建筑供配电系统通常是由降压变电所、配电所、电力线路和电能用户组成的电力终端系统。

根据电力用户的性质和规模的不同，建筑供配电系统的结构复杂程度有很大的差异。一般中小型用户的电源进线电压为 6~10kV，如图 1-3 所示是具有高压配电所的中型企业供配电系统。大中型用户的电源进线电压为 35kV 及以上，如图 1-4 所示是具有总降压变电所的大中型企业供配电系统。对于小型用户，通常只设一个降压变电所。当用电量不大于 160kV·A 时，可采用低压电源进线，用户只需设置一个低压配电间，如图 1-5 所示。

配电间的任务是接收和分配电能；而变电所的任务是接收电能、变换电压和分配电能。两者的区别，在于变电所装设有电力变压器，较之配电间增加了变换电压的功能。

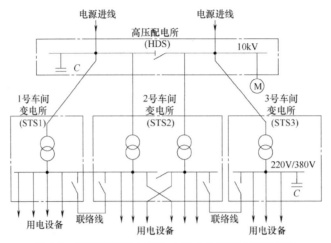

图 1-3 具有高压配电所的中型企业供配电系统简图

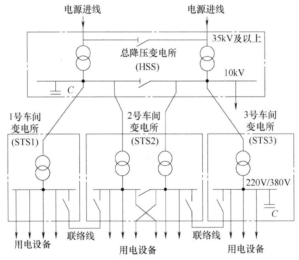

图 1-4 具有总降压变电所的大中型企业供配电系统简图

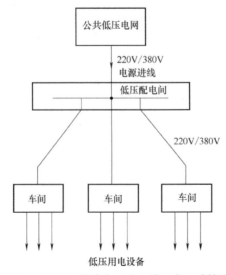

图 1-5 低压进线的小型企业供配电系统简图

三、电力系统的运行要求

电能是一种特殊的商品，它的生产具有同时性、集中性、快速性以及先行性的特点。建成电力系统可以更加经济合理地利用动力资源；可以减少电能损耗，降低发电成本，大大提高经济效益；可以更好地保证电能质量，提高供电可靠性。因此做好供配电工作，对保证企业生产和社会生活的正常进行具有十分重要的意义。

为了做好安全用电、节约用电、计划用电工作，对电力系统运行有如下基本要求。

（1）安全　在电能的供应、分配和使用中，要注意避免发生人身事故和设备事故。

（2）优质　应满足用户或用电设备对电压和频率质量的要求。

（3）可靠　应满足用户或用电设备对供电可靠性（即连续供电）的要求；供电的可靠性可用供电企业对电力用户全年实际供电小时数与全年总小时数（8760h）的百分比值来衡量，也可以用全年的停电次数和停电持续时间来衡量。

（4）经济　在满足安全、可靠和电能质量的前提下，应尽量做到投资少，运行费用低，并尽可能地减少有色金属消耗量和电能损耗，提高电能利用率。

应当指出的是，上述要求不但互相关联，而且往往互相制约、互相矛盾。在实际工作中应合理地处理局部与全局、当前与长远的关系，既要照顾局部和当前的利益，又要顾全大局，适应发展。

四、电力系统额定电压的确定

为了安全有效地工作，以及便于批量生产及和用户互换，电力系统中规定有统一额定电压等级和频率。额定电压是电力系统及电力设备规定的正常电压，即与电力系统及电力设备某些运行特性有关的标称电压。电力系统各点的实际运行电压允许在一定程度上偏离额定电压，在这一允许偏离范围内，各种电力设备及电力系统本身仍能正常运行。

通常将额定电压在 1kV 及以下的电压称为低电压，额定电压在 1kV 以上的电压称为高电压。6~10kV 电压用于送电距离为 10km 左右的工业与民用建筑供电，380V 电压用于建筑物内部供电或向工业生产设备供电，220V 电压多用于向生活设备、小型生产设备及照明设备供电。随着国民经济发展和人民生活水平的提高，负荷在不断增大，特别是城市中心区域，负荷密度大增。原来的 10kV 配电网络容载量比较低，因此将 10kV 电压等级升为 20kV，从而解决了配电容量不足的问题，提高了供电可靠性，也减少了线路损耗。

在输送的功率一定时，线路电压越高，线路中通过的电流越小，所用导线的截面就越小，用于导线的投资可减少。所用导线截面一定时，线路电压越高，线路中的功率损耗、电能损耗越低，也就是说输电电压等级越高，输电距离越远。因此，我国采用高压、超高压乃至特高压进行远距离输送电能。通常超高压为 300~500kV，"特高压"为 750kV 和 1000kV。

1. 电网额定电压

电网的额定电压（标称电压）等级是国家根据国民经济的发展需要和电力工业的发展水平，经全面技术经济分析后确定的。它是确定其他用电设备额定电压的基本依据。

2. 用电设备额定电压

在用电设备铭牌上标出的电压为额定电压。一般情况下，供电线路输送给用电设备的实际电压应与用电设备的额定电压一致，但是由于线路本身有一定的阻抗，通过电流时会产生电压降，因此供电线路上不同地方的实际电压不同，如图 1-6 中虚线所示。线路的额定电压实际就是线路首末两端电压的平均值。

3. 发电机额定电压

由于电力线路一般允许的电压偏差为 ±5%，即整个线路允许有 10% 的电压损耗，因此为维持线路首端电压与末端电压的平均值在额定值，处于线路首端的发电机额定电压应较电网额定电压高 5%，如图 1-6 所示。

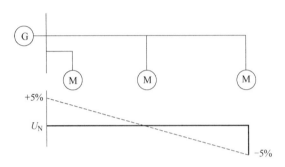

图 1-6　确定用电设备和发电机额定电压的说明图

4. 电力变压器的额定电压

（1）电力变压器的一次绕组额定电压　电力变压器一次绕组额定电压的确定，主要有两种情况。第一种情况是与发电机直接相连，如图 1-7 中的变压器 T1，其一次绕组额定电压应与发电机额定电压相等，即比电网（线路）额定电压高 5%。第二种情况是变压器一次绕组不与发电机直接相连，如图 1-7 中的变压器 T2，此时应将变压器看作电网的用电设备，其一次绕组额定电压应与电网额定电压相等。

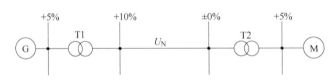

图 1-7　确定电力变压器额定电压的说明图

（2）电力变压器的二次绕组额定电压　电力变压器二次绕组的额定电压是指变压器在其一次绕组加上额定电压时的二次绕组开路电压（空载电压），而变压器满载（额定负荷）运行时，二次绕组内约有 5% 的阻抗电压降。变压器二次绕组额定电压的确定也分为两种情况分析讨论：第一种情况是变压器二次侧供电距离较远，如图 1-7 中的变压器 T1，此时不仅要考虑补偿绕组本身 5% 的电压降，还要考虑变压器运行时比二次侧电网额定电压高 5%，因此变压器二次绕组的额定电压应比其二次侧电网额定电压高 10%。另一种情况是变压器二次侧供电范围较小，线路较短，如图 1-7 中的变压器 T2。此时变压器二次绕组额定电压只考虑变压器绕组内 5% 的电压损耗，即其二次侧额定电压只需比所接电网额定电压高 5%。

【例 1-1】　已知如图 1-8 所示系统中线路的额定电压，试求发电机和变压器的额定电压。

解：发电机 G 的额定电压为

$$U_{N,G} = (1+5\%)\,U_{N,1WL} = 105\% \times 6kV = 6.3kV$$

变压器 1T 的一次侧额定电压为

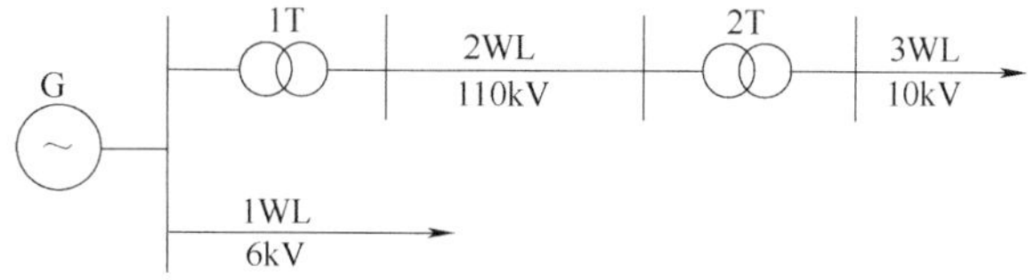

图 1-8 例题 1-1 供电系统图

$$U_{1N,1T} = U_{N,G} = 6.3\text{kV}$$

变压器 1T 的二次侧额定电压为

$$U_{2N,1T} = (1+5\%+5\%)U_{N,2WL} = 110\% \times 110\text{kV} = 121\text{kV}$$

因此，变压器 1T 的额定电压为 6.3kV/121kV。

变压器 2T 的一次侧额定电压为

$$U_{1N,2T} = U_{N,2WL} = 110\text{kV}$$

变压器 2T 的二次侧额定电压为

$$U_{2N,2T} = (1+5\%)U_{N,3WL} = 105\% \times 10\text{kV} = 10.5\text{kV}$$

因此，变压器 2T 的额定电压为 110kV/10.5kV。

五、电力用户供配电电压的选择

1. 电力用户供电电压的选择

电力用户供电电压是指供配电系统从电力系统取得的电源电压。供电电压的选择主要取决于当地供电企业（当地电网）供电的电压等级，同时还要考虑用户用电设备的电压、容量及供电距离等因素。

影响供电电压的因素较多，必须进行技术、经济比较，才能确定应该采用的供电电压。

原电力工业部 1996 年发布的《供电营业规则》规定：供电企业供电的电压，低压有单相 220V，三相 380V；高压有 10kV、35kV（66kV）、110kV、220kV。除发电厂直配电压可采用 3kV 或 6kV 外，其他等级的电压应逐步过渡到上述额定电压。大中型用户常采用 35~110kV 作为供电电压，中小型用户常采用 10kV 作为供电电压。

2. 电力用户高压配电电压的选择

配电电压是指用户内部供电系统向用电设备配电的电压等级。由用户总降压变电所或高压配电所向高压用电设备配电的电压称为高压配电电压。

中小型用户采用的高压配电电压通常为 10kV 或 6kV。从技术经济指标来看，最好采用 10kV 作为配电电压，因为在同样的输送功率和输送距离的情况下，配电电压越高，线路电流越小，线路所采用的导线或电缆截面就越小，这样可以减少线路的初投资和金属消耗量，减少线路的电能损耗和电压损耗。

对于一些区域面积大、负荷多且集中的大型用户，若条件允许采用架空线路和较经济的电气设备，则可考虑采用 35kV 作为高压配电电压直接送入各用电负荷中心，并经负荷中心变电所直接降为用电设备所需电压。这种直配方式可省去中间变压，简化供电接线，节约有色金属，降低功率损耗和电压损失。

3. 电力用户低压配电电压的选择

由用户车间变电所或建筑物变电所向低压用电设备配电的电压称为低压配电电压。电力用户的低压配电电压通常采用 220V/380V 的标准电压等级。其中线电压 380V 用于三相电力设备及额定电压为 380V 的单相设备，而相电压 220V 用于额定电压为 220V 的单相设备及照明灯具。但在某些特殊场合（如矿井），负荷中心远离变电所，为保证负荷端的电压水平，一般采用 660V 作为配电电压。另外，在某些场合，考虑到安全的原因可以采用特殊的安全低电压配电。

【任务实施】

供配电系统设计必须在一定的理论知识基础上进行，必须掌握系统的组成及运行要求，还要确定系统各组成部分的电压。

1）掌握电力系统及供配电系统的组成。

2）掌握供配电系统运行要求。

3）掌握系统各组成部分额定电压的确定方法，进行电压确定。

4）掌握用户供电电压的确定方法，进行电压选择。

5）掌握用户高压配电电压的确定方法，进行电压选择。

6）掌握用户低压配电电压的确定方法，进行电压选择。

【提交成果】

任务完成后，需提交确定供配电电压任务表（见任务工单 1-1）。

课后思考与习题

1. 什么是供配电系统？系统运行的基本要求是什么？

2. 常见企业供电系统的形式有哪几种？每种形式的特点及应用有哪些？

3. 如何确定电力系统各组成部分的额定电压？

4. 供电系统配电电压如何选择？

任务工单 1-1 确定供配电电压任务表

	试确定下图所示供电系统中发电机 G 和变压器 1T、2T、3T 的额定电压 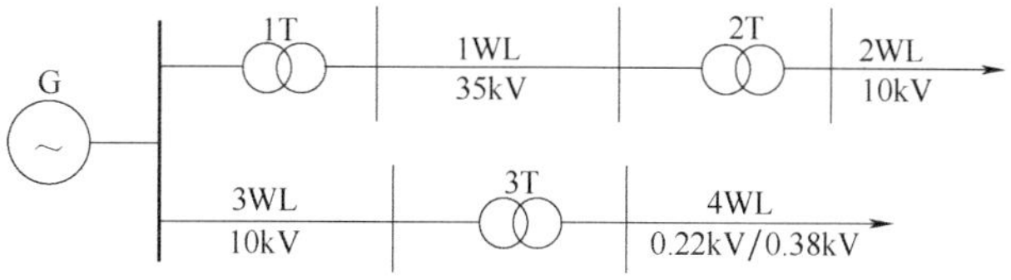
确定系统各组成 部分的额定电压	 （图）
用户供电电压 的确定	
用户高压配电 电压的确定	
用户低压配电 电压的确定	
小结	
体会	

填表人：

任务2　低压配电系统接地形式的确定

✏️【任务描述】

根据某住宅小区实际情况，确定其低压配电系统的接地形式。

💡【任务分析】

在供配电系统中，我们日常接触和应用的大多是低压设备。与带电部分相绝缘的电气设备，其金属外壳通常因绝缘损坏或其他原因而导致意外带电，造成触电事故，因此必须选择合适的接地形式，以保证人身及财产安全。

🔍【相关知识】

低压配电系统按其中电气设备的外露可导电部分保护接地的形式不同，分为 TN 系统、TT 系统和 IT 系统。电气设备的外露可导电部分，是指正常时不带电而在故障时可带电的易被触及的部分，例如设备的金属外壳、金属构架等。

一、TN 系统

TN 系统的电源中性点直接接地，并从中性点引出有中性线（N 线）、保护线（PE 线）或将 N 线和 PE 线合二为一的保护中性线（PEN 线），如图 1-9 所示。

N 线的功能：与三相交流系统中任一相线构成单相闭合回路，以配电给单相用电设备，如照明灯具等；用来传导三相系统中的不平衡电流和单相电流；用来减小负荷中性点的电位偏移。

PE 线的功能：保障人身安全，防止触电事故发生。系统中的电气设备外露可导电部分通过 PE 线接地，可使设备在发生接地（壳）故障时降低触电危险。

PEN 线的功能：由于 PEN 线是 N 线和 PE 线合二为一的导体，因此 PEN 线兼有 N 线和 PE 线的功能。

1. TN-C 系统

TN-C 系统是从电源中性点引出一根 PEN 线，其中电气设备的外露可导电部分均接至 PEN 线，如图 1-9a 所示。这种系统不适用于对抗电磁干扰要求高的场所。此外，如果 PEN 线断线，会使接 PEN 线的电气设备外露可导电部分带电，而造成人身触电危险。因此 TN-C 系统也不适用于安全要求较高的场所，例如住宅建筑。

2. TN-S 系统

TN-S 系统是从电源中性点分别引出 N 线和 PE 线，其中电气设备的外露可导电部分均接至 PE 线，如图 1-9b 所示。这种系统适用于对抗电磁干扰要求较高的数据处理、电磁检测等实验场所，也适用于安全要求较高的场所，如潮湿易触电的浴池等地及居民住宅内。但由于 PE 线和 N 线分开，导线材料消耗增加，因此其投资费用比 TN-C 系统略高。

3. TN-C-S 系统

TN-C-S 系统是在 TN-C 系统的后面，部分或全部采用 TN-S 系统，电气设备的外露可导电部分接至 PEN 线或 PE 线，如图 1-9c 所示。TN-C-S 系统兼有 TN-C 系统和 TN-S 系统的优点，因此该系统经济实用，在现代企业和民用建筑中应用日益广泛。

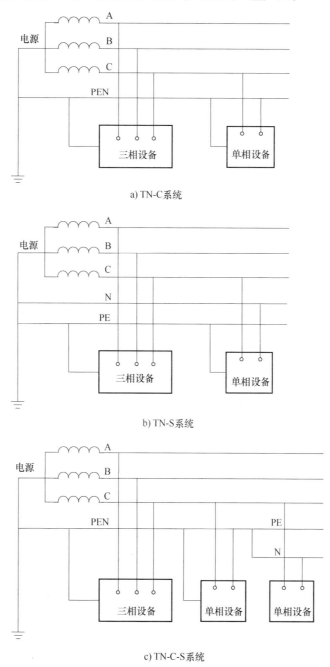

a) TN-C 系统

b) TN-S 系统

c) TN-C-S系统

图 1-9 低压配电的 TN 系统

二、TT 系统

TT 系统的电源中性点与 TN 系统一样，也直接接地，并从中性点引出一根 N 线，以通过三相不平衡电流和单相电流，但该系统中电气设备的外露可导电部分均经各自的 PE 线单独接地，如图 1-10 所示。这种系统中各设备的 PE 线之间没有直接的电气联系，设备之间不会发生电磁干扰，因此该系统适用于对抗电磁干扰要求较高的场所。

当 TT 系统中有电气设备因绝缘不良或损坏使其外露可导电部分带电时，由于其漏电电流一般很小，往往不足以使线路上的过电流保护装置动作，因而增加了触电的危险。为保障人身安全，这种系统中必须装设灵敏的漏电保护装置。

三、IT 系统

IT 系统的电源中性点不接地，或经高阻抗（约 1000Ω）接地，没有 N 线，而系统外露可导电部分均经各自的 PE 线单独接地，如图 1-11 所示。这种系统中的设备之间不会发生电磁干扰，但需要装设单相接地保护，以便在发生单相接地故障时发出报警信号。IT 系统主要用于对连续供电要求较高或对抗电磁干扰要求较高及有易燃易爆危险的场所，如矿山、井下等地。

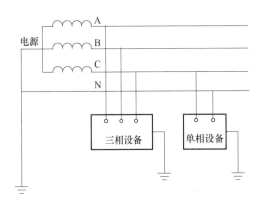
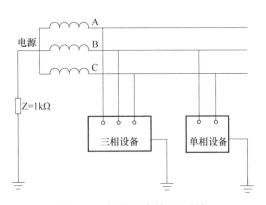

图 1-10　低压配电的 TT 系统　　　　图 1-11　低压配电的 IT 系统

【任务实施】

1）了解低压配电系统的接地形式。
2）掌握各种接地形式的特点及应用。
3）根据实际情况确定低压配电系统的接地形式。

【提交成果】

任务完成后，需提交确定低压配电系统接地形式任务表（见任务工单 1-2）。

课后思考与习题

低压配电系统的接地形式有哪几种？各自的特点及应用场所是什么？

任务工单 1-2 确定低压配电系统接地形式任务表

低压配电系统接地形式	
接地形式接线图	
所选接地形式的特点	
选择原因	
小结	
体会	

填表人：

职业素养要求

电力作为主要的动力来源有着举足轻重的作用，它广泛应用在各个领域。在供配电系统的设计和施工中，应注意节能及安全问题，培养节约用电的意识。

项目二　电力负荷及其计算

知识目标

1. 掌握电力负荷的概念，明确电力负荷等级的划分及其对供电可靠性的要求。
2. 理解计算负荷和负荷计算的概念。
3. 了解负荷计算的方法，熟练掌握需要系数法求计算负荷。
4. 理解无功补偿的意义和方法，掌握无功补偿容量及补偿后负荷的计算。
5. 掌握尖峰电流的概念及其计算。

能力目标

1. 正确划分电力负荷的等级并为其配备合理的供电电源。
2. 熟练进行供配电系统负荷计算。
3. 确定合理的无功补偿措施，并进行电容器的选择。
4. 熟练进行尖峰电流的计算。

任务 1　电力负荷的分级

【任务描述】

根据工程实际情况，确定电力负荷等级并为其配置电源。

【任务分析】

在供配电系统中，有各种用电设备，它们的工作特征和重要程度各不相同，对供电的可靠性和质量要求也不同。因此，应对用电设备或负荷进行分级，以满足负荷对供电可靠性的要求，保证供电质量，降低供电成本。

【相关知识】

电力负荷有两方面含义：一方面是指用电设备或用电单位（用户）；另一方面是指用电设备或用户所消耗的电功率或电流。

一、电力负荷的分级及供电要求

（一）电力负荷的分级

GB 50052—2009《供配电系统设计规范》规定，电力负荷根据对供电可靠性的要求及中断供电对人身安全、经济损失所造成的影响程度不同，可分为一级负荷、二级负荷及三级负荷。

1. 一级负荷

符合下列情况之一时，视为一级负荷。

① 中断供电将造成人身伤亡时。

② 中断供电将在经济上造成重大损失时，例如重大设备损坏、大量产品报废、用重要原料生产的产品大量报废、国民经济中重点企业的连续生产过程被打乱需长时间才能恢复等。

③ 中断供电将影响重要用电单位的正常工作，例如大型银行营业厅的照明、一般银行的防盗系统；大型博物馆、展览馆的防盗信号电源；珍贵展品室的照明电源等。

在民用建筑中，重要的交通枢纽、重要的通信枢纽、重要宾馆、大型体育场馆以及经常用于重要活动的大量人员集中的公共场所等，由于电源突然中断造成正常秩序严重混乱的电力负荷为一级负荷。

中断供电将造成人员伤亡、重大设备损坏，或发生中毒、爆炸、火灾等情况的负荷，以及特别重要场所的不允许中断供电的负荷，应视为一级负荷中特别重要的负荷，例如中压及以上的锅炉给水泵，大型压缩机的润滑油泵等。此外，事故一旦发生能够及时处理，防止事故扩大，保证工作人员的抢救和撤离，而必须保证的电力负荷，亦为特别重要的负荷。在工业生产中，一级负荷中特别重要的负荷包括正常电源中断时处理安全停产所必需的应急照明、通信系统；保证安全停产的自动控制装置等。在民用建筑中，一级负荷中特别重要的负荷包括大型金融中心的关键电子计算机系统和防盗报警系统；大型国际比赛场馆的记分系统以及监控系统等。

停电一般分为计划检修停电和事故停电，由于计划检修停电事先通知用电部门，故可采取措施避免损失或将损失减少至最低限度。

2. 二级负荷

符合下列情况之一时，视为二级负荷。

① 中断供电将在经济上造成较大损失，例如主要设备损坏、大量产品报废、连续生产过程被打乱需较长时间才能恢复、重点企业大量减产等。

② 中断供电将影响较重要用电单位的正常工作，例如交通枢纽、通信枢纽等用电单位中的重要电力负荷，以及中断供电将造成大型影剧院、大型商场等较多人员集中的重要公共场所秩序混乱时。

3. 三级负荷

不属于一级负荷和二级负荷的负荷均为三级负荷。

附录1列出了JBJ 6—1996《机械工厂电力设计规程》所规定的机械工厂常用重要用电设备的负荷级别；附录2列出了引自GB 51348—2019《民用建筑电气设计标准》所规定的部分民用建筑负荷的级别。

在一个区域内，当电力负荷中一级负荷占大多数时，本区域的负荷作为一个整体可以认为是一级负荷；在一个区域内，当用电负荷中一级负荷所占的数量和容量都较少，而二级负荷所占的数量和容量较多时，本区域的负荷作为一个整体可以认为是二级负荷。在确定一个区域的负荷特性时，应分别统计特别重要负荷，一、二、三级负荷的数量和容量，并研究在电源出现故障时需向该区域保证供电的程度。

(二) 各级电力负荷对供电电源的要求

电力负荷分级的意义，在于正确地反映它对供电可靠性要求的界限，以便恰当地选择符合实际水平的供电方式，提高投资的经济效益，保护人员生命财产安全。

1. 一级负荷对供电电源的要求

一级负荷应由双重电源供电，当一个电源发生故障时，另一电源不应同时受到损坏。

1）一级负荷中特别重要的负荷供电，应符合下列要求。

① 除应由双重电源供电外，尚应增设应急电源，并严禁将其他负荷接入应急供电系统。

② 设备供电电源的切换时间，应满足设备允许中断供电的要求。

2）可作为应急电源的有以下几种。

① 独立于正常电源的发电机组。

② 供电网络中独立于正常电源的专用馈电线路。

③ 蓄电池。

④ 干电池。

2. 二级负荷对供电电源的要求

（1）由两回线路供电　两回线路与双重电源略有不同，二者都要求线路有两个独立部分，而后者还强调电源的相对独立。

（2）由一回专用架空线路供电　在负荷较小或地区供电条件困难时，二级负荷可由一回 6kV 及以上专用的架空线路供电。这是因为电缆发生故障后，有时检查故障点和修复需要的时间较长，而一般架空线路修复方便。当线路自配电所引出采用电缆线路时，应采用两回线路。

3. 三级负荷对供电电源的要求

三级负荷属于不重要负荷，对供电电源无特殊要求。

二、自备电源与应急电源

(一) 自备电源

GB 50052—2009《供配电系统设计规范》规定，符合下列条件之一时，用户宜设置自备电源。

① 需要设置自备电源作为一级负荷中特别重要负荷的应急电源时，或第二电源不能满足一级负荷的条件时。

② 设置自备电源比从电力系统取得第二电源经济合理时。

③ 有常年稳定余热、压差、废弃物可供发电，技术可靠、经济合理时。

④ 所在地区偏僻，远离电力系统，设置自备电源经济合理时。

⑤ 有设置分布式电源的条件，能源利用效率高、经济合理时。

自备电源可以作为应急电源，亦可作为备用电源，区别在于自备电源用于供电给何种性质的负荷。

(二) 应急电源

应急电源，又称安全设施电源，是用作应急供电系统组成部分的电源，是为了人体和家畜的健康和安全，以及避免对环境或其他设备造成损失的电源。

1）应急电源的供电时间，应按生产技术上要求的允许停车过程时间确定。

2）应急电源应根据允许中断供电的时间选择，并应符合下列规定。

① 允许中断供电时间为15s以上的供电，可选用快速自启动的发电机组。

② 自投装置的动作时间能满足允许中断供电时间的，可选用带有自动投入装置的独立于正常电源之外的专用馈电线路。

③ 允许中断供电时间为毫秒级的供电，可选用蓄电池静止型不间断供电装置或柴油机不间断供电装置。

应急电源类型的选择，应根据特别重要负荷的容量、允许中断供电的时间，以及要求的电源为交流或直流等条件来进行。由于蓄电池装置供电稳定、可靠，无切换时间，投资较少，因此凡是允许停电时间为毫秒级，且容量不大的特别重要负荷，可采用直流电源的，均应由蓄电池装置作为应急电源。若特别重要负荷要求交流电源供电，允许停电时间为毫秒级，且容量不大，可采用静止型不间断供电装置。若有需要驱动的电动机负荷，且负荷不大，可以采用静止型应急电源。负荷较大，允许停电时间为15s以上的，可采用快速启动的发电机组，这时考虑快速启动的发电机组一般启动时间在10s以内。

大型企业中，往往同时使用几种应急电源。为了使各种应急电源设备密切配合，充分发挥作用，应急电源接线示例如图2-1所示。

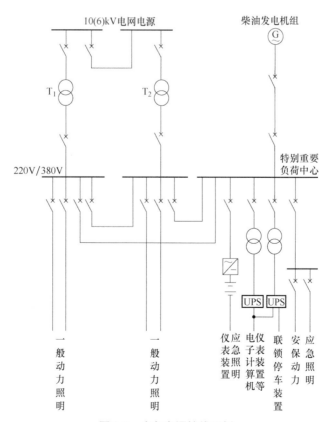

图2-1　应急电源接线示例

3）备用电源的负荷严禁接入应急供电系统。备用电源是当正常电源断电时，由于非安全原因用来维持电气装置或其某些部分所需的电源。

4）应急电源与正常电源之间，应采取防止并列运行的措施。当有特殊要求，应急电源向正常电源转换需短暂并列运行时，应采取安全运行的措施。

应急电源与正常电源之间应采取可靠措施防止并列运行，目的在于保证应急电源的专用性，防止正常电源系统故障时应急电源向正常电源系统负荷送电而失去作用，例如应急电源电动机的启动命令必须由正常电源主开关的辅助接点发出，而不是由继电器的接点发出，因为继电器有可能误动而造成与正常电源误并网。

 【任务实施】

1）学习电力负荷的概念。
2）学习电力负荷等级划分的规定。
3）根据实际情况划分负荷等级。
4）学习各级负荷对供电可靠性的要求。
5）学习自备电源与应急电源的知识。
6）为负荷配置电源。

【提交成果】

任务完成后，需提交电力负荷的分级任务表（见任务工单 2-1）。

 课后思考与习题

1. 什么是电力负荷？
2. 如何划分电力负荷等级？对不同等级的负荷供电时各有什么要求？

任务工单 2-1　电力负荷的分级任务表

电力负荷的等级	
电力负荷分级的目的	
电力负荷分级的依据	
电力负荷分级的原因	
所配置的电源形式	
小结	
体会	

填表人：

任务 2　三相负荷计算

【任务描述】

根据某施工现场的实际负荷情况，选择合适的方法进行三相负荷计算。

【任务分析】

计算负荷是供配电设计计算的依据，所以正确确定计算负荷具有重要的意义。在企业中，三相用电设备所占比重较大，为了合理选择电气设备，必须对实际变动的负荷进行计算，求其计算负荷。但是，由于负荷情况复杂，影响计算负荷的因素较多，要想准确确定计算负荷比较困难，因此需要选择合适的方法进行负荷计算以力求接近实际。

【相关知识】

一、电力负荷计算的有关概念

1. 计算负荷

计算负荷是指通过统计计算求出的、用来按发热条件选择供配电系统中各元件的负荷值。计算负荷是一个假想的、在一定时间间隔中的持续负荷，它在该时间间隔中产生的最大热效应与实际变动负荷在相同时间内产生的热效应相等。通常取半小时平均最大负荷 P_{30} 作为计算负荷。

计算负荷包括以下几种。

① 有功计算负荷，用 P_c 表示，单位为千瓦（kW）。

② 无功计算负荷，用 Q_c 表示，单位为千乏（kvar）。

③ 视在计算负荷（容量），用 S_c 表示，单位为千伏安（kV·A）。

④ 计算电流，用 I_c 表示，单位为安培（A）。

2. 负荷持续率

负荷持续率也称为负载持续率或暂载率，用 ε 表示，它是用电设备在一个工作周期内工作时间和工作周期的百分比值，即

$$\varepsilon = (t/T) \times 100\% = [t/(t_0+t)] \times 100\% \tag{2-1}$$

式中　t——工作周期内的工作时间，s；

T——工作周期，s；

t_0——工作周期内的停歇时间，s。

对于断续周期工作制的设备来说，其额定容量对应于一定的负荷持续率。

3. 长期连续工作制

指设备通电后连续工作时间较长（超过 30min）到发热稳定，此时温升达到稳定值，如水泵、空气压缩机、通风机、电炉和照明灯等。

4. 短时工作制

指设备工作时间较短而停歇时间长，在温升未达到稳定时就停止工作，并且下一次工作

要等设备冷却到周围介质温度时，如升降电动机、进给电动机等。

5. 断续周期工作制

指设备以断续方式反复工作，具有工作周期，一个工作周期通常不超过 10min，如起重机、电焊机等。

二、负荷计算的方法

负荷计算的方法主要有需要系数法、二项式系数法、利用系数法以及单位指标法（又叫负荷密度法）四种。每种方法都有各自的特点和使用范围。

1. 需要系数法

需要系数是一个综合性系数，用 K_d 表示。它是指用电设备组投入运行时，从供电网络实际取用的功率与用电设备组的设备功率之比。需要系数与用电设备组的工作性质、负荷率、设备台数、运行效率、线路的供电效率等因素有关，工程上很难准确确定，只能靠测量确定。

需要系数是根据电气设备的性质不同分类得到的，因此使用时应首先对所要计算的设备进行归类，给出的需要系数常常是一个范围，工业用电设备组、民用建筑用电设备组、照明负荷的需要系数分别见表 2-1、表 2-2 及表 2-3。使用时，应根据实际设备的数量决定取值的大小，设备数量越多，需要系数取值应越小，反之则越大。

表 2-1　工业用电设备组的需要系数、功率因数及功率因数角的正切值

用电设备组名称	需要系数 K_d	$\cos\varphi$	$\tan\varphi$
小批生产的金属冷加工机床电动机	0.16~0.2	0.5	1.73
大批生产的金属冷加工机床电动机	0.18~0.25	0.5	1.73
小批生产的金属热加工机床电动机	0.25~0.3	0.6	1.33
大批生产的金属热加工机床电动机	0.3~0.35	0.65	1.17
通风机、水泵、空气压缩机及电动发电机	0.7~0.8	0.8	0.75
非连锁的连续运输机械	0.5~0.6	0.75	0.88
连锁的连续运输机械	0.65~0.7	0.75	0.88
机加、机修、装配、锅炉房的起重机（$\varepsilon=25\%$）	0.1~0.15	0.5	1.73
铸造车间的起重机（$\varepsilon=25\%$）	0.15~0.25	0.5	1.73
自动装料的电阻炉	0.75~0.8	0.95	0.33
实验室用的小型电热设备	0.7	1.0	0
工频感应电炉（未带无功补偿装置）	0.8	0.35	2.68
高频感应电炉（未带无功补偿装置）	0.8	0.6	1.33
电弧熔炉	0.9	0.87	0.57
点焊机、缝焊机	0.35	0.6	1.33
对焊机	0.35	0.7	1.02
自动弧焊变压器	0.5	0.4	2.29
单头手动弧焊变压器	0.35	0.35	2.68

（续）

用电设备组名称	需要系数 K_d	$\cos\varphi$	$\tan\varphi$
多头手动弧焊变压器	0.4	0.35	2.68
单头弧焊电动发电机组	0.35	0.6	1.33
多头弧焊电动发电机组	0.7	0.75	0.88

表 2-2　民用建筑用电设备组的需要系数、功率因数及功率因数角的正切值

序号	用电设备组名称		需要系数 K_d	$\cos\varphi$	$\tan\varphi$
1	通风和采暖用电	风机、空调器	0.7~0.8	0.8	0.75
		恒温空调箱	0.6~0.7	0.95	0.33
		冷冻机	0.85~0.9	0.8	0.75
		集中式电热器	1.0	1.0	0
		分散式电热器（20kW 以下）	0.85~0.95	1.0	0
		分散式电热器（100kW 以上）	0.75~0.85	1.0	0
		小型电热设备	0.3~0.5	0.95	0.33
2	给排水用电	各种水泵（15kW 以下）	0.75~0.8	0.8	0.75
		各种水泵（17kW 以上）	0.6~0.7	0.87	0.57
3	起重运输用电	客梯（1.5t 及以下）	0.35~0.5	0.5	1.73
		客梯（2t 以上）	0.6	0.7	1.02
		货梯	0.25~0.35	0.5	1.73
		输送带	0.6~0.65	0.75	0.88
		起重机械	0.1~0.2	0.5	1.73
4	锅炉房用电		0.75~0.85	0.85	0.62
5	消防用电		0.4~0.6	0.8	0.75
6	厨房及卫生用电	食品加工机械	0.5~0.7	0.8	0.75
		电饭锅、电烤箱	0.85	1.0	0
		电炒锅	0.7	1.0	0
		电冰箱	0.6~0.7	0.7	1.02
		热水器（淋浴用）	0.65	1.0	0
		除尘器	0.3	0.85	0.62
7	机修用电	修理间机械设备	0.15~0.2	0.5	1.73
		电焊机	0.35	0.35	2.68
		移动式电动工具	0.2	0.5	1.73
8	其他动力用电	打包机	0.2	0.6	1.33
		洗衣房动力	0.65~0.75	0.5	1.73
		天窗开闭机	0.1	0.5	1.73
9	家用电器（包括：电视机、收录机、洗衣机、电冰箱、风扇、电吹风、电熨斗、电褥）		0.5~0.55	0.75	0.88

（续）

序号	用电设备组名称		需要系数 K_d	$\cos\varphi$	$\tan\varphi$
10	通信及信号设备	载波机	0.85~0.95	0.8	0.75
		收信机	0.8~0.9	0.8	0.75
		发信机	0.7~0.8	0.8	0.75
		电话交换台	0.75~0.85	0.8	0.75
		客房床头电气控制箱	0.15~0.25	0.6	1.33

表 2-3 照明负荷的需要系数

建 筑 类 别	需要系数 K_d	建 筑 类 别	需要系数 K_d
生产厂房（有天然采光）	0.8~0.9	体育馆	0.7~0.8
生产厂房（无天然采光）	0.9~1	集体宿舍	0.6~0.8
办公楼	0.7~0.8	医院	0.5
设计室	0.9~0.95	食堂、餐厅	0.8~0.9
科研楼	0.8~0.9	商店	0.85~0.9
仓库	0.5~0.7	学校	0.6~0.7
锅炉房	0.9	展览馆	0.7~0.8
托儿所、幼儿园	0.8~0.9	旅馆	0.6~0.7
综合商业服务楼	0.75~0.85		

需要系数法，是把用电设备的总设备容量乘以需要系数和同时系数，直接求出计算负荷的一种简便方法。需要系数法计算过程较简便，计算精度一般；用电设备台数少时，误差较大。该方法适用于各类项目，尤其是变电所负荷计算，主要用于工程初步设计及施工图设计阶段，对变电所母线、干线进行负荷计算。当用电设备台数较多，各台设备容量相差不悬殊时，其供电线路的负荷计算也可采用需要系数法。

2. 二项式系数法

用二项式系数法进行负荷计算时，既考虑用电设备组的平均负荷，又考虑几台最大容量用电设备引起的附加负荷。在确定设备台数较少且容量差别悬殊的分支干线的计算负荷时，二项式系数法比需要系数法合理，计算也比较简便；但其应用局限性较大，仅适用于机械加工车间的负荷计算，且需要知道用电设备的确切数据。

3. 利用系数法

利用系数是指用电设备组的平均负荷与用电设备组的设备总容量之比。利用系数法是以概率论和数理统计为基础。计算时，先将设备总容量乘以利用系数求出用电设备组在最大负荷班的平均负荷，再求平均利用系数和用电设备有效台数，据此确定最大系数，最终求得计算负荷。该方法计算精度高，但计算过程较为繁琐，适合利用计算机计算。利用系数法适用于设备功率已知的各类项目，尤其是工业企业负荷计算。

4. 单位指标法

单位指标法包括单位面积指标法、综合单位指标法、单位产品耗电量法等。该方法的基础是实用指标的积累。特点是可用相应的指标直接求出计算负荷，计算过程简便；但因指标数据受众多因素的影响，故靠定性分析难以提高计算精度。单位指标法适用于设备功率不明确的各类项目，如民用建筑中的分布负荷，尤其适用于设计前期阶段的负荷概算和对负荷计算的校核。

本书只介绍需要系数法及单位指标法求计算负荷，利用系数法和二项式系数法不作详细介绍。

三、需要系数法求计算负荷

（一）需要系数法的基本计算公式

需要系数法的基本计算公式就是求用电设备组的计算负荷的公式，即

有功计算负荷
$$P_c = K_d P_e \tag{2-2}$$

无功计算负荷
$$Q_c = P_c \tan\varphi \tag{2-3}$$

视在计算负荷
$$S_c = \sqrt{P_c^2 + Q_c^2} \tag{2-4}$$

计算电流
$$I_c = \frac{S_c}{\sqrt{3}\,U_N}$$

或
$$I_c = \frac{S_c}{U_N}（单相用电设备） \tag{2-5}$$

式中　K_d——用电设备组的需要系数；

　　P_e——用电设备（组）的设备功率（也称为设备容量），kW；

　　$\tan\varphi$——用电设备（组）功率因数角的正切值；

　　U_N——用电设备（组）的额定电压，kV。

（二）设备功率的确定

由式（2-2）可以看出，计算负荷不仅与用电设备组的需要系数 K_d 有关，还取决于设备组的设备功率 P_e，故合理确定设备组的设备功率，对提高负荷计算结果的准确度起着至关重要的作用。

进行负荷计算时，应将用电设备按其性质分为不同的用电设备组，然后确定其设备功率。

由于各用电设备的额定工作制不同，因此在确定计算负荷时，不可以将其额定功率直接相加。用电设备的额定功率 P_N 或额定容量 S_N 是指铭牌上的数据。对于不同负荷持续率下的额定功率或额定容量，应换算为统一负荷持续率下的有功功率，即设备功率 P_e。

1）长期连续工作制电动机的设备功率 P_e 等于其铭牌上的额定功率 P_N。

2）断续周期工作制电焊机的设备功率是将其额定容量换算到负荷持续率为 100% 时的有功功率，因此换算后的设备功率为

$$P_e = P_N \sqrt{\varepsilon_N / \varepsilon_{100}} = S_N \cos\varphi_N \sqrt{\varepsilon_N / \varepsilon_{100}}$$

即
$$P_e = S_N \cos\varphi_N \sqrt{\varepsilon_N} \tag{2-6}$$

式中　P_e——换算到 $\varepsilon = 100\%$ 时的设备功率，kW；

　　ε_N——换算前铭牌上的负荷持续率，应和 P_N、S_N、$\cos\varphi_N$ 相对应（计算中用小数值）；

　　P_N、S_N——换算前与 ε_N 对应的铭牌上的额定有功功率（kW）、额定视在功率（kV·A）；

　　$\cos\varphi_N$——铭牌上的额定功率因数；

ε_{100}——100%的负荷持续率（计算时用1.00）。

【例2-1】 某工厂内有电焊机一台，额定视在功率为20kV·A，额定功率因数为0.6，额定负荷持续率为60%，试确定其设备功率。

解：按规定电焊机容量需要统一换算到$\varepsilon = 100\%$时的功率，因此设备功率为

$$P_e = S_N \cos\varphi_N \sqrt{\varepsilon_N} = 20 \times 0.6 \times \sqrt{0.6}\,\text{kW} = 9.30\,\text{kW}$$

故此电焊机设备功率为9.30kW。

3）短时工作制或断续周期工作制起重电动机的设备功率是将设备的额定功率换算到负荷持续率为25%时的有功功率，因此换算后的设备功率为

$$P_e = P_N \sqrt{\varepsilon_N / \varepsilon_{25}} = 2P_N \sqrt{\varepsilon_N} \tag{2-7}$$

式中　P_e——换算到$\varepsilon = 25\%$时的设备功率，kW；

　　　P_N——换算前与ε_N对应的铭牌上的额定有功功率，kW；

　　　ε_N——换算前铭牌上的负荷持续率，应和P_N相对应（计算中用小数值）；

　　　ε_{25}——25%的负荷持续率（计算时用0.25）。

【例2-2】 某车间有一台起重机，额定功率为7.5kW，额定负荷持续率为60%，试确定其设备功率。

解：按规定起重机容量要统一换算到$\varepsilon = 25\%$时的功率，因此设备功率为

$$P_e = P_N \sqrt{\varepsilon_N / \varepsilon_{25}} = 2P_N \sqrt{\varepsilon_N} = 2 \times 7.5 \times \sqrt{0.6}\,\text{kW} = 11.62\,\text{kW}$$

故此起重机的设备功率为11.62kW。

在工程中遇到的电葫芦、起重机、行车等均按起重机类电动机组考虑。

4）整流设备的设备功率是指其额定直流功率。

5）用电设备组的设备功率是指不包含备用设备的各台用电设备的设备功率之和。

6）变电所或建筑物的总设备功率应取所供电的各用电设备组设备功率之和，但应剔除不同时使用的负荷。例如：消防设备一般可不计入总设备功率；季节性用电设备（如制冷设备和采暖设备）应择其设备功率最大者计入总设备功率。

【例2-3】 某机修车间的金属切削机床组，拥有电压为380V的三相电动机共6台，其中7kW电动机2台，4kW电动机2台，3.5kW电动机2台，试确定其计算负荷。

解：此机床组电动机的总容量为：

$$P_e = (7 \times 2 + 4 \times 2 + 3.5 \times 2)\,\text{kW} = 29\,\text{kW}$$

查表2-1中"小批生产的金属冷加工机床电动机"项，得到$K_d = 0.16 \sim 0.2$（取0.2），$\cos\varphi_N = 0.5$，$\tan\varphi_N = 1.73$，因此可以求得

有功计算负荷　　　　$P_c = K_d P_e = 0.2 \times 29\,\text{kW} = 5.8\,\text{kW}$

无功计算负荷　　　　$Q_c = P_c \tan\varphi = 5.8 \times 1.73\,\text{kvar} = 10.03\,\text{kvar}$

视在计算负荷　　$S_c = \sqrt{P_c^2 + Q_c^2} = \sqrt{5.8^2 + 10.03^2}\,\text{kV·A} = 11.59\,\text{kV·A}$

计算电流　　　　$I_c = \dfrac{S_c}{\sqrt{3}\,U_N} = \dfrac{11.59}{\sqrt{3} \times 0.38}\,\text{A} = 17.61\,\text{A}$

在应用需要系数法进行计算时，需要系数值与用电设备的类别和工作状态有很大关系，因此在计算过程中，首先要正确判断用电设备的类别和工作状态，否则将造成计算错误。例如，机修车间的金属切削机床电动机，应属于小批生产的冷加工机床电动机，因为金属切削

就是冷加工，而机修车间不可能是大批生产；压塑机、拉丝机和锻锤等，应属于热加工机床。

（三）多组用电设备计算负荷的确定

确定拥有多组用电设备的干线上或车间变电所低压母线上的计算负荷时，应考虑各组用电设备的最大负荷不同时出现的因素。因此在确定多组用电设备的计算负荷时，应结合具体情况对其有功负荷和无功负荷分别计入一个综合系数（又称为同时系数或参差系数）K_{Σ_p}（有功功率同时系数）和 K_{Σ_q}（无功功率同时系数）。

对车间干线可取 $K_{\Sigma_p} = 0.85 \sim 0.95$，$K_{\Sigma_q} = 0.90 \sim 0.97$。

对低压母线，由用电设备组计算负荷直接相加来计算时，可取 $K_{\Sigma_p} = 0.80 \sim 0.90$，$K_{\Sigma_q} = 0.85 \sim 0.95$。由车间干线计算负荷直接相加来计算时，可取 $K_{\Sigma_p} = 0.90 \sim 0.95$，$K_{\Sigma_q} = 0.93 \sim 0.97$。

总的有功计算负荷为
$$P_c = K_{\Sigma_p} \sum P_{c \cdot i} \tag{2-8}$$

总的无功计算负荷为
$$Q_c = K_{\Sigma_q} \sum Q_{c \cdot i} \tag{2-9}$$

以上两式中，$\sum P_{c \cdot i}$ 与 $\sum Q_{c \cdot i}$ 分别为各组设备的有功计算负荷之和、无功计算负荷之和。

总的视在计算负荷为
$$S_c = \sqrt{P_c^2 + Q_c^2} \tag{2-10}$$

总的计算电流为
$$I_c = \frac{S_c}{\sqrt{3} U_N} \tag{2-11}$$

【例 2-4】 某建筑的 380V 线路上接有表 2-4 所列设备，试确定该线路上的计算负荷。

表 2-4 某 380V 线路上所接的用电设备

编号	用电设备名称	数量	铭牌上额定容量	备注
1	水泵电动机	20	合计：56kW	
2	通风机	25	3kW	
3	起重机组	1	12kW	$\varepsilon = 25\%$
4	电焊机	2	9kV·A	$\varepsilon = 100\%$，$\cos\varphi_N = 0.6$
5	电焊机	1	22kW	$\varepsilon = 60\%$，$\cos\varphi_N = 0.6$

解：

1. 先求各组的计算负荷

（1）水泵电动机组

查表 2-1 得，$K_d = 0.7 \sim 0.8$（取 0.8），$\cos\varphi_N = 0.8$，$\tan\varphi_N = 0.75$，因此

有功计算负荷 $\qquad P_{c1} = K_d P_{e1} = 0.8 \times 56\text{kW} = 44.8\text{kW}$

无功计算负荷 $\qquad Q_{c1} = P_{c1} \tan\varphi = 44.8 \times 0.75\text{kvar} = 33.6\text{kvar}$

（2）通风机组

查表 2-1 得，$K_d = 0.7 \sim 0.8$（取 0.8），$\cos\varphi_N = 0.8$，$\tan\varphi_N = 0.75$，因此

有功计算负荷 $\qquad P_{c2} = K_d P_{e2} = 0.8 \times 25 \times 3\text{kW} = 60\text{kW}$

无功计算负荷 $\qquad Q_{c2} = P_{c2} \tan\varphi = 60 \times 0.75\text{kvar} = 45\text{kvar}$

（3）起重机组

由于吊车组的 $\varepsilon = 25\%$，因此设备功率不需要转换，$P_{e3} = 12\text{kW}$。

查表 2-1 得，$K_d = 0.1 \sim 0.15$（取 0.15），$\cos\varphi_N = 0.5$，$\tan\varphi_N = 1.73$，因此

有功计算负荷　　　　　　　$P_{c3} = K_d P_{e3} = 0.15 \times 12\text{kW} = 1.8\text{kW}$

无功计算负荷　　　　　　　$Q_{c3} = P_{c3} \tan\varphi = 1.8 \times 1.73\text{kvar} = 3.11\text{kvar}$

（4）电焊机组

编号为4的电焊机额定负荷持续率 $\varepsilon = 100\%$，因此设备功率不需要进行转换。

$$P_{e4} = 2 \times 9\text{kW} = 18\text{kW}$$

编号为5的电焊机额定负荷持续率 $\varepsilon = 60\%$，因此需要进行设备功率转换。

$$P_{e5} = S_N \cos\varphi_N \sqrt{\varepsilon_N} = 22 \times 0.6 \times \sqrt{0.6}\,\text{kW} = 10.22\text{kW}$$

查表2-1得，$K_d = 0.35$，$\cos\varphi_N = 0.6$，$\tan\varphi_N = 1.33$，因此

有功计算负荷　　　　$P_{c4} = K_d(P_{e4} + P_{e5}) = 0.35 \times (18 + 10.22)\text{kW} = 9.88\text{kW}$

无功计算负荷　　　　$Q_{c4} = P_{c4} \tan\varphi = 9.88 \times 1.33\text{kvar} = 13.14\text{kvar}$

2. 总计算负荷的计算

确定总计算负荷：$K_{\Sigma_p} = 0.90 \sim 0.95$（取 0.95），$K_{\Sigma_q} = 0.93 \sim 0.97$（取 0.97）。

总的有功计算负荷为

$P_c = K_{\Sigma_p} \sum P_{c \cdot i} = K_{\Sigma_p}(P_{c1} + P_{c2} + P_{c3} + P_{c4}) = 0.95 \times (44.8 + 60 + 1.8 + 9.88)\text{kW} = 116.48\text{kW}$

总的无功计算负荷为

$Q_c = K_{\Sigma_q} \sum Q_{c \cdot i} = K_{\Sigma_q}(Q_{c1} + Q_{c2} + Q_{c3} + Q_{c4}) = 0.97 \times (33.6 + 45 + 3.11 + 13.14)\text{kvar} = 92.00\text{kvar}$

总的视在计算负荷为　　　　$S_c = \sqrt{P_c^2 + Q_c^2} = \sqrt{116.48^2 + 92^2}\,\text{kV} \cdot \text{A} = 148.43\text{kV} \cdot \text{A}$

总的计算电流为　　　　$I_c = \dfrac{S_c}{\sqrt{3}\,U_N} = \dfrac{148.43}{\sqrt{3} \times 0.38}\text{A} = 225.52\text{A}$

四、单位指标法

单位指标法是用来估算建筑总用电负荷的常用方法，它是对现有建筑工程进行统计分析，得出每平方米建筑面积或每单位产品所需的计算负荷，该计算负荷叫单位指标，以后在建设同类型建筑时，用该类建筑的单位指标乘以总面积，即得到总计算负荷的近似值。

单位指标法主要用于方案设计阶段，估算建筑物的总计算容量，估算变压器的容量大小、申报用电量和规划用电方案。对于住宅、高层旅游宾馆的动力负荷，可用单位指标法进行负荷计算。

单位指标法包括单位面积指标法、综合单位指标法、单位产品耗电量法等。

（一）单位面积指标（或负荷密度）法

单位面积指标法的计算有功功率 P_c 为

$$P_c = \frac{K_P A}{1000} \tag{2-12}$$

式中　P_c——总有功计算负荷，kW；

　　　K_P——单位面积的功率（负荷密度），W/m^2，可参看有关设计手册；

　　　A——总建筑面积，m^2。

（二）综合单位指标法

综合单位指标法的计算有功功率 P_c 为

$$P_c = \frac{p_n N}{1000} \qquad (2\text{-}13)$$

式中　p_n——综合单位用电指标，W/户、W/人、W/床等，可参看有关设计手册；

　　　N——单位数量，如户数、人数、床位数。

应当指出，用电指标受众多因素的影响，各类数据的变化范围很大，应根据具体工程项目的地理位置、地区发展水平、居民生活习惯、建筑规模大小、建设标准高低、用电负荷特点、节能措施力度等，与同类项目进行横向和竖向多方面比较，多种指标互相印证，以选取合理的数值。

（三）单位产品耗电量法

企业的计算有功功率 P_c 为

$$P_c = \frac{W_Y}{T_{max}} = \frac{\omega M}{T_{max}} \qquad (2\text{-}14)$$

式中　W_Y——企业的年有功电能消耗量，kW；

　　　ω——单位产品耗电量，kW·h/单位产品，由工艺设计提供或引用有关资料；

　　　M——产品的年产量，单位应与 ω 中的单位产品一致；

　　　T_{max}——最大负荷利用小时数，h，参看表 2-5。

应用上述方法计算负荷时，还应结合工程具体情况，乘以适当的同时系数或需要系数。

表 2-5　部分企业的需要系数、功率因数及年最大有功负荷利用小时参考值

企业名称	需要系数	功率因数	年最大有功负荷利用小时数/h
汽轮机制造厂	0.38	0.88	5000
锅炉制造厂	0.27	0.73	4500
柴油机制造厂	0.32	0.74	4500
重型机械制造厂	0.35	0.79	3700
重型机床制造厂	0.32	0.71	3700
机床制造厂	0.20	0.65	3200
石油机械制造厂	0.45	0.78	3500
量具刃具制造厂	0.26	0.60	3800
工具制造厂	0.34	0.65	3800
电机制造厂	0.33	0.65	3000
电器开关制造厂	0.35	0.75	3400
电线电缆制造厂	0.35	0.73	3500
仪器仪表制造厂	0.37	0.81	3500
滚珠轴承制造厂	0.28	0.70	5800

【任务实施】

1）学习电力负荷计算的有关概念。

2）掌握负荷计算的方法，各种计算方法的特点及应用。

3）学习需要系数法。

4）学习单位指标法。

5）分析负荷特点及实际情况，选择负荷计算的方法。

6）需要系数法求计算负荷的步骤。

① 负荷分组，查表确定各组的 K_d、$\cos\varphi_N$、$\tan\varphi_N$。

② 确定各组的设备容量。

③ 求每组的计算负荷。

④ 确定同时系数。

⑤ 求多组总计算负荷。

 【提交成果】

任务完成后，需提交三相负荷计算任务表（见任务工单 2-2）。

课后思考与习题

1. 什么叫负荷持续率？它表征哪类用电设备的工作特性？它与设备功率有何换算关系？

2. 什么叫计算负荷？为什么计算负荷采用半小时平均最大负荷？准确确定计算负荷有何意义？

3. 各种设备的设备功率如何确定？

4. 确定计算负荷的方法有哪几种？各自的特点是什么？各适用于哪些场所？

5. 在确定多组用电设备的视在计算负荷和计算电流时，可否将各组的视在计算负荷和计算电流分别直接相加？为什么？应如何正确计算？

6. 某机修车间 380V 的线路上，接有冷加工机床电动机 40 台，共 98kW；电加热设备 2 台，共 6.6kW；起重机组一套，12kW（$\varepsilon = 60\%$）；电焊机 5 台，每台 10kV · A（$\varepsilon = 60\%$），功率因数为 0.6。试计算该线路的计算负荷。

任务工单 2-2　三相负荷计算任务表

电力负荷的计算	有一机械加工车间，380V 线路上接有金属切削机床电动机，总功率 870kW；通风机，总功率 64kW。试分别确定各组和车间的计算负荷
计算方法以及选择的原因	
小结	
体会	

填表人：

任务3 单相负荷计算

【任务描述】

根据负荷实际情况，进行单相负荷计算。

【任务分析】

单相负荷在电力系统中应用广泛，对单相负荷的计算不容忽视，其计算结果将影响三相电源容量的确定。

【相关知识】

一、单相用电设备组确定计算负荷的原则

单相设备应均衡分配接在三相线路中，使各相负荷尽量相近，三相负荷尽可能平衡。如果三相线路中单相设备的总容量不超过三相设备总容量的15%，则不论单相设备如何分配，单相设备都可以与三相设备综合按三相负荷平衡计算。如果单相设备容量超过三相设备容量的15%，则应将单相设备容量换算为等效三相设备容量，再与三相设备容量相加。

二、单相用电设备组等效三相负荷的计算

（一）单相设备接于相电压时的负荷计算

单相设备接于相电压时，其等效三相设备功率 P_e 应按最大负荷相所接单相设备功率 $P_{e.\varphi.m}$ 的3倍计算，即

$$P_e = 3P_{e.\varphi.m} \tag{2-15}$$

其等效三相计算负荷则按前述需要系数法计算。

（二）单相设备接于线电压时的负荷计算

用电设备接于线电压是指电压为380V的用电设备连接在三相供电系统中的两相之间。这种设备有时也称为线间负荷或线间设备。根据这种设备在系统中数量的不同，其等效三相设备功率的确定方法也不同。

1. 单相设备接于同一线电压时

单相设备接于同一线电压的情况基本上是系统中只有单台用电设备。此时等效三相设备功率 P_e 为该用电设备的设备功率 P_{el} 的 $\sqrt{3}$ 倍，即

$$P_e = \sqrt{3} P_{el} \tag{2-16}$$

2. 单相设备接于不同线电压时

首先将各线间负荷相加，选取其中较大两项数据进行计算，计算公式为

$$P = \sqrt{3} P_{e1} + (3 - \sqrt{3}) P_{e2} \tag{2-17}$$

式中 P_{e1}——线间负荷之和为最大的那项线间负荷值，kW；

P_{e2}——线间负荷之和为第二大的那项线间负荷值，kW。

例如，$P_{eAB}>P_{eBC}>P_{eCA}$，即 $P_{eAB}=P_{e1}$，$P_{eBC}=P_{e2}$，则等效三相设备功率为

$$P_e=\sqrt{3}P_{eAB}+(3-\sqrt{3})P_{eBC}$$

其等效三相计算负荷同样按需要系数法计算。

（三）单相设备分别接于相电压和线电压时的负荷计算

首先应将接于线电压的单相设备功率换算为接于相电压的设备功率，然后分相计算各相的设备功率，并按需要系数法计算其各相的计算负荷，而总的等效三相有功计算负荷 P_c 则为其最大有功负荷相的有功计算负荷 $P_{c.\varphi.m}$ 的 3 倍，即

$$P_c=3P_{c.\varphi.m} \tag{2-18}$$

总的等效无功计算负荷 Q_c 则为其最大有功负荷相的无功计算负荷 $Q_{c.\varphi.m}$ 的 3 倍，即

$$Q_c=3Q_{c.\varphi.m} \tag{2-19}$$

关于将接于线电压的单相设备功率换算为接于相电压的设备功率问题，可按下列换算公式进行换算。

A 相
$$P_A=p_{AB-A}P_{AB}+p_{CA-A}P_{CA} \tag{2-20}$$
$$Q_A=q_{AB-A}P_{AB}+q_{CA-A}P_{CA} \tag{2-21}$$

B 相
$$P_B=p_{AB-B}P_{AB}+p_{BC-B}P_{BC} \tag{2-22}$$
$$Q_B=q_{AB-B}P_{AB}+q_{BC-B}P_{BC} \tag{2-23}$$

C 相
$$P_C=p_{BC-C}P_{BC}+p_{CA-C}P_{CA} \tag{2-24}$$
$$Q_C=q_{BC-C}P_{BC}+q_{CA-C}P_{CA} \tag{2-25}$$

式中　P_A、P_B、P_C——换算成接于 U_A、U_B、U_C 的有功设备功率，kW；

P_{AB}、P_{BC}、P_{CA}——实际接于 U_{AB}、U_{BC}、U_{CA} 的有功设备功率，kW；

Q_A、Q_B、Q_C——换算成接于 U_A、U_B、U_C 的无功设备功率，kvar；

p_{AB-A}、q_{AB-A}——实际接于 U_{AB} 的线间负荷换算成接于 U_A 单相负荷的有功和无功换算系数；

p_{CA-A}、q_{CA-A}——实际接于 U_{CA} 的线间负荷换算成接于 U_A 单相负荷的有功和无功换算系数；

p_{AB-B}、q_{AB-B}——实际接于 U_{AB} 的线间负荷换算成接于 U_B 单相负荷的有功和无功换算系数；

p_{BC-B}、q_{BC-B}——实际接于 U_{BC} 的线间负荷换算成接于 U_B 单相负荷的有功和无功换算系数；

p_{BC-C}、q_{BC-C}——实际接于 U_{BC} 的线间负荷换算成接于 U_C 单相负荷的有功和无功换算系数；

p_{CA-C}、q_{CA-C}——实际接于 U_{CA} 的线间负荷换算成接于 U_C 单相负荷的有功和无功换算系数。

上述有功和无功换算系数见表 2-6。

表 2-6　线间负荷换算为单相负荷的有功、无功换算系数

功率换算系数	负荷功率因数								
	0.35	0.4	0.5	0.6	0.65	0.7	0.8	0.9	1.0
p_{AB-A}、p_{BC-B}、p_{CA-C}	1.27	1.17	1.0	0.89	0.84	0.8	0.72	0.64	0.5
p_{AB-B}、p_{BC-C}、p_{CA-A}	-0.27	-0.17	0	0.11	0.16	0.2	0.28	0.36	0.5
q_{AB-A}、q_{BC-B}、q_{CA-C}	1.05	0.86	0.58	0.38	0.3	0.22	0.09	-0.05	-0.29
q_{AB-B}、q_{BC-C}、q_{CA-A}	1.63	1.44	1.16	0.96	0.88	0.8	0.67	0.53	0.29

【例 2-5】　某 220V/380V 三相四线制线路上，接有 220V 单相电热干燥箱 6 台，其中 2 台 20kW 接于 A 相，1 台 30kW 接于 B 相，3 台 10kW 接于 C 相；电加热器 2 台分别接于 B 相和 C 相。此外，该线路上还接有 6 台 380V 对焊机，其中 3 台 14kW（$\varepsilon=100\%$）接于 AB 线间，2 台 20kW（$\varepsilon=100\%$）接于 BC 线间，1 台 46kW（$\varepsilon=60\%$）接于 CA 线间。试求该线路的计算负荷。

解：（1）电热干燥箱及电加热器的各相计算负荷

查表 2-1 得，$K_d=0.7$，$\cos\varphi=1.0$，$\tan\varphi=0$，因此只需要计算有功计算负荷。

A 相　　　　　　　　$P_{cA1}=K_dP_{eA}=0.7\times20\times2\,\text{kW}=28\,\text{kW}$

B 相　　　　　　　　$P_{cB1}=K_dP_{eB}=0.7\times(30\times1+20\times1)\,\text{kW}=35\,\text{kW}$

C 相　　　　　　　　$P_{cC1}=K_dP_{eC}=0.7\times(10\times3+20\times1)\,\text{kW}=35\,\text{kW}$

（2）对焊机的各相计算负荷

先将接于 CA 线间的 46kW（$\varepsilon=60\%$）换算至 $\varepsilon=100\%$ 时的设备功率，即

$$P_{CA}=46\times\sqrt{0.6}\,\text{kW}=35.63\,\text{kW}$$

查表 2-1 得，$K_d=0.35$，$\cos\varphi=0.7$，$\tan\varphi=1.02$；再由表 2-6 查得，$\cos\varphi=0.7$ 时的功率换算系数 $p_{AB-A}=p_{BC-B}=p_{CA-C}=0.8$，$p_{AB-B}=p_{BC-C}=p_{CA-A}=0.2$，$q_{AB-A}=q_{BC-B}=q_{CA-C}=0.22$，$q_{AB-B}=q_{BC-C}=q_{CA-A}=0.8$。因此换算至各相的有功和无功设备功率为

A 相　　　　$P_{eA}=p_{AB-A}P_{AB}+p_{CA-A}P_{CA}=(0.8\times14\times3+0.2\times35.63)\,\text{kW}=40.73\,\text{kW}$

　　　　　　$Q_{eA}=q_{AB-A}P_{AB}+q_{CA-A}P_{CA}=(0.22\times14\times3+0.8\times35.63)\,\text{kvar}=37.74\,\text{kvar}$

B 相　　　　$P_{eB}=p_{AB-B}P_{AB}+p_{BC-B}P_{BC}=(0.2\times14\times3+0.8\times20\times2)\,\text{kW}=40.4\,\text{kW}$

　　　　　　$Q_{eB}=q_{AB-B}P_{AB}+q_{BC-B}P_{BC}=(0.8\times14\times3+0.22\times20\times2)\,\text{kvar}=42.4\,\text{kvar}$

C 相　　　　$P_{eC}=p_{BC-C}P_{BC}+p_{CA-C}P_{CA}=(0.2\times20\times2+0.8\times35.63)\,\text{kW}=36.5\,\text{kW}$

　　　　　　$Q_{eC}=q_{BC-C}P_{BC}+q_{CA-C}P_{CA}=(0.8\times20\times2+0.22\times35.63)\,\text{kvar}=39.84\,\text{kvar}$

各相的计算负荷为

A 相　　　　　　　　$P_{cA2}=K_dP_{eA}=0.35\times40.73\,\text{kW}=14.26\,\text{kW}$

　　　　　　　　　　$Q_{cA2}=K_dQ_{eA}=0.35\times37.74\,\text{kvar}=13.21\,\text{kvar}$

B 相　　　　　　　　$P_{cB2}=K_dP_{eB}=0.35\times40.4\,\text{kW}=14.14\,\text{kW}$

　　　　　　　　　　$Q_{cB2}=K_dQ_{eB}=0.35\times42.4\,\text{kvar}=14.84\,\text{kvar}$

C 相　　　　　　　　$P_{cC2}=K_dP_{eC}=0.35\times36.5\,\text{kW}=12.78\,\text{kW}$

　　　　　　　　　　$Q_{cC2}=K_dQ_{eC}=0.35\times39.84\,\text{kvar}=13.94\,\text{kvar}$

（3）各相总的计算负荷（设同时系数为 0.95）

A 相　　　　　　$P_{cA}=K_\Sigma(P_{cA1}+P_{cA2})=0.95\times(28+14.26)\,\text{kW}=40.15\,\text{kW}$

　　　　　　　　$Q_{cA}=K_\Sigma(Q_{cA1}+Q_{cA2})=0.95\times(0+13.21)\,\text{kvar}=12.55\,\text{kvar}$

B 相　　　　　　$P_{cB}=K_\Sigma(P_{cB1}+P_{cB2})=0.95\times(35+14.14)\,\text{kW}=46.68\,\text{kW}$

　　　　　　　　$Q_{cB}=K_\Sigma(Q_{cB1}+Q_{cB2})=0.95\times(0+14.84)\,\text{kvar}=14.10\,\text{kvar}$

C 相　　　　　　$P_{cC}=K_\Sigma(P_{cC1}+P_{cC2})=0.95\times(35+12.78)\,\text{kW}=45.39\,\text{kW}$

　　　　　　　　$Q_{cC}=K_\Sigma(Q_{cC1}+Q_{cC2})=0.95\times(0+13.94)\,\text{kvar}=13.24\,\text{kvar}$

（4）总的等效三相计算负荷

由以上计算结果看出，B 相的有功计算负荷最大，因此取 B 相数据来计算等效三相计算负荷。

$$P_c = 3P_{c. \varphi. m} = 3P_{cB} = 3 \times 46.68 \text{kW} = 140.04 \text{kW}$$

$$Q_c = 3Q_{c. \varphi. m} = 3Q_{cB} = 3 \times 14.10 \text{kvar} = 42.3 \text{kvar}$$

$$S_c = \sqrt{P_c^2 + Q_c^2} = \sqrt{140.04^2 + 42.3^2} = 146.3 (\text{kV} \cdot \text{A})$$

$$I_c = \frac{S_c}{\sqrt{3} U_N} = \frac{146.3}{\sqrt{3} \times 0.38} \text{A} = 222.29 \text{A}$$

 【任务实施】

1）学习单相用电设备组确定计算负荷的原则。
2）把单相负荷均匀分配到三相线路上。
3）学习单相用电设备组确定计算负荷的方法。
4）根据负荷情况确定求单相用电设备组计算负荷的方法。
5）进行单相负荷计算。

 【提交成果】

任务完成后，需提交单相负荷计算任务表（见任务工单 2-3）。

课后思考与习题

1. 在接有单相用电设备的三相线路中，什么情况下可将单相设备与三相设备综合按三相负荷的计算方法确定计算负荷？什么情况下应进行单相负荷的等效换算？

2. 如何将单相用电设备分配于三相系统中？如何将单相用电设备换算为三相负荷？

任务工单 2-3　单相负荷计算任务表

电力负荷的计算	某 220V/380V 三相四线制线路上，接有 220V 单相电热干燥箱 4 台，其中 2 台 10kW 接于 A 相，1 台 30kW 接于 B 相，另 1 台 20kW 接于 C 相。此外，该线路上还接有 380V 单相对焊机 4 台，其中 2 台 14kW（$\varepsilon = 100\%$）接于 AB 线间，1 台 20kW（$\varepsilon = 100\%$）接于 BC 线间，另 1 台 30kW（$\varepsilon = 60\%$）接于 CA 线间。试求此线路的计算负荷
计算方法以及选择的原因	
小结	
体会	

填表人：

任务 4　无 功 补 偿

【任务描述】

根据负荷实际情况，进行无功补偿。

【任务分析】

功率因数是衡量供配电系统是否经济运行的一个重要指标。用户中绝大多数用电设备，如电力变压器、感应电动机等，其功率因数较低，这不仅增加了系统的投资，同时还增加了系统运行时的损耗，是非常不经济的，因此须采取措施以提高功率因数。通常采用并联电容器进行人工补偿，所以要求掌握补偿容量的计算，并能合理选择电容器。

【相关知识】

用户在当地供电企业规定的电网高峰负荷时的功率因数，100kV·A 及以上高压供电的用户，不得低于 0.90；其他电力用户，不得低于 0.85。因此用户在充分发挥设备潜力，改善设备运行性能，提高自然功率因数的情况下，如尚达不到规定的功率因数，必须考虑进行无功功率的人工补偿。

一、无功补偿的意义

无功补偿即提高功率因数，它可以使负荷电流及负荷容量减小，从而降低对供配电设施的投资，增加供配电系统的功率储备，使用户获得直接的经济利益。

提高功率因数后，由于负荷电流减小，还能降低供电线路及供配电设备的电能损耗和电压损耗，从而既提高供电系统的运行效益，又提高电压质量的效果。由此可见，提高功率因数对电力系统大有好处。

二、提高功率因数的方法

1. 通过适当措施提高自然功率因数

当功率因数不满足要求时，首先应提高自然功率因数。自然功率因数是指未装设任何补偿装置的实际功率因数。自然功率因数通常通过以下几种方法来提高。

① 合理选择电动机的规格及型号。

② 防止电动机长时间空载运行。

③ 保证电动机的检修质量。

④ 合理选择变压器的容量。

⑤ 交流接触器节电运行。

2. 通过人工补偿方式提高功率因数

用户的功率因数仅靠提高自然功率因数一般不能满足要求，因此还要进行人工补偿，主要方法有以下几种。

① 利用同步调相机：这种方式为无级调节方式，调节的范围较大，但造价较高，运行

维护复杂。

② 利用动态无功补偿装置：这种装置调整性能好，补偿容量大，能根据负荷的变化快速补偿，但是投资大。

③ 并联适当的静电电容器：电容器安装简便、容易扩建、运行维护方便，补偿单位无功功率的造价低、有功损耗小，因此广泛用于工厂企业及民用建筑供电系统中。

三、无功补偿容量的计算

无功补偿后，不仅可以提高系统的功率因数，而且无功功率和视在功率也会随之降低。若要使功率因数由 $\cos\varphi$ 提高到 $\cos\varphi'$，则所需补偿的无功容量 ΔQ 为

$$\Delta Q = Q_c - Q_c' = P_c(\tan\varphi - \tan\varphi') \tag{2-26}$$

或

$$\Delta Q = \Delta q_c P_c \tag{2-27}$$

式中　Q_c、Q_c'——补偿前的无功计算负荷和补偿后的无功计算负荷，kvar；

P_c——系统的有功计算负荷，补偿前后不变，kW；

$\tan\varphi$、$\tan\varphi'$——补偿前、后的功率因数 $\cos\varphi$、$\cos\varphi'$ 所对应的正切值；

Δq_c——无功补偿率（也称为比补偿容量），它表示要使 1kW 的有功功率由 $\cos\varphi$ 补偿到 $\cos\varphi'$ 所需要的无功补偿容量，kvar。

表 2-7 列出了并联电容器的无功补偿率，可利用补偿前、后的功率因数直接查出。

表 2-7　并联电容器的无功补偿率

补偿前的功率因数 $\cos\varphi_1$	补偿后的功率因数 $\cos\varphi_2$								
	0.85	0.86	0.88	0.90	0.92	0.94	0.96	0.98	1.00
0.60	0.71	0.74	0.79	0.85	0.91	0.97	1.04	1.13	1.33
0.62	0.65	0.67	0.73	0.78	0.84	0.90	0.98	1.06	1.27
0.64	0.58	0.61	0.66	0.72	0.77	0.84	0.91	1.00	1.20
0.66	0.52	0.55	0.60	0.65	0.71	0.78	0.85	0.94	1.14
0.68	0.46	0.48	0.54	0.59	0.65	0.71	0.79	0.88	1.08
0.70	0.40	0.43	0.48	0.54	0.59	0.66	0.73	0.82	1.02
0.72	0.34	0.37	0.42	0.48	0.54	0.60	0.67	0.76	0.96
0.74	0.29	0.31	0.37	0.42	0.48	0.54	0.62	0.71	0.91
0.76	0.23	0.26	0.31	0.37	0.43	0.49	0.56	0.65	0.85
0.78	0.18	0.21	0.26	0.32	0.38	0.44	0.51	0.60	0.80
0.80	0.13	0.16	0.21	0.27	0.32	0.39	0.46	0.55	0.75
0.82	0.08	0.10	0.16	0.21	0.27	0.33	0.40	0.49	0.70
0.84	0.03	0.05	0.11	0.16	0.22	0.28	0.35	0.44	0.65
0.85	0.00	0.03	0.08	0.14	0.19	0.26	0.33	0.42	0.62
0.86	—	0.00	0.05	0.11	0.17	0.23	0.30	0.39	0.59
0.88	—	—	0.00	0.06	0.11	0.18	0.25	0.34	0.54
0.90	—	—	—	0.00	0.06	0.12	0.19	0.28	0.48

在确定了总的补偿容量 ΔQ 后，即可根据所选并联电容器的单个容量 q_C 来确定所需并联的电容器的个数 n，即

$$n = \frac{\Delta Q}{q_C} \tag{2-28}$$

单个电容器的容量 q_C 值可查看产品样本，也可参看附录6。由式（2-28）计算所得的电容器个数 n，对于单相电容器，应取为3的倍数，以便三相均衡分配。

四、补偿后的计算负荷

用户装设了无功补偿装置以后，在确定补偿装置装设地点以前的总计算负荷时，应扣除无功补偿容量 ΔQ，即补偿后总的计算负荷分别为

$$P'_c = P_c \tag{2-29}$$

$$Q'_c = Q_c - \Delta Q \tag{2-30}$$

$$S'_c = \sqrt{P'^2_c + Q'^2_c} = \sqrt{P^2_c + (Q_c - \Delta Q)^2} \tag{2-31}$$

$$I'_c = \frac{S'_c}{\sqrt{3}\, U_N} \tag{2-32}$$

由式（2-29）~式（2-32）可以看出，在变电所低压侧装设无功补偿装置后，低压侧总的视在计算负荷减小，从而可使变电所主变压器的容量选得小一些，这就降低了变电所的初投资费用。因为我国供电部门对工业用户一般实行"两部电费制"：一部分叫"基本电费"，是按所装主变压器的容量来计费。主变压器容量的减小，使基本电费相应减少。另一部分叫"电能电费"，是按用户每月实际耗电量来计费，且根据月平均功率因数的高低调整电费，可参看附录7。凡月平均功率因数高于规定值的，均可按一定比率减少电费。

[例 2-6] 某厂建一 10kV/0.4kV 的降压变电所，已知变电所低压侧的视在计算负荷为 800kV·A，无功计算负荷为 540kvar。按规定，工厂变电所高压侧的功率因数不得低于 0.9。如果在低压侧装设并联电容器进行无功补偿，请问补偿容量需多少？补偿后该变电所总的视在计算负荷（高压侧）降低多少？

解：（1）补偿前的计算负荷和功率因数

低压侧的有功计算负荷为

$$P_{c(2)} = \sqrt{S^2_{c(2)} - Q^2_{c(2)}} = \sqrt{800^2 - 540^2}\,\text{kW} = 590.25\text{kW}$$

低压侧的功率因数为

$$\cos\varphi_{(2)} = \frac{P_{c(2)}}{S_{c(2)}} = \frac{590.25}{800} = 0.74$$

变压器的功率损耗为

$$\Delta P_T \approx 0.01 S_c = 0.01 \times 800\text{kW} = 8\text{kW}$$

$$\Delta Q_T \approx 0.05 S_c = 0.05 \times 800\text{kvar} = 40\text{kvar}$$

变电所高压侧总的计算负荷为

$$P_{c(1)} = P_{c(2)} + \Delta P_{T} = (590.25 + 8) \text{kW} = 598.25 \text{kW}$$

$$Q_{c(1)} = Q_{c(2)} + \Delta Q_{T} = (540 + 40) \text{kvar} = 580 \text{kvar}$$

$$S_{c(1)} = \sqrt{P_{c(1)}^2 + Q_{c(1)}^2} = \sqrt{598.25^2 + 580^2} \text{ kV} \cdot \text{A} = 833.25 \text{kV} \cdot \text{A}$$

变电所高压侧的功率因数为

$$\cos\varphi_{(1)} = \frac{P_{c(1)}}{S_{c(1)}} = \frac{598.25}{833.25} = 0.718$$

（2）补偿容量

规定要求在高压侧功率因数不低于 0.9，而补偿是在低压侧进行。考虑到变压器有损耗，故在低压侧拟补偿到 0.92，则需补偿的容量为

$$\Delta Q = P_{c(2)} \left[\tan\varphi_{(2)} - \tan\varphi'_{(2)} \right] = 590.25 \text{kvar} \times \left[\tan(\arccos 0.74) - \tan(\arccos 0.92) \right] = 285.03 \text{kvar}$$

查附录 6 选 BWF0.4-14-1/3 型电容器，需要的数量为

$$n = \frac{\Delta Q}{q_C} = \frac{285.03}{14} = 20.36$$

取 $n = 21$ 个，则实际补偿容量为

$$Q = 21 \times 14 \text{kvar} = 294 \text{kvar}$$

（3）补偿后的计算负荷和功率因数

变电所低压侧的视在计算负荷为

$$S'_{c(2)} = \sqrt{P_{c(2)}^2 + Q_{c(2)}'^2} = \sqrt{590.25^2 + (540-294)^2} \text{ kV} \cdot \text{A} = 639.46 \text{kV} \cdot \text{A}$$

此时变压器的损耗为

$$\Delta P'_{T} \approx 0.01 S'_{c(2)} = 0.01 \times 639.46 \text{kW} = 6.39 \text{kW}$$

$$\Delta Q'_{T} \approx 0.05 S'_{c(2)} = 0.05 \times 639.46 \text{kvar} = 31.97 \text{kvar}$$

变电所高压侧总的计算负荷为

$$P'_{c(1)} = P'_{c(2)} + \Delta P'_{T} = P_{c(2)} + \Delta P'_{T} = (590.25 + 6.39) \text{kW} = 596.64 \text{kW}$$

$$Q'_{c(1)} = Q'_{c(2)} + \Delta Q'_{T} = \left[(540 - 294) + 31.97 \right] \text{kvar} = 277.97 \text{kvar}$$

$$S'_{c(1)} = \sqrt{P_{c(1)}'^2 + Q_{c(1)}'^2} = \sqrt{596.64^2 + 277.97^2} \text{ kV} \cdot \text{A} = 658.21 \text{kV} \cdot \text{A}$$

变电所高压侧的功率因数为

$$\cos\varphi'_{(1)} = \frac{P'_{c(1)}}{S'_{c(1)}} = \frac{596.64}{658.21} = 0.906 > 0.9$$

这一功率因数值满足规定的要求。

（4）补偿前、后总视在计算负荷的变化

$$S_{c(1)} - S'_{c(1)} = (833.25 - 658.21) \text{kV} \cdot \text{A} = 175.04 \text{kV} \cdot \text{A}$$

通过上述计算可得，需补偿的容量为 294kvar，无功补偿后总视在计算负荷降低了

175.04kV · A。

 【任务实施】

1）了解无功补偿的意义。

2）学习无功补偿的方式及各种方式的特点。

3）根据实际情况确定无功补偿的方式。

4）学习无功补偿量的计算。

5）根据实际情况计算无功补偿量。

6）根据补偿量值选择电容器。

 【提交成果】

任务完成后，需提交无功补偿任务表（见任务工单2-4）。

 课后思考与习题

1. 无功补偿的意义是什么？有哪几种补偿方式？各有何特点？

2. 如何进行无功补偿量的计算？如何选择并联电容器？

3. 某用户拟建一降压变电所，装设一台主变压器。已知变电所低压侧有功计算负荷为650kW，无功计算负荷为800kvar。为了使用户（变电所高压侧）的功率因数不低于0.90，拟在变电所低压侧装设并联电容器进行无功补偿。请问需装设多少补偿容量？补偿前、后用户变电所所选主变压器容量有什么变化？

任务工单 2-4　无功补偿任务表

已知条件及任务	某企业 10kV 母线上的有功计算负荷为 2300kW，平均功率因数为 0.68。如果要使平均功率因数提高到 0.9，在 10kV 母线上固定补偿，则需装设 BFM 型并联电容器的总容量是多少？试选择电容器的型号和数量
无功补偿量的计算	
选择电容器的型号和数量	
小结	
体会	

填表人：

<h1 style="text-align:center">任务 5 尖峰电流计算</h1>

【任务描述】

根据某车间实际情况，进行尖峰电流的计算。

【任务分析】

尖峰电流是供电线路中持续时间较短的最大负荷电流。虽然它不会对导线和设备产生明显的热效应影响，但对系统的电压波动有直接影响，也对供电系统保护装置的动作值有影响，故应掌握其计算方法。

【相关知识】

一、尖峰电流的概念

尖峰电流是指单台或多台用电设备持续 $1 \sim 2\text{s}$ 的短时最大负荷电流，用 I_{pk} 表示。它是由于电动机起动、电压波动等原因引起的。尖峰电流比计算电流大得多。

尖峰电流主要用来选择熔断器和低压断路器、整定继电保护装置及检验电动机自起动条件等。

二、单台用电设备尖峰电流的计算

单台用电设备的尖峰电流就是其起动电流，即

$$I_{pk} = I_{st} = K_{st}I_{N} \tag{2-33}$$

式中　I_{st}——用电设备的起动电流，A；

$\quad\quad I_{N}$——用电设备的额定电流，A；

$\quad\quad K_{st}$——用电设备的起动电流倍数，可查产品样本或设备铭牌，笼型电动机一般取 $5 \sim$
$\quad\quad\quad\quad$ 7，绕线转子电动机一般取 $2 \sim 3$，直流电动机一般取 1.7，电焊变压器一般取 3
$\quad\quad\quad\quad$ 或稍大。

三、多台用电设备尖峰电流的计算

接有多台用电设备的配电线路，只考虑其中一台用电设备起动时的尖峰电流，该设备起动电流的增加值最大，而其余用电设备达到最大负荷电流。因此，计算公式为

$$I_{pk} = I_{c} + (I_{st} - I_{N})_{max} \tag{2-34}$$

式中　I_{c}——全部设备投入运行时线路的计算电流，A；

$(I_{st}-I_{N})_{max}$——起动电流与额定电流差值最大的用电设备的起动电流与额定电流差
$\quad\quad\quad\quad\quad$ 值，A。

【例2-7】 有一条380V三相线路，供电给表2-8所示5台电动机。该线路的计算电流为50A。试求该线路的尖峰电流。

表2-8 电动机负荷资料

功率换算系数	电 动 机				
	M1	M2	M3	M4	M5
额定电流 I_N（A）	8	18	25	10	15
起动电流 I_{st}（A）	40	65	46	58	36

解：由表2-8可知，M4的 $I_{st} - I_N = (58-10) \text{A} = 48\text{A}$，在所有电动机中为最大，因此按式（2-34）可得线路的尖峰电流为

$$I_{pk} = [50 + (58-10)] \text{A} = 98\text{A}$$

 【任务实施】

1）了解尖峰电流的概念及计算意义。

2）掌握尖峰电流计算的方法。

3）根据实际情况计算线路上的尖峰电流。

 【提交成果】

任务完成后，需提交尖峰电流计算任务表（见任务工单2-5）。

 课后思考与习题

1. 什么叫尖峰电流？为什么要计算尖峰电流？

2. 某380V供电线路上接有3台机床电动机，已知该3台机床电动机的额定电流和起动电流倍数分别为：$I_{N1} = 5\text{A}$，$K_{st1} = 7$；$I_{N2} = 4\text{A}$，$K_{st2} = 4$；$I_{N3} = 10\text{A}$，$K_{st3} = 3$。试计算线路上的尖峰电流。

任务工单 2-5　尖峰电流计算任务表

尖峰电流的计算	某 380V 供电线路上接有 4 台电动机,已知该 4 台电动机的额定电流和起动电流分别为:$I_{N1}=35A$,$I_{st1}=148A$;$I_{N2}=14A$,$I_{st2}=86A$;$I_{N3}=56A$,$I_{st3}=160A$;$I_{N4}=20A$,$I_{st4}=135A$。试计算线路上的尖峰电流。建议 $K_{\Sigma}=0.9$
计算尖峰电流的目的	
小结	
体会	

填表人:

职业素养要求

　　电力负荷的计算是合理选择供配电系统设备的重要依据。在电力负荷的分析和计算中,应注重细节,严谨专注,培养认真负责的工作态度。

项目三 电气设备的选择

知识目标

1. 熟悉电力变压器的结构，理解其铭牌参数，掌握变压器选择条件。
2. 掌握互感器的种类、工作原理及使用注意事项。
3. 熟悉高压电气设备的种类，掌握其基本结构、功能、操作要求及选择方法。
4. 熟悉低压电气设备的种类，掌握其基本结构、功能、操作要求及选择方法。

能力目标

1. 合理地选择变压器。
2. 合理确定互感器的接线方式并正确使用互感器。
3. 合理选择、操作高压电气设备。
4. 合理选择、操作低压电气设备。

建筑供配电系统中，担负输送和分配电能这一主要任务的电路称为一次电路或主电路；用来控制、指示、监测和保护一次电路及其中的电气设备运行的电路称为二次电路或二次回路。电气设备是在电力系统中对发电机、变压器、电力线路、断路器等设备的统称。建筑供配电系统中的电气设备可按所属电路性质分为两大类：一次电路中的所有电气设备称为一次设备，二次回路中的所有电气设备称为二次设备。

供配电系统中的主要电气设备是指一次设备，一次设备按其功能不同又可以分为变换设备、控制设备、保护设备、无功补偿设备、成套设备等。变换设备是指按系统工作要求来改变电压、电流或频率的设备，如电力变压器、互感器及变频设备等。控制设备是指按系统工作要求来控制电路通断的设备，如各种高低压开关电器。保护设备是指对系统进行过电流或过电压保护的设备，如高低压熔断器和避雷器。无功补偿设备是指用来补偿系统中的无功功率以提高系统功率因数的设备，如高低压电容器。成套设备是指按照一定的线路方案要求，将有关一次、二次设备组合而成一体的电气设备，例如高低压开关柜、高低压配电屏、动力和照明配电箱等。

任务 1 电力变压器的选择

 【任务描述】

根据工程实际情况，选择电力变压器。

箱式变压器

【任务分析】

电力变压器是供配电系统中重要的电力设备。它的作用是变换交流电压，实现电能的合理输送、分配和使用。若要使供配电系统安全、稳定、经济运行，就必须合理地选择变压器的类型、额定电压、台数及额定容量等。

【相关知识】

电力变压器是一种静止的电气设备，是用来将某一数值的交流电压（电流）变成频率相同的另一种或几种数值不同的电压（电流）的设备。它是变电所中最关键的设备，用于电力的输送、分配和使用。

一、电力变压器的分类

电力变压器按相数分，有单相和三相两大类。用户变电所通常采用三相变压器。

电力变压器按调压方式不同可分为无载调压和有载调压两大类。对电网电压波动较大的，为改善电能质量应采用有载调压电力变压器。

电力变压器按绕组导体材质分，有铜绕组变压器和铝绕组变压器两大类。按照国家强制执行节能标准，用户变电所目前大多采用 S13 及以上系列低损耗变压器。

电力变压器按绕组形式分为双绕组变压器、三绕组变压器和自耦变压器，用户变电所一般采用双绕组变压器。

电力变压器按绕组绝缘和冷却方式分，有油浸式和干式两大类。其中油浸式变压器又分为油浸自冷式、油浸风冷式、油浸水冷式和强迫油循环冷却式等。供电系统中没有特殊要求的和民用建筑独立变电所常采用三相油浸自冷式变压器。干式变压器又分浇注式、开启式和充气式等，它具有安全性好、结构体积小等优点。对于高层建筑、地下建筑、发电厂、化工厂等对消防要求较高的场所，宜采用干式变压器。

电力变压器按结构性能分，有普通变压器、全密封变压器和防雷变压器等。用户大多采用普通变压器（包括油浸式和干式变压器）。全密封变压器（包括油浸式、干式和充气式）具有全密封结构，维护安全方便，在多尘或有腐蚀性气体严重影响变压器安全的场所应选择密闭型变压器。防雷变压器适用于多雷地区用户变电所。

二、变压器的结构

三相油浸式电力变压器的外形结构如图 3-1 所示。S13 系列油浸式变压器的外形结构如图 3-2 所示。

1. 铁心

铁心是变压器的磁路部分，由铁心柱和铁轭组成。铁心结构有心式和壳式两种。为了减少铁心中的磁滞和涡流损耗，铁心均用 0.350~0.500mm 厚的热轧或冷轧硅钢片叠成，片的两面通过涂以 0.010~0.013mm 厚的漆膜（热轧片，现已很少用）或气化（冷轧片）的工艺方式形成绝缘层，以减小涡流损耗。

2. 绕组

绕组是变压器的电路部分。根据高、低压绕组排列方式的不同，绕组分为同心式和交叠式两种。对于同心式绕组，将低压绕组靠近铁心柱。对于交叠式绕组，为了减小绝缘距离，通常将低压绕组靠近铁轭。

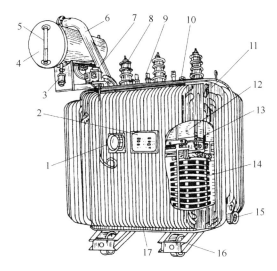

图 3-1 三相油浸式电力变压器

1—信号温度计 2—铭牌 3—吸湿器 4—油枕 5—油位指示器（油标） 6—防爆管 7—瓦斯继电器
8—高压出线套管 9—低压出线套管 10—分接开关 11—油箱 12—变压器油 13—铁心
14—绕组 15—放油阀 16—底座（小车） 17—接地端子

3. 绝缘结构

绝缘结构实现了变压器的绝缘，包括外部绝缘和内部绝缘。绝缘结构由变压器油、绝缘纸板、电缆纸、皱纹纸等构成。

4. 分接开关

变换分接以进行调压所采用的开关称为分接开关。

绕组抽出分接以供调压的电路称为调压电路。调压电路有有载调压和无载调压。

图 3-2 S13 系列油浸式
变压器外形结构图

① 有载调压：带负载进行变换绕组分接的调压。

② 无载调压：变压器二次侧不带负载，一次侧也与电网断开的调压。

5. 油箱

铁心和绕组组成变压器的器身，器身放置在装有变压器油的油箱内，在油浸变压器中，变压器油既是绝缘介质，又是冷却介质。油箱根据变压器的大小分为吊器身式油箱和吊箱壳式油箱。

① 吊器身式油箱：多用于 630kV·A 及以下的变压器，其箱沿设在顶部，箱盖是平的，由于变压器容量小，所以重量轻，检修时容易将器身吊起。

② 吊箱壳式油箱：多用于 800kV·A 及以上的变压器，其箱沿设在下部，上节箱身做成钟罩形。检修时无须吊器身，只将上节箱身吊起即可。

6. 冷却装置

冷却装置的作用是散热。根据变压器容量大小不同，应采用不同的冷却装置。

对于容量较小的变压器，绕组和铁心所产生的热量经过变压器油与油箱内壁的接触，以及油箱外壁与外界冷空气的接触而自然地散热冷却，无需任何附加的冷却装置。若变压器容量稍大些，可以在油箱外壁上焊接散热管，以增大散热面积。对于容量更大的变压器，则应安装冷却风扇，以增强冷却效果。当变压器容量为 12500~63000kV·A、电压为 35~110kV 时，采用油浸风冷变压器；当变压器容量在 75000kV·A 及以上、电压为 110kV 时，则采用强迫油循环风冷变压器。

7. 油枕（储油柜）

油枕的作用是保证油箱内总是充满油，并减小油面与空气的接触面，从而减缓油的老化。

8. 防爆管

当变压器内部发生严重故障，而瓦斯继电器失灵时，油箱内部的气体便冲破防爆管从安全气道喷出，保护变压器不受严重损害。

9. 吸湿器

吸湿器能吸收空气中的水分。

三、电力变压器铭牌

变压器的型号通常由表示相数、冷却方式、调压方式、绕组线芯等材料的符号，以及变压器额定容量、额定电压、绕组连接方式等组成。电力变压器型号的表示和含义如下：

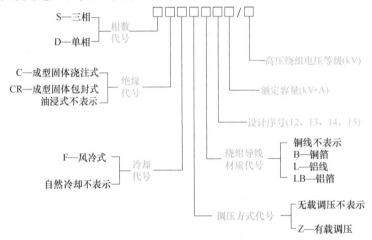

1. 变压器的额定值

（1）额定容量　额定容量是指在额定状态下变压器的视在功率。额定容量以伏安（V·A）、千伏安（kV·A）或兆伏安（MV·A）为单位。对三相变压器，额定容量指三相的总容量。

电力变压器按容量系列分，有 R8 容量系列和 R10 容量系列两大类。R8 容量系列，是指容量等级是按 $R8 = \sqrt[8]{10} \approx 1.33$ 倍数递增的。我国以前生产的变压器容量等级采用此系列，如容量 100kV·A、135kV·A、180kV·A、240kV·A、320kV·A、420kV·A、560kV·A、750kV·A、1000kV·A 等。R10 容量系列，是指容量等级是按 $R10 = \sqrt[10]{10} \approx 1.26$ 倍数递增的。R10 系列的容量等级较密，便于合理选用，是国际电工委员会（IEC）推荐的，我国现在生产的电力变压器容量等级均采用这一系列，如容量 100kV·A、125kV·A、160kV·A、200kV·A、

250kV・A、315kV・A、400kV・A、500kV・A、630kV・A、800kV・A、1000kV・A 等。

（2）额定电压　变压器的一次绕组额定电压 U_{1N} 是指变压器正常运行时，电网电源加在一次侧的规定电压；二次绕组的额定电压 U_{2N}，则指变压器空载运行时，一次侧加上额定电压后，二次侧的输出电压。额定电压的单位是伏（V）或千伏（kV）。对三相变压器，额定电压指线电压。变压器型号上的额定电压指的是一次侧的额定电压。

2. 电力变压器的联结组别

电力变压器的联结组别，是指变压器一、二次绕组（或一、二、三次绕组）因采取不同联结方式而形成变压器一、二次侧（或一、二、三次侧）对应的线电压之间的不同相位关系。

变压器三相绕组有星形联结、三角形联结和曲折形联结这三种联结方式，在高压绕组联结中分别用大写字母 Y、D、Z 表示；在低压绕组联结中分别用小写字母 y、d、z 表示。有中性点引出时分别用 YN、ZN 和 yn、zn 表示。Y 接绕组电流等于线电流，绕组电压等于线电压的 $1/\sqrt{3}$，且可以做成分级绝缘；另外，中性点引出接地，也可以用来实现四线制供电；Y 接的主要缺点是没有三次谐波电流的循环回路。D 接的特征与 Y 接的特征正好相反。Z 接具有 Y 接的优点，但是匝数要比 Y 接多 15.5%，因此成本较高。

三相变压器的联结组标号用"时钟表示法"标注，即将一、二次侧的线电压相量，分别作为时钟的分针和时针来表示变压器的联结组别，一次侧绕组相量图以 A 相指向 12 点为基准，二次侧绕组 a 相的相量按感应电压关系确定，二次侧绕组所指钟表的时间序数即为变压器的联结组标号。如 Dyn11 联结变压器，表示一次侧作三角形联结，$\dot{U}_{AB}$ 指向时钟 12 点位置，二次侧作星形联结并引出中性线，$\dot{U}_{ab}$ 指向时钟 11 点位置，如图 3-3 所示。

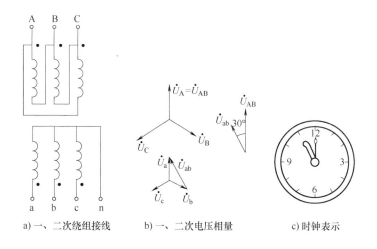

a) 一、二次绕组接线　　b) 一、二次电压相量　　c) 时钟表示

图 3-3　变压器 Dyn11 联结组

我国 6~10kV 变电所过去基本采用 Yyn0 联结的配电变压器，但近年来 Dyn11 联结的配电变压器已得到推广应用。在下列情况下宜选用 Dyn11 联结。

① 三相不平衡负荷超过变压器每相额定功率的 15%者。

② 需要提高单相短路电流值，确保单相保护动作灵敏度者。

③ 需要限制三次谐波含量者。

由于 Yyn0 联结的配电变压器一次绕组的绝缘强度要求比 Dyn11 联结变压器稍低，从而使得 Yyn0 联结变压器的制造成本略低于 Dyn11 联结变压器，因此在 TN 及 TT 系统中，由单相不平衡负荷引起的中性线电流不致超过低压绕组额定电流的 25%时，宜选用 Yyn0 联结变压器。

另外，采用 Yzn11 联结的变压器有利于防雷，所以这种联结的变压器称为防雷变压器，适于多雷地区使用。

四、电力变压器的选择

（一）变电所主变压器台数的选择

变电所主变压器台数的选择应遵循以下原则。

1）应满足用电负荷对供电可靠性的要求。对供有大量一、二级负荷的变电所，应选用两台主变压器，以便其中一台变压器发生故障或检修时，另一台变压器能对所有一、二级负荷继续供电。当技术、经济比较合理时，主变压器选择也可多于两台。对只有二级负荷而无一级负荷的变电所，如果在低压侧敷设有与其他变电所相连的联络线作为备用电源，也可只选用一台变压器。

2）对季节性负荷或昼夜负荷变化较大的，宜采用经济运行方式的变电所，技术、经济合理时可选择两台主变压器，以便高峰负荷期间两台运行，而低谷负荷期间切除一台，以减少电能损耗。

3）三级负荷一般选择一台主变压器，但是负荷集中且容量较大时，也可选择两台主变压器。

（二）变电所主变压器容量的选择

1）装设单台主变压器时，其额定容量 $S_{N.T}$ 应能满足全部用电设备的总计算负荷 S_c 的需要，即

$$S_{N.T} \geq S_c \tag{3-1}$$

同时还要考虑负荷发展应留有一定的容量裕度，并考虑变压器的经济运行，即

$$S_{N.T} \approx (1.15 \sim 1.4)S_c \tag{3-2}$$

2）变电所装有两台主变压器时，其中任意一台主变压器容量 $S_{N.T}$ 应能同时满足下列两个条件。

① 任一台主变压器单独运行时，应能满足 60%~70%的总计算负荷 S_c 的需要，即

$$S_{N.T} \geq (60\% \sim 70\%)S_c \tag{3-3}$$

② 任一台主变压器单独运行时，应能满足全部一、二级负荷 $S_{c(I+II)}$ 的需要，即

$$S_{N.T} \geq S_{c(I+II)} \tag{3-4}$$

3）低压为 0.4kV 的配电变压器单台容量不宜超过 1000kV·A，现在我国已能生产大

断流容量的新型低压开关电器,因此,如果负荷容量较大、负荷集中且运行合理,可选用单台容量为 1250~2000kV·A 的配电变压器,这样能减少主变压器台数及高压开关电器、电缆。

4)对装设在二层以上的干式变压器,考虑其垂直和水平运输对通道和楼板载荷的影响,其容量不宜大于 630kV·A。

5)对装设在居民住宅小区变电所内的油浸式变压器,单台容量不宜大于 630kV·A。

一般来讲,变压器容量和台数的确定应与变电所主接线方案同步进行,在设计主接线方案时,也要考虑到用电单位对变压器台数和容量的要求。

【例 3-1】 某 10/0.4kV 变电所,总计算负荷为 1338kV·A,其中一、二级负荷容量之和为 852kV·A,试确定该变电所主变压器的台数及容量。

解:因为用电负荷中有一、二级负荷,所以该变电所选两台主变压器。

每台主变压器容量应同时满足以下两个条件。

① $S_{N.T} \geqslant (60\% \sim 70\%) S_c = (60\% \sim 70\%) \times 1338kV·A = (803 \sim 937)kV·A$

② $S_{N.T} \geqslant S_{c(I+II)} = 852kV·A$

因此应选择两台 1000kV·A 的主变压器。

【任务实施】

1)了解电力变压器的类型。
2)学习油浸式变压器的结构,为变压器运行维护奠定基础。
3)学习变压器铭牌内容。
4)学习变压器选择的内容及方法。
5)根据实际情况选择变压器。

【提交成果】

任务完成后,需提交变压器选择任务表(见任务工单 3-1)。

课后思考与习题

1. 变压器的作用是什么?它是如何分类的?
2. 什么是电力变压器的联结组别?配电变压器在哪些情况下可采用 Yyn0 联结?
3. 如何选择电力变压器的类型、容量和台数?
4. 有一车间变电所(10kV/0.4kV),总计算负荷为 1350kV·A,其中一、二级负荷之和为 760kV·A。试选择变压器的台数和容量。

任务工单 3-1　变压器选择任务表

变压器选择的过程	
所选变压器的类型	
所选变压器的台数	
所选变压器的型号	
小结	
体会	

填表人：

任务 2 互感器的选择

【任务描述】

根据实际情况，确定互感器的接线形式。

【任务分析】

对于大电流、高电压的系统，不能直接用普通电流表、电压表接入系统进行测量，这就要将大电流、高电压按比例变换为小电流、低电压。对于交流电路，通常利用互感器完成这种变换。互感器分为电流互感器和电压互感器，分别用于电流和电压的变换。电流互感器和电压互感器都有多种接线方式，根据需要可分别选择不同的接线方式，并要注意其使用要求。

【相关知识】

一、互感器的作用

互感器实质上是一种特殊的变压器，其基本结构和工作原理与变压器基本相同。互感器主要有以下作用。

① 安全绝缘。采用互感器作为一次电路与二次电路之间的中间元件，既可避免一次电路的高压直接引入仪表、继电器等二次设备，又可避免二次电路的故障影响一次电路，避免短路电流流经仪器仪表，提高了安全性和可靠性，特别是保障了人身安全。

② 互感器可将一次回路的高电压统一变为100V或（$100/\sqrt{3}$）V的低电压；将一次回路中的大电流统一变换为5A的小电流。这样，接于互感器二次侧的测量或保护用仪器仪表的制造就可做到标准化，有利于批量生产。

二、互感器的种类

（一）电流互感器（TA）

1. 电流互感器的结构特点及工作原理

电流互感器又称仪用变流器，它的基本结构原理如图3-4所示。电流互感器的结构特点是：一次绕组匝数很少，导体相当粗；而二次绕组匝数很多，导体较细。电流互感器的接入方式是：其一次绕组串联接入被测电路；而其二次绕组则与仪表、继电器等的电流线圈串联，形成一个闭合回路。由于二次仪表、继电器等的电流线圈阻抗很小，所以电流互感器工作时二次回路接近于短路状态。二次绕组的额定电流一般为5A，个别也有1A。

电流互感器的一次侧电流 I_1 与其二次侧电流 I_2 之间有下列关系。

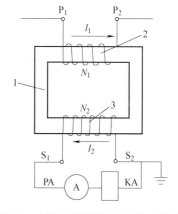

图3-4 电流互感器的原理结构和接线
1—铁心 2—一次绕组 3—二次绕组
PA—电流表 KA—电流继电器

$$I_1 \approx \frac{N_2}{N_1} I_2 \approx K_i I_2 \qquad (3\text{-}5)$$

式中　N_1、N_2——电流互感器一、二次绕组匝数；

　　　　K_i——电流互感器的变流比，$K_i = \dfrac{I_{1N}}{I_{2N}}$，即为其一、二次侧额定电流之比。

2. 电流互感器的接线方式

电流互感器一般是单相的，可以根据需要由 1~3 个单相电流互感器构成不同的接线方式。为保证设备及人员安全，防止一、二次绕组间绝缘破坏使二次侧带高电压，互感器二次侧必须有一点接地。接线方式有以下几种。

① 一相式接线，如图 3-5a 所示。电流线圈中通过的电流，反映一次电流对应相的电流，通常用于负荷平衡的三相电路中的测量电流，或在继电保护中作为过负荷保护接线。

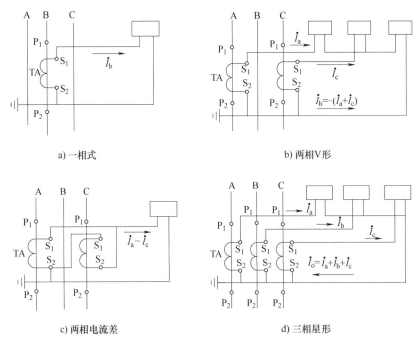

a) 一相式　　　　　　　　　　　　b) 两相V形

c) 两相电流差　　　　　　　　　　d) 三相星形

图 3-5　电流互感器的接线方式

② 两相 V 形接线，也称为两相不完全星形连接，如图 3-5b 所示。在继电保护装置中，这种接线称为两相继电器接线。在中性点不接地的三相三线制电路中，这种接线广泛应用于测量三相电流、电能及作过电流继电保护之用。这种接线的三个电流线圈，分别反映三相电流，其中最右边的电流线圈接在互感器二次侧的公共线上，反映两个互感器二次电流的相量和，正好是未接互感器那一相的二次电流，其相量图如图 3-6 所示。

③ 两相电流差接线，也称为两相交叉接线，如图 3-5c 所示。其二次侧公共线流过的电流为 $\dot{I}_a - \dot{I}_c$，相量图如图 3-7 所示，其值为相电流的 $\sqrt{3}$ 倍。这种接线广泛应用于继电保护装置中，适用于中性点不接地的三相三线制电路中供过电流继电保护之用，也可以称为两相一继电器接线。

④ 三相星形接线，如图 3-5d 所示。这种接线每相均装有电流互感器，能反映各相电流，因此广泛应用于三相不平衡的高压或低压系统中，供三相电流、电能测量及过电继电保护之用。

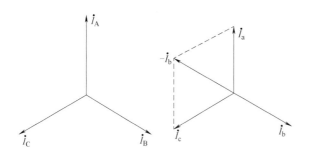

图 3-6 两相 V 形接线电流互感器的
一、二次侧电流相量图

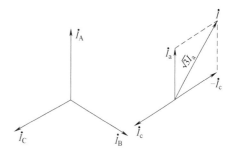

图 3-7 两相电流差接线电流互感器的
一、二次侧电流相量图

3. 电流互感器的类型及型号

电流互感器的类型很多，按一次电压高低分，有高压和低压两大类；按一次绕组的匝数分，有单匝式（包括母线式、芯柱式、套管式）和多匝式（包括线圈式、绕环式、串级式）；按用途分，有测量用和保护用两大类；按准确度等级分，测量用电流互感器有 0.1、0.2、0.5、1、3、5 等级，保护用电流互感器有 5P 和 10P 两级；按其绝缘和冷却方式分，有油浸式和干式两大类，目前应用最普遍的是环氧树脂浇注绝缘的干式电流互感器，特别是在户内装置中，如图 3-8 所示为 LZZBJ-10 型电流互感器，油浸式电流互感器主要用于户外装置中，现已基本淘汰不用。

图 3-8 LZZBJ-10 型电流互感器

电流互感器型号的表示和含义如下：

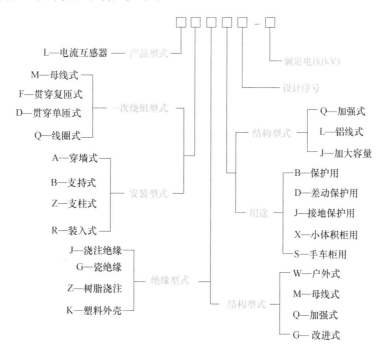

4. 电流互感器的使用注意事项

（1）电流互感器工作时二次侧不得开路 电流互感器的二次负荷为电流线圈，阻抗很小，当它正常工作时，二次侧接近于短路状态。根据磁动势平衡方程式 $\dot{I}_1 N_1 - \dot{I}_2 N_2 = \dot{I}_0 N_1$ 可知，其一次电流 I_1 产生的磁动势 $I_1 N_1$，绝大部分被二次电流 I_2 产生的磁动势 $I_2 N_2$ 所抵消，所以总的磁动势 $I_0 N_1$ 很小，励磁电流（即空载电流）I_0 一般只有 I_1 的百分之几。当二次侧开路时，$I_2 = 0$，则 $I_0 N_1 = I_1 N_1$，使 I_0 突然增大几十倍，即励磁磁动势 $I_0 N_1$ 增大几十倍，从而产生以下两种严重后果。

① 电流互感器铁心由于磁通剧增而产生过热，从而产生剩磁，降低电流互感器的准确度。

② 由于电流互感器二次绕组匝数远比一次绕组匝数多，因此可在二次侧感应出危险的高电压，危及人身和设备安全。

基于上述原因，电流互感器工作时二次侧不允许开路，电流互感器在安装时，其二次侧回路接线必须牢靠，且不允许接入开关和熔断器。

（2）电流互感器的二次侧必须有一端接地 这是为了防止互感器一、二次绕组间绝缘击穿时，一次侧的高电压窜入二次侧，危及人身和设备的安全。

（3）电流互感器在接线时必须注意其端子极性 GB 20840.2—2014《互感器 第 2 部分：电流互感器的补充技术要求》规定，一次绕组端子标 P_1、P_2，二次绕组端子标 S_1、S_2，其中 P_1 与 S_1、P_2 与 S_2 分别为对应的同名端（即同极性端）。

在安装与使用电流互感器时，一定要注意其端子极性，否则可能使继电保护误动作，甚至会使电流表烧坏。

（二）电压互感器（TV）

1. 电压互感器的工作原理

电压互感器的工作原理也与变压器相似，它类似一台小容量的变压器。电压互感器的结构特点是：一次绕组匝数很多，而二次绕组匝数较少，相当于降压变压器。电压互感器接入电路的方式是：其一次绕组与一次电路并联；而二次绕组则并联仪表、继电器的电压线圈。由于二次仪表、继电器等的电压线圈阻抗很大，所以电压互感器工作时二次回路接近于开路状态。二次绕组的额定电压一般为 100V。电压互感器的基本结构原理如图 3-9 所示。

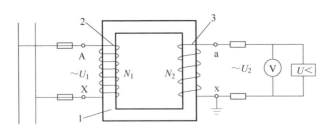

图 3-9 电压互感器基本结构原理图
1—铁心 2——次绕组 3—二次绕组

电压互感器的一次侧电压 U_1 与二次侧电压 U_2 之间有下列关系。

$$U_1 \approx \frac{N_1}{N_2} U_2 \approx K_u U_2 \tag{3-6}$$

式中　N_1、N_2——电压互感器一、二次绕组匝数；

$\quad\quad K_u$——电压互感器的变压比，$K_u = \dfrac{U_{1N}}{U_{2N}}$，即为其一、二次侧额定电压之比。

2. 电压互感器的接线方式

电压互感器在三相电路中有以下 4 种常见的接线方式。

① 一个单相电压互感器接线，是一相式接线，如图 3-10a 所示。这种接线供仪表、继电器的电压线圈接于三相电路的一个线电压上。

② 两个单相电压互感器接成 V/V 形，是两相式接线，如图 3-10b 所示。这种接线供仪表、继电器测量 3 个线电压，广泛应用在变配电所的 6~10kV 高压配电装置中。

③ 三个单相电压互感器接成 Y_0/Y_0 形，如图 3-10c 所示。这种接线供仪表和继电器测量 3 个线电压和相电压。由于小电流接地系统在发生单相接地故障时，另两个完好相的对地电压要升高到线电压，因此绝缘监视用电压表不能接入按相电压选择的电压表，而要按线电压选择其量程，否则在一次电路发生单相接地故障时，电压表可能被烧毁。在小电流接地系统中，这种接线方式中测量相电压的电压表应按线电压选择。

④ 三个单相三绕组电压互感器或一个三相五芯柱电压互感器接成 $Y_0/Y_0/\triangle$ 形，如图 3-10d 所示。其中一次绕组和二次绕组接成 Y_0，供测量 3 个线电压和 3 个相电压；另一组二次绕组（又称剩余电压绕组）头尾相连，接成开口三角形，测量接地故障状态下产生的剩余电压（零序电压），接电压继电器。在一次电路电压正常时，由于 3 个相电压对称，因此开口三角两端的剩余电压接近于零。当一次电路发生单相接地故障时，开口三角两端将出现近100V 的剩余电压，使电压继电器动作，发出接地故障信号。

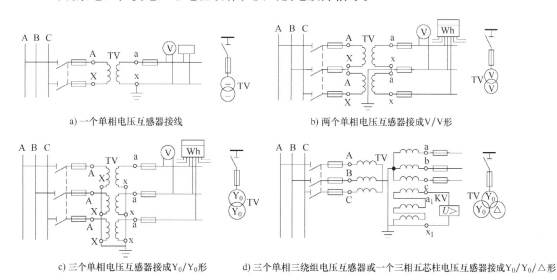

a) 一个单相电压互感器接线　　　　　　　b) 两个单相电压互感器接成 V/V 形

c) 三个单相电压互感器接成 Y_0/Y_0 形　　d) 三个单相三绕组电压互感器或一个三相五芯柱电压互感器接成 $Y_0/Y_0/\triangle$ 形

图 3-10　电压互感器接线方式

3. 电压互感器的类型及型号

电压互感器按相数分，有单相和三相两大类；按绕组绝缘和冷却方式分，有油浸式和干式（含环氧树脂浇注式）两大类。

电压互感器的型号含义如下：

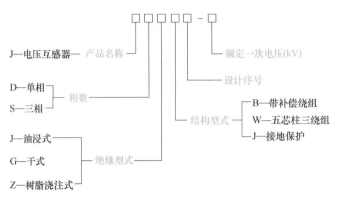

如图 3-11 所示为 JDZ-10 型电压互感器。

4. 电压互感器使用注意事项

（1）电压互感器工作时，其一、二次侧不得短路　电压互感器一次侧短路时会造成供电线路短路；二次侧回路中，由于阻抗较大，近于开路，发生短路时有可能造成电压互感器烧毁。因此，电压互感器的一、二次侧都必须装设熔断器进行短路保护。

图 3-11　JDZ-10 型
电压互感器

（2）电压互感器的二次侧必须有一端接地　这与电流互感器二次侧接地的目的相同，也是为了防止一、二次绕组绝缘击穿时，一次侧的高电压窜入二次侧，危及人身和设备的安全。

（3）电压互感器在连接时必须注意其端子的极性　单相电压互感器的一、二次绕组端子分别标为 A、N 和 a、n，其中 A 和 a、N 和 n 分别为对应的同名端（即同极性端）。三相电压互感器的一次绕组端子标 A、B、C，二次绕组端子标 a、b、c，一、二次侧的中性点则分别标 N、n，其中 A 与 a、B 与 b、C 与 c、N 与 n 分别为对应的同名端（即同极性端）。

 【任务实施】

1）掌握互感器的作用。
2）学习互感器各种接线形式的特点及应用。
3）根据实际情况确定互感器的接线形式。
4）掌握互感器使用注意事项。
5）正确使用互感器。

 【提交成果】

任务完成后，需提交互感器接线形式选择任务表（见任务工单 3-2）。

课后思考与习题

1. 电流互感器有何功能？有哪些接线方式？使用时需注意什么？
2. 电压互感器有何功能？有哪些接线方式？使用时需注意什么？

任务工单 3-2　互感器接线形式选择任务表

电流互感器接线 形式的选择 （接线图）	
电流互感器 使用注意事项	
电压互感器接线 形式的选择 （接线图）	
电压互感器 使用注意事项	
小结	
体会	

填表人：

任务3 常用高压电气设备的选择

【任务描述】

根据工程实际情况，选择高压电气设备。

【任务分析】

供配电系统若要安全可靠地运行，首先必须合理选择电气设备。供配电系统中的电气设备应按正常运行条件选择，按短路条件进行校验。

电气设备按正常条件下的工作要求选择，就是要考虑电气设备的环境条件和电气要求。环境条件是指电气设备所处的安装位置、环境温度、海拔高度以及有无防尘、防腐、防火、防爆等要求。电气要求是指电气设备对电压、电流等方面的要求；对一些断流电器（如熔断器、断路器），还要考虑其断流能力。

电气设备按短路条件进行校验就是校验其短路时的动稳定度和热稳定度。因为当电气设备流过冲击短路电流时将产生很大的作用力，如果该作用力大于设备所能承受的作用力，那么该设备将遭到破坏，因此必须进行动稳定度校验。此外，发生短路时电气设备在短路电流的作用下会产生很大的热量，使设备温度升高，如果超过该设备所能允许的最高温度，那么该设备将被烧毁，因此必须进行热稳定度的校验，以保证设备的运行安全。

10kV 变电所中基本采用高压成套设备，所以要熟悉其种类、型号及特点。

【相关知识】

电气设备按其工作电压可分为高压电气设备和低压电气设备，高压电路的控制和保护采用高压电气设备。高压供配电系统中常用的有高压熔断器、高压隔离开关、高压负荷开关、高压断路器等。

一、高压熔断器（FU）

1. 特点及应用

熔断器是一种应用广泛的保护电器，当电路中通过的电流超过某一规定值时，熔断器的熔体熔化而切断电路。熔断器的功能主要是对电路及其中设备进行短路保护，有的熔断器也具有过负荷保护的功能。熔断器的优点是结构简单、体积小、重量轻、成本低廉、维护方便、动作可靠。缺点是熔断电流值和熔断时间分散性较大，此外由于受灭弧功能的局限性，只能用于小容量的供电系统中，代替断路器作为过载和短路保护之用；另外，由于熔断器熔断后，需要一定时间进行更换熔管（或熔体），然后才能恢复正常供电，因此熔断器不能作为一、二级负荷的短路或过载保护。

2. 型号

熔断器的种类很多，按使用场合不同可分为户内式（RN 型）和户外式（RW 型）；按工作性能不同可分为固定式和自动跌落式；按工作特性不同可分为限流式和非限流式。

高压熔断器的型号含义如下：

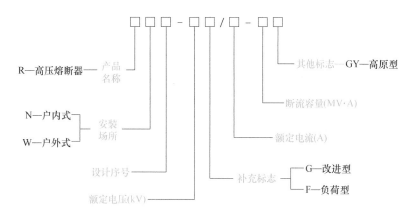

3. 结构及工作原理

（1）RN 型户内高压熔断器

RN 型户内高压熔断器有 RN1 型和 RN2 型。图 3-12 为 RN1、RN2 型熔断器外形，图 3-13 为 RN1 和 RN2 型高压熔断器的瓷熔管内部结构图。RN1 和 RN2 型的结构基本相同，都是瓷质熔管内充石英砂填料的密闭管式熔断器。RN1 型主要用作高压线路和设备的短路保护，并能起到过负荷保护的作用，其熔体在正常情况下要通过主电路的负荷电流，因此结构尺寸较大。RN2 型只用作电压互感器一侧的短路保护，其熔体额定电流一般为 0.5A，因此结构尺寸较小、瓷熔管较细。

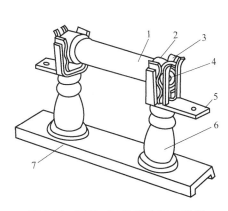

图 3-12　RN1、RN2 型高压熔断器
1—瓷熔管　2—金属管帽　3—弹性触座
4—熔断指示器　5—接线端子
6—瓷支柱绝缘子　7—底座

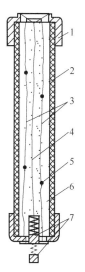

图 3-13　RN1、RN2 型高压熔断器
瓷熔管剖面示意图
1—金属管帽　2—瓷管　3—工作熔体（铜丝，
上焊锡球）　4—指示熔体（铜丝）
5—锡球　6—石英砂填料　7—熔断指示器
（虚线表示熔体熔断后弹出）

从 RN 型高压熔断器结构图可以看出，它由熔管、接触导电部分、支持绝缘子和底座等组成。熔管为长圆形瓷管或玻璃管，管内熔丝绕在瓷芯上，并充以石英砂。当过电流使熔丝

熔断时，管内产生电弧，石英砂对电弧的冷却和去游离作用，使电弧在密闭的熔管中被迅速熄灭。为使石英砂有效地灭弧，管内的熔丝有时采用多根并联的方式，并使熔丝之间及熔丝与管壁之间保持一定距离，以免烧坏瓷管。RN 型熔断器灭弧能力强，当通过短路电流时，能在电流未达到最大值之前将电弧熄灭，因此属于限流式熔断器，可以降低对保护设备动、热稳定的要求；由于在开断电流时，无游离气体排出，也无强烈的声光干扰现象，因此适用于户内使用。另一种容量较大的熔断器没有石英砂填料，熔丝装在纤维管内，当熔丝熔断产生电弧时，纤维管内壁纤维气化产生很高的压力，亦能在短路电流未达到最大值之前灭弧，实现限流的目的。熔断器动作后，有指示器弹出指示信号。

（2）RW 型户外高压熔断器

RW 型户外高压熔断器又称为跌开式熔断器或跌落式熔断器，因熔丝熔断后，熔管自动跌落断开电路而得名。它广泛应用于环境正常的室外场所，用于 10kV 及以下配电变压器或高压电力线路的短路保护和过负荷保护。RW 型户外高压熔断器主要由上静触头、上动触头、熔管、熔丝、下静触头、下动触头、瓷瓶和固定安装板等组成。

如图 3-14 所示为 RW4-10(G) 型跌开式熔断器外形结构，熔管的上动触头借助管内熔丝张力拉紧后，利用绝缘棒先将下动触头卡入下静触头，再将上动触头推入上静触头内锁紧，接通电路。当线路上发生短路时，短路电流使熔丝熔断而形成电弧，消弧管（内管）由于燃烧而分解出大量的气体，使管内压力剧增，并沿管道向下喷射吹弧，使电弧迅速熄灭。同时，熔丝熔断使上动触头失去张力，锁紧机构释放熔管，在触头弹力及自重作用下断开，形成断开间隙。

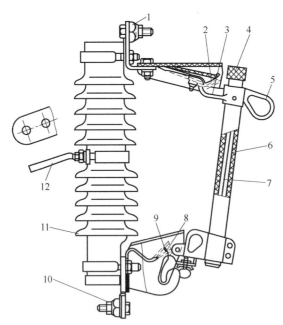

图 3-14　RW4-10(G) 型跌开式熔断器

1—上接线端子　2—上静触头　3—上动触头　4—管帽（带薄膜）　5—操作环　6—熔管
（外层为酚醛纸管或环氧玻璃布管，内套纤维消弧管）　7—铜熔丝　8—下动触头　9—下静触头
10—下接线端子　11—绝缘瓷瓶　12—固定安装板

跌开式熔断器结构简单、安装方便、容易操作、有明显的断开点，不仅具有过载和短路保护的功能，还可作为开关专用的绝缘棒（俗称"令克棒"）进行正常分、合闸操作，因此被广泛用于小型变压器的电源侧作为控制保护设备，一般安装于高压侧进线电杆的横担上；但如果使用不当，很容易发生事故，不仅起不到应有的保护作用，其本身反而会成为事故跳闸的根源。

二、高压隔离开关（QS）

1. 特点及功能

高压隔离开关俗称"隔离刀闸"，是高压开关的一种，在高压配电装置中使用较多，主要用来隔离高压电源，以保证其他设备和线路的安全检修。高压隔离开关断开后有明显可见的断开间隙，而且断开间隙的绝缘及相间绝缘都足够可靠，能充分保障人身和设备的安全。高压隔离开关还可以与断路器配合使用进行倒闸操作，改变系统的供电方式，即当断路器检修时，为使线路对用户不停电，由正常母线供电换成其他旁路母线供电等。

隔离开关没有专门的灭弧装置，只有微弱的灭弧能力，因此它不允许带负荷拉、合闸，但可用来通断一定的小电流，例如励磁电流不超过 2A 的空载变压器、电容电流不超过 5A 的空载线路以及电压互感器和避雷器电路等。

2. 型号

高压隔离开关按安装地点不同，分户内式和户外式两大类；根据结构不同可分为单柱式、双柱式和三柱式。户内式可安装在墙壁或支架上，多用于高压成套配电装置内；户外式安装在架空线路的电杆上。高压隔离开关采用配套的操作机构，一般用手力进行操作。

高压隔离开关的型号含义如下：

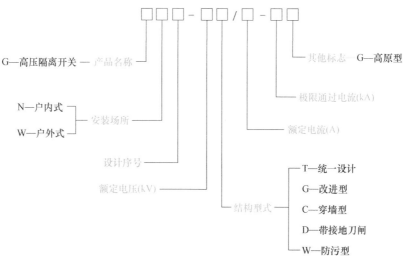

图 3-15 和图 3-16 分别为 GN8-10 型户内式高压隔离开关和 GW5-35 型隔离开关。

3. 使用操作要求

操作隔离开关是长期、频繁的工作，要做到安全操作，就必须按照规定的程序进行，整个操作过程要符合安全工作规程的要求，且应注意下列事项。

① 操作隔离开关时，应先检查相应回路的断路器确实在分闸位置，以防止带负荷拉、合隔离开关。

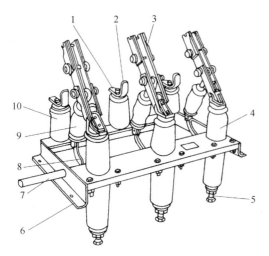

图 3-15　GN8-10 型户内式高压隔离开关

图 3-16　GW5-35 型隔离开关

1—上接线端子　2—静触头　3—闸刀　4—套管绝缘子
5—下接线端子　6—框架　7—转轴　8—拐臂
9—升降绝缘子　10—支柱绝缘子

② 线路停、送电时，必须按顺序拉、合隔离开关。停电操作时，必须先断开断路器，再断开线路侧隔离开关，最后断开母线侧隔离开关；送电操作时，必须先合母线侧隔离开关，再合线路侧隔离开关，最后合断路器。这是为了在发生误操作时，缩小事故范围，避免人为地使事故扩大到母线。

③ 隔离开关经操作后，必须检查其三相的分、合闸位置。如果操动机构有问题或调整不当，可能会出现操作后未全拉开或未全合上的现象。

三、高压负荷开关（QL）

1. 特点及功能

高压负荷开关实际上是在隔离开关结构的基础上加装一个灭弧装置。高压负荷开关主要由带简单灭弧装置的刀闸、绝缘子、底座、操作机构等部分组成。

高压负荷开关具有简单的灭弧装置和明显的断开点，因此能通断一定的负荷电流，但不能断开短路电流。高压负荷开关常与高压熔断器一起配合使用，借助熔断器来实现短路保护，切断短路故障。负荷开关断开后，也具有明显可见的断开点，所以它兼有隔离高压电源的功能。如果采用真空负荷开关或六氟化硫（SF_6）负荷开关，因其没有明显断开点，故应在电源侧装设隔离开关；如果采用手车柜，因其有隔离插头，故可不必另装隔离开关。

2. 型号

高压负荷开关按灭弧介质及灭弧方法不同，可分为压气式、产气式、真空式和 SF_6 式；按使用环境不同，可分为户内式和户外式。

高压负荷开关的型号含义如下：

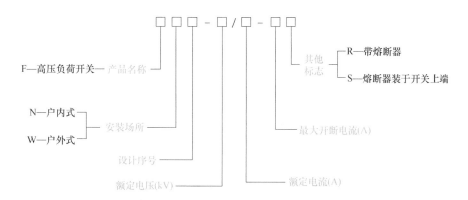

如图 3-17 为 FN3-10RT 型高压负荷开关外形结构。

3. 使用操作要求

高压负荷开关一般采用配套的操动机构是手力操动机构。

① 高压负荷开关应垂直安装，开关框架、合闸机构、电缆外皮、保护钢管均应可靠接地（不能串联接地）。

② 运行前应进行数次空载分、合闸操作，各转动部分无卡阻，合闸到位，分闸后有足够的安全距离。

③ 与负荷开关串联使用的熔断器，其熔体应选配得当，即应使故障电流大于负荷开关的开断能力时保证熔体先熔断，然后负荷开关才能分闸。

图 3-17　FN3-10RT 型高压负荷开关

④ 合闸时接触良好，连接部无过热现象，巡检时应注意检查瓷瓶脏污、裂纹、掉瓷、闪烁放电现象；开关上不能用水冲（户内型）。一台高压柜控制一台变压器时，更换熔断器最好将该回路高压柜停运。

四、高压断路器（QF）

1. 特点及功能

高压断路器实际上属于自动装置的执行元件，是变电所的主要电气设备。高压断路器具有完善的灭弧装置和足够大的断流能力，不仅能用来通断正常负荷电流，而且能在电网发生故障时，通过继电保护装置自动跳闸，迅速地切断短路故障电流，减少停电范围。无论在电气设备空载、负载或短路故障时，它都能可靠地工作，所以高压断路器在电路中担负着控制和保护的双重任务。

高压断路器没有明显可见的断开间隙，在电气设备检修时，为了保证人身安全，在断路器的前端或后端应加装高压隔离开关。高压断路器主要由导电部分、灭弧部分、绝缘部分、操作机构和传动部分等组成。

2. 型号

高压断路器按使用环境不同分为户内式、户外式和防爆式三种；按断开速度不同，分为低速断路器和高速断路器；按灭弧介质不同分为油断路器、压缩空气断路器、真空断路器、SF_6 断路器和磁吹断路器等。根据发展趋势，10kV 供电系统将以真空断路器和 SF_6 断路器为主，并将取代其他断路器。

高压断路器的型号含义如下：

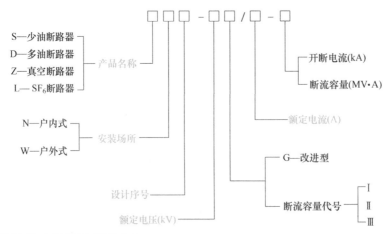

S—少油断路器
D—多油断路器 } 产品名称
Z—真空断路器
L—SF₆断路器

N—户内式 } 安装场所
W—户外式

设计序号

额定电压(kV)

开断电流(kA)

断流容量(MV·A)

额定电流(A)

G—改进型

断流容量代号 { Ⅰ, Ⅱ, Ⅲ }

3. 几种常见断路器的性能及应用

（1）高压少油断路器　油断路器是以绝缘油作为灭弧介质而工作的。按照油量的不同，油断路器分为多油断路器和少油断路器。多油断路器油量大、体积大、断流容量小、原材料消耗多，而且在运行中爆炸、火灾的危险性较高，油量太多给检修也带来了很大困难，一般情况下不推荐使用。少油断路器是一种十分常见的、得到广泛应用的高压断路器，因其充油量仅为多油断路器的 1/25～1/20，故称为少油断路器。

SN10-10 型少油断路器是我国统一设计、应用最广的一种户内式少油断路器，按其断流容量分有Ⅰ、Ⅱ、Ⅲ型，Ⅰ型断流容量为 300MV·A，Ⅱ型断流容量为 500MV·A，Ⅲ型断流容量为 750MV·A。

SN10-10 型高压少油断路器的外形图如图 3-18 所示。SN10-10 型少油断路器由框架、传动机构和油箱这三个主要部分组成，油箱是其核心部分。插座式静触头、动触头和灭弧室安装在油箱内部，油箱的上部设有油气分离室，其作用是将灭弧过程中产生的油气混合物旋转分离，气体从顶部排气孔排出，而油则沿内壁流回灭弧室。当断路器跳闸时，产生电弧，在油流的横吹、纵吹以及机械运动引起的油吹的综合作用下，电弧迅速熄灭。SN10-10 型少油断路器可配用CD10 型直流电磁操动机构或 CT7 等型交直流弹簧储能操动机构。

图 3-18　SN10-10 型高压少油断路器

少油断路器在使用过程中需要注意以下几个事项：装油量不宜过多或过少，否则将引起爆炸危险，必须保持标准水平；在分、合大电流一定次数后，油质劣化，绝缘强度降低，必须更换新油，特别是分断短路故障后，就要检查油质，勤于换油。因此，少油断路器不适用于大电流频繁操作。

少油断路器具有重量轻、体积小、节约油和钢材、价格低等优点，但不宜频繁操作，检修复杂，安全性能不高，有渗油，故在安全性能要求较高的场所严禁采用少油断路器。

（2）高压真空断路器　真空断路器近年来发展很快，是利用真空灭弧的一种断路器。真空断路器主要由真空灭弧室、操动机构（电磁或弹簧操动机构）、绝缘子、传动机构、机架等组成。其触头装在具有一定真空度的灭弧室内，由于真空室具有较高的绝缘强度，同时又没有气体的游离作用，因此随着触头的分离即能灭弧。真空断路器具有动作迅速、体积小、重量轻、寿命长、无火灾及爆炸危险、灭弧室不需要检修、运行维护工作量小等优点，并且可连续多次操作，寿命可达万次以上，因此适用于频繁操作的负荷配电装置，尤其适用于高层建筑内的高压配电装置。真空断路器的主要缺点是：当用于感性负载时，会产生操作过电压，所以当高压出线断路器采用真空断路器时，为避免变压器（或电动机）产生操作过电压，以保护设备的安全，必须装设浪涌吸收器。高压出线断路器的下侧应装设接地开关和电源监视灯（或电压监视器）。

如图 3-19 所示为 ZW3-10 型高压真空断路器的外形。

图 3-19　ZW3-10 型高压真空断路器

真空断路器使用一段时间后，因慢性漏气使其真空度有所下降。检测真空度的方法通常是将断路器先退出工作，再进行工频耐压试验，在动、静触头两端施加工频试验电压，若无击穿放电现象，则灭弧真空度良好，可以继续使用。

（3）高压 SF_6 断路器

SF_6 断路器是利用 SF_6 气体作为灭弧介质及触头断开间隙绝缘介质的一种断路器。SF_6 气体特异的热化学性能和强电负性，使其具有很强的灭弧能力。

SF_6 断路器主要由导电部分、绝缘部分、灭弧部分、操动机构和传动机构等组成。SF_6 断路器的操动机构主要采用弹簧、液压操动机构。

SF_6 断路器按灭弧方式分，有双压式和单压式两类。双压式具有两个气压系统，压力低的作为绝缘，压力高的作为灭弧。单压式只有一个气压系统，灭弧时，SF_6 气体靠压气活塞产生。单压式结构简单，我国现在生产的 LN1、LN2 型断路器均为单压式。

LN2-10 型高压 SF_6 断路器外形如图 3-20 所示。

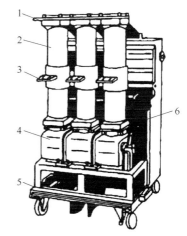

图 3-20　LN2-10 型高压 SF_6 断路器

1—接线端子　2—绝缘筒（内有气缸和触头）
3—下接线端子　4—操动机构箱
5—小车　6—断路弹簧

SF₆ 断路器与油断路器比较，具有断流能力强、灭弧速度快、绝缘性能好、检修周期长等优点，但是它对加工精度要求较高，对密封性能要求更严，因此价格较贵，主要用于 35kV 及以上电压等级需要频繁操作及有易燃易爆危险的场所，特别适用作为全封闭组合电器。

使用 SF₆ 断路器时，需要注意以下几个事项。

① 对 SF₆ 必须加强监视。当气体中的含水量超过标准时，会产生水解，并形成氢氟酸等有毒的腐蚀性气体，使 SF₆ 气体的绝缘性能下降，危及人的安全，故在断路器内必须设置活性氧化、合成沸石等吸附剂。

② 运行中要注意压力和温度的变化，防止 SF₆ 气体液化，以免影响灭弧效果。如果在使用环境温度低于气体液化温度时，则需装设加热装置。

③ SF₆ 断路器必须密封良好，避免出现漏气而影响正常运行。

五、高压成套设备（高压开关柜）

1. 特点及功能

10kV 变电所均采用成套式高压开关柜。高压开关柜是一种高压成套设备，它按一定的线路方案将有关一次设备和二次设备组装在柜内，从而可以节约空间，美化环境。高压开关柜在变电所中主要用于变压器和高压线路的控制和保护。其优点是体积小、安装运行维护方便、土建过程简单、价格便宜、便于标准化生产等。

高压开关柜的结构形式有固定式和移开式（或手车式）两大类型。按功能作用不同，高压开关柜可分为馈线柜（控制柜）、电能计量柜、电压互感器柜（绝缘监测柜）、高压电容器柜、高压环网柜（HXGN 型）等。

我国以前使用较多的固定式高压开关柜有 GG-1A、GG-1A（F）等型号，如图 3-21 所示。这类开关柜的电气设备均固定于柜内的构架上，其优点是结构简单、安全距离充裕、维修简便；缺点是占地面积大、敞开式易进小动物。后来对 GG 型高压开关柜进行改进，推出了新型号 KGN 型铠装式固定柜，为金属封闭铠装型结构，并具备"五防"闭锁功能，已逐步取代 GG-1A 型开关柜。"五防"功能，即：防止带负荷拉（合）隔离开关；防止误跳（合）断路器；防止带电挂地线，或防止带电合接地闸刀；防止带地线或接地闸刀在合闸位置误合隔离开关或断路器；防止人员误入带电间隔。

目前移开式开关柜得到了广泛应用，其特点是高压断路器、电压互感器、避雷器及所用变压器等电气设备装设

图 3-21　GG-1A（F）型开关柜

在可以拉出和推入的手车上。断路器等设备需要检修时，可随时将其手车拉出，然后推入同类备用手车，即可恢复供电。移开式开关柜具有检修安全、供电可靠性高、缩短停电时间等显著优点，手车柜有较严密的防误闭锁装置，具有"五防"功能，但价格较高。

2. 型号含义

1）国产老系列高压开关柜的型号含义如下：

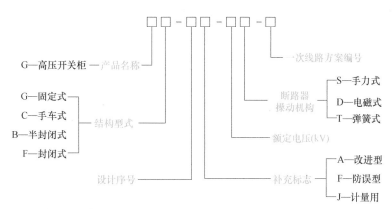

2）国产新系列高压开关柜的型号含义如下：

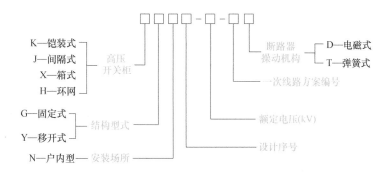

表 3-1 中列出了主要高压开关柜的型号及外形尺寸。

表 3-1 主要高压开关柜的型号及外形尺寸

型　号	名　　称	额定电压 /kV	宽×深×高 （$b \times a \times h$）/mm
KYN-12	金属封闭户内移开式开关柜	12	800×1500×2300
XGN-12	金属封闭户内箱型固定式开关柜	12	1100×1200×2650
XGN80-12	气体绝缘全封闭户内箱型固定式开关柜	12	600×1450×2400
SKY-12	矿用一般型双层移开式高压真空开关柜	12	800×1150×2200
KCY1-12	侧装金属封闭移开式开关柜	12	650×1100×2000
KYN-40. 5	金属封闭户内移开式开关柜	40.5	1400×2800×2800
XGN80-40. 5	气体绝缘全封闭户内箱型固定式开关柜	40.5	800×1450×2400
KGN-40. 5	金属封闭户内固定式开关柜	40.5	1818×3100×3200

3. 常见高压开关柜

1）XGN 系列金属封闭户内箱型固定式开关柜　XGN 系列开关柜采用拼装搭接式结构，柜内低压室、母线室、断路器室、电缆室分隔封闭，采用真空断路器和旋转式隔离开关，设计新颖、结构合理、性能可靠、运行操作及检修维护方便。在柜与柜之间加装了母线隔离套管，避免一柜故障波及邻柜。

2）KYN 系列金属封闭户内移开式开关柜　KYN 系列开关柜由固定的柜体和可抽出式部件（简称手车）两大部分组成。开关柜由接地的钢板分隔成手车室、母线室、电缆室、低压室等高压小室。各高压小室均设有通向柜顶的排气通道。

断路器等一次设备在手车上，手车置于手车室内，具体有 3 种位置。

① 工作位置，即一、二次回路都接通。

② 试验位置，即一次回路断开，二次回路仍接通。

③ 断开位置，即一、二次回路都断开。

因为有"五防"联锁，所以只有当断路器处于断开位置和手车抽出时，接地开关才能合闸。当接地开关在合闸位置时，手车只能推到试验位置，有效防止带接地线合闸。当设备损坏或检修时，可以随时拉出手车，再推入同类型备用手车，恢复供电，具有检修安全、方便、供电可靠性高等优点。

3）HXGN 型环网柜 环网柜中的主开关一般为高压负荷开关，而现在多采用真空开关或 SF$_6$ 断路器。环网柜用负荷开关操作正常电流，而用熔断器切断短路电流，这两者结合起来取代了断路器。环网柜一般由三个间隔组成，即两个电缆进、出线间隔和一个变压器回路间隔，其中主要电气元件包括负荷开关、熔断器、隔离开关、接地开关、互感器、避雷器等。环网柜结构体积较小，减小占用空间。

环网柜适用于 10kV 环网供电、双电源供电，在终端配电系统中可作为电能控制和保护装置，也可用于箱式变电所。环网柜在我国城市的环形电网和一些工矿企业、住宅小区、高层建筑的 10kV 配电系统中得到了广泛的应用。

图 3-22 是 HXGN1-10 型高压环网柜的结构图。

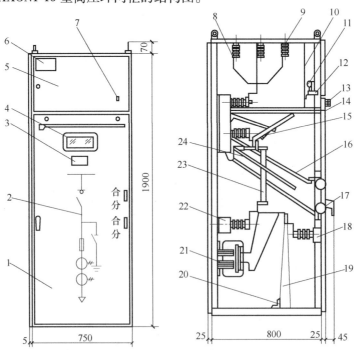

图 3-22 HXGN1-10 型高压环网柜

1—下门 2—模拟电路 3—显示器 4—观察窗 5—上门 6—铭牌 7—组合开关 8—母线 9—绝缘子
10、14—隔板 11—照明灯 12—端子板 13—旋钮 15—负荷开关（断开） 16、24—连杆
17—负荷开关操动机构 18、22—支架 19—电缆（用户自备） 20—固定电缆用角钢
21—电流互感器 23—高压熔断器

六、熔断器的选择与校验

1. 熔断器额定电压的选择

熔断器的额定电压 $U_{N.FU}$ 应不低于其所在电路的额定电压 $U_{N.L}$，即

$$U_{N.FU} \geq U_{N.L} \tag{3-7}$$

2. 熔体额定电流的选择

熔断器不仅需要选择熔断器的额定电流，还要选择熔体的额定电流。

由于熔断器型号不同，因此用途也有所不同，而不同用途的熔断器，其熔体额定电流的选择要求也不同。

（1）保护线路的熔断器熔体额定电流的选择

① 保护线路的熔断器熔体额定电流 $I_{N.FE}$ 应不小于线路的计算电流 I_c，即

$$I_{N.FE} \geq I_c \tag{3-8}$$

② 保护线路的熔断器熔体额定电流 $I_{N.FE}$ 还应躲过线路的尖峰电流 I_{pk}，即

$$I_{N.FE} \geq K I_{pk} \tag{3-9}$$

考虑到尖峰电流为短时最大负荷电流，而熔体加热熔断需要经过一定时间，因此式（3-9）中的系数 K 一般取小于 1 的值。K 的取值范围见表 3-2。

表 3-2　系数 K 的取值范围

线路情况	起动时间	K 值
单台电动机	3s 以下	0.25 ~ 0.35
	3 ~ 8s（重载起动）	0.35 ~ 0.5
	8s 以上及频繁起动、反接制动	0.5 ~ 0.6
多台电动机	按最大一台电动机起动情况	0.5 ~ 1
	计算电流与尖峰电流较接近时	1

③ 熔断器保护还应考虑与被保护的线路配合，使之不致发生线路过负荷或短路已经导致线路过热甚至起燃，而熔断器熔体还没熔断的事故。因此，为保证在被保护线路过负荷或短路时能得到可靠的保护，还应满足

$$I_{N.FE} \leq K_{OL} I_{al} \tag{3-10}$$

式中　K_{OL}——绝缘导线和电缆的允许短时过负荷系数，当熔断器做短路保护时，可取 2.5，导线明敷时取 1.5，当熔断器做过负荷保护时，可取 0.8 ~ 1；

I_{al}——绝缘导线和电缆的允许载流量，可参看附录 8 和附录 9。

如果按式（3-8）和式（3-9）两个条件选择的熔断器熔体电流不满足式（3-10）的要求，则应改选熔断器的型号规格，或适当增大绝缘导线和电缆的芯线截面积。

（2）保护电力变压器的熔断器熔体额定电流的选择　选择保护电力变压器的熔断器熔体额定电流 $I_{N.FE}$ 时，应考虑变压器的正常过负荷能力（20% 左右），要躲过变压器低压侧的尖峰电流以及变压器空载合闸时的励磁涌流等。因此，熔断器熔体额定电流 $I_{N.FE}$ 应满足

$$I_{\text{N. FE}} \geq (1.5 \sim 2.0) I_{1\text{N. T}} \tag{3-11}$$

式中　$I_{1\text{N. T}}$——变压器的一次侧额定电流。

（3）保护电压互感器的熔断器熔体额定电流的选择　由于电压互感器二次侧的负荷很小，因此专用于保护高压电压互感器的 RN2 型熔断器的熔体额定电流一般为 0.5A。

3. 熔断器额定电流的选择

熔断器的额定电流 $I_{\text{N. FU}}$ 应不小于它所安装的熔体额定电流 $I_{\text{N. FE}}$，即

$$I_{\text{N. FU}} \geq I_{\text{N. FE}} \tag{3-12}$$

4. 熔断器断流能力的校验

1）对限流式熔断器（如 RN1 型、RT0 型等），由于它们能在短路电流达到冲击值之前灭弧，即断开的是三相次暂态短路电流 $I''^{(3)}$，因此其额定短路分断电流（有效值）I_{oc} 应满足

$$I_{\text{oc}} \geq I''^{(3)} \tag{3-13}$$

式中　$I''^{(3)}$——熔断器安装地点的三相次暂态短路电流有效值，无限大容量系统中 $I''^{(3)} = I_\infty^{(3)}$。

2）对非限流式熔断器（如 RW4 型、RM10 型等），由于它们不能在短路电流达到冲击值之前灭弧，即断开的是短路冲击电流 $I_{\text{sh}}^{(3)}$，因此其额定短路分断电流（有效值）I_{oc} 应满足

$$I_{\text{oc}} \geq I_{\text{sh}}^{(3)} \tag{3-14}$$

熔断器额定短路分断电流下限值应不大于线路末端两相短路电流 $I_{\text{k}}^{(2)}$，即

$$I_{\text{ocmin}} \leq I_{\text{k}}^{(2)} \tag{3-15}$$

由于熔断器没有触头，而且分断短路电流后熔体熔断，故不必校验动稳定度和热稳定度，仅需校验断流能力即可。

5. 前后级熔断器之间的选择性配合

低压线路中，熔断器较多，前后级熔断器在线路发生过负荷或短路故障时，应有选择地熔断，即靠近故障点的熔断器最先熔断，切除故障，从而使系统的其他部分迅速恢复正常运行。

在如图 3-23a 所示的线路中，假设 k 点发生短路故障，则短路电流 I_k 将流经 FU1（前级）和 FU2（后级）。根据保护选择性的要求，应将 FU2 的熔体先熔断，切除故障线路 WL2，而熔断器 FU1 不需要熔断，线路 WL1 继续正常运行。但由于熔断器的特性误差较大，一般为 $\pm 30\% \sim \pm 50\%$，当 FU1 为负误差（提前熔断）、FU2 为正误差（滞后熔断）时，如图 3-23b 所示，则 FU1 可能先熔断，从而失去选择性。为保证选择性配合，要求

$$t_1 > 3t_2 \tag{3-16}$$

即前一级熔断器 FU1 根据其保护特性曲线查得的熔断时间 t_1，至少应为后一级熔断器 FU2 根据其保护特性曲线查得的熔断时间 t_2 的 3 倍，才能确保前后级熔断器动作的选择性。如果不满足这一要求，则应将前一级熔断器的熔体电流提高 1~2 级再进行校验。

如果不用熔断器的保护特性曲线来检验选择性，则通常按前一级熔断器的熔体电流大于后一级熔断器熔体电流的 3 倍进行选择，以此来保证熔断器动作的选择性。

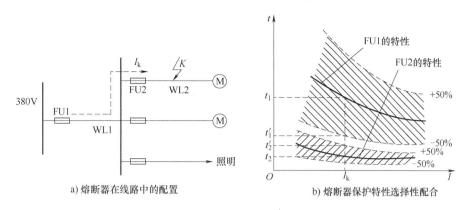

a) 熔断器在线路中的配置　　　　　b) 熔断器保护特性选择性配合

图 3-23　前后级熔断器选择性配合

七、高压隔离开关、高压负荷开关和高压断路器的选择与校验

1）根据使用环境和安装条件来选择设备的型号。

2）按工作电压选择电气设备的额定电压。电气设备的额定电压 U_N 应不低于设备所在电路的额定电压 $U_{N.L}$，即

$$U_N \geqslant U_{N.L} \tag{3-17}$$

3）按最大负荷电流选择电气设备的额定电流。电气设备的额定电流 I_N 应不小于其所在电路的计算电流 I_c，即

$$I_N \geqslant I_c \tag{3-18}$$

4）电气设备断流能力校验。高压隔离开关不允许带负荷操作，只能作隔离电源用，因此不校验断流能力。

高压负荷开关能带负荷操作，但不能切断短路电流，因此其断流能力应按切断最大可能的过负荷电流来校验，满足条件为

$$I_{oc} \geqslant I_{OL.max} = (1.5 \sim 3) I_c \tag{3-19}$$

式中　I_{oc}——高压负荷开关的最大分断电流，A 或 kA；

　　　$I_{OL.max}$——高压负荷开关所在电路的最大可能的过负荷电流，A 或 kA；

　　　I_c——电路计算电流，A 或 kA。

高压断路器具有分断短路电流的能力，其断流能力可以用分断短路电流或分断短路容量来表示，即断流能力应满足的条件为

$$I_{oc} \geqslant I_k^{(3)} \tag{3-20}$$

或　　　　　　　　　　　　　$$S_{oc} \geqslant S_k^{(3)} \tag{3-21}$$

式中　I_{oc}、S_{oc}——高压断路器的最大分断电流（kA）和断流容量 MV·A；

　　　$I_k^{(3)}$、$S_k^{(3)}$——高压断路器安装地点的三相短路电流周期分量有效值（kA）和三相短路容量 MV·A。

5）短路稳定度校验。电气设备的动稳定度校验应满足的条件为

$$i_{\max} \geq i_{sh}^{(3)} \tag{3-22}$$

或
$$I_{\max} \geq I_{sh}^{(3)} \tag{3-23}$$

式中　$i_{\max}$、$I_{\max}$——电器的极限通过电流峰值和有效值，kA；

　　　$i_{sh}^{(3)}$、$I_{sh}^{(3)}$——电器安装地点的三相短路冲击电流峰值和有效值，kA。

电气设备的热稳定度校验应满足的条件为

$$I_t^2 t \geq I_{\infty}^2 t_{ima} \tag{3-24}$$

式中　I_t——电器的热稳定试验电流有效值，kA；

　　　t——电器的热稳定试验时间，s；

　　　I_{∞}——短路稳态电流有效值，kA；

　　　t_{ima}——短路发热假想时间，s。

 【任务实施】

1）学习高压熔断器的结构、功能、型号及操作要求。
2）学习高压隔离开关的结构、功能、型号及操作要求。
3）学习高压负荷开关的结构、功能、型号及操作要求。
4）学习高压断路器的结构、功能、型号及操作要求。
5）学习高压成套设备的结构、分类、型号及应用。
6）学习各种高压设备选择的要求及方法。
7）根据实际情况按要求选择高压电气设备。
① 根据环境条件及使用要求选择电气设备的类型。
② 在正常条件下，分别选择设备的额定电压和额定电流。
③ 校验电气设备断流能力。

 【提交成果】

任务完成后，需提交高压电气设备选择任务表（见任务工单3-3）。

 课后思考与习题

1. 熔断器有何功能？常用的高压熔断器型号有哪些？各适用于哪些场合？
2. 高压隔离开关的功能是什么？为什么不能带负荷操作？
3. 高压负荷开关的功能是什么？能否实现短路保护？为什么？
4. 高压断路器有何功能？有哪些种类？各自的特点及使用场合有哪些？
5. 什么是高压成套设备？它是如何分类的？
6. 高压电气设备选择和校验的项目都有哪些？

任务工单 3-3　高压电气设备选择任务表

所选高压熔断器的 型号及原因	
所选高压隔离 开关的型号及原因	
所选高压负荷 开关的型号及原因	
所选高压断路器的 型号及原因	
小结	
体会	

填表人：

任务4　常用低压电气设备的选择

【任务描述】

根据工程实际情况，选择低压电气设备。

【任务分析】

在低压供配电系统的线路中安装有不同用途的低压电气设备，其选择得恰当与否将影响到整个系统能否安全可靠地运行，故必须按一定的要求进行合理地选择并校验，同时也为合理、正确地使用电气设备提供依据。

【相关知识】

低压电气设备通常指用于交流电压为 1000V 及以下，直流电压为 1200V 及以下电路的电气设备。

一、低压熔断器（FU）

1. 用途及分类

低压熔断器是最简单的保护电器，其功能是防止电气设备长期通过过载电流和短路电流，使用时熔断器串联在被保护的电路中。当通过熔体的电流达到额定熔断电流值时，熔体过热迅速熔断从而自动切断电路，实现对电路的保护。低压熔断器具有结构简单、体积小、安装维护方便、分断可靠性较高、价格低等特点，在低压配电系统中获得较广泛的应用。

低压熔断器的类型繁多，按结构不同分为开启式、半封闭式和封闭式。开启式很少应用。半封闭式有 RC 系列等。封闭式熔断器又分为无填料密封管式、有填料密封管式等。低压熔断器按性能特性不同，可以分为快速熔断器、自复式熔断器、限流式熔断器、非限流式熔断器等。

2. 型号含义

国产低压熔断器型号含义如下：

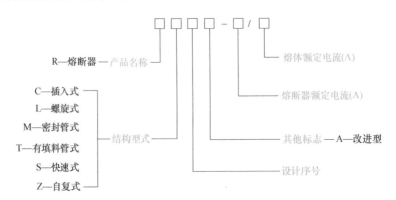

应用较多的有 RM10 型密封管式熔断器、RT0 型有填料管式熔断器和 RZ1 型自复式熔断器。

3. 常用低压熔断器的性能及应用

（1）RL 系列熔断器　RL 系列熔断器俗称"螺旋保险器"，多用于配电线路的过载和短路保护。它是一种实用、新型的具有断相保护的有填料封闭式熔断器，由瓷质底座、带螺纹的瓷帽、熔管和瓷套组成。熔管内装有熔丝，并充满石英砂。熔体焊接在熔管两端的金属盖帽上，瓷帽顶部有玻璃圆孔，中央有熔断指示器。当熔体熔断时，指示器被弹出脱落，显示熔断器熔断，便于维护识别。熔体熔断时产生的电弧在石英砂中受到强烈的冷却而熄灭，所以这种熔断器的分断能力高。螺旋式熔断器具有较大的热惯性，过负荷熔断时间较长，因此也常用作电动机的保护装置。

图 3-24 为 RL1 型螺旋式熔断器。

（2）RT 系列熔断器　RT 系列熔断器主要由瓷熔管、熔体（栅状铜质）和触头底座等几部分组成，常用的有 RT0、RT10 系列，图 3-25 为 RT0 型有填料式熔断器的结构图。熔管内充有优质石英砂，熔体为栅状铜熔体，具有变截面小孔和引燃栅。变截面小孔可使熔体在短路电流通过时熔断，将长弧分割为多段短弧，引燃栅具有等电位作用，使粗弧分细，电弧电流在石英砂中燃烧，形成狭沟灭弧。这种熔断器具有较强的灭弧能力，并有一定的限流作用。熔体还具有"锡桥"，利用"冶金效应"

图 3-24　RL1 型螺旋式熔断器

可使熔体在较小的短路电流和过负荷时熔断。熔体熔断后，其熔断指示器弹出，以示提醒。

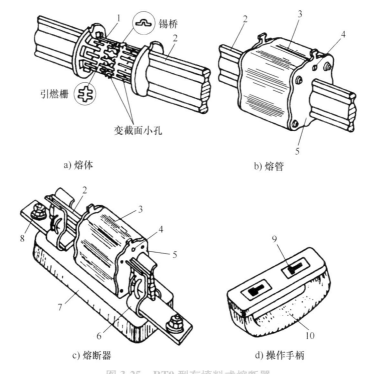

图 3-25　RT0 型有填料式熔断器

1—栅状铜熔体　2—刀形触头　3—瓷熔管　4—熔断指示器　5—端面盖板　6—弹性触座
7—瓷底座　8—接线端子　9—扣眼　10—绝缘拉手手柄

RT 系列熔断器适用于具有较大短路电流的电力系统和成套配电装置中，在供配电线路、变压器的出线保护中得到广泛应用。

（3）RM 系列熔断器　RM 系列熔断器由纤维管、变截面锌熔片和触头底座等部分组成，其结构如图 3-26 所示。熔片之所以制成变截面，目的在于改善熔断器的保护性能。短路时熔片在最窄截面处熔断，使熔管内形成几段串联电弧；同时中间各段熔片跌落，迅速拉长电弧，使短路电弧加速熄灭。在过负荷电流通过时，熔片在宽窄之间的斜部熔断。由熔片熔断的部位，可以大致判断熔断器熔断的故障电流性质。当熔体熔化时，在纤维管内产生高压气体，压迫电弧，加速电弧的熄灭。这种熔断器

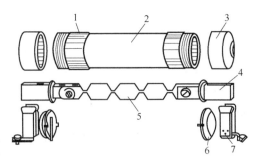

图 3-26　RM10 型无填料封闭式熔断器
1—黄铜圈　2—纤维管　3—黄铜帽　4—刀触头
5—熔片　6—特种垫圈　7—刀触座

的分断能力较强，但没有限流特性，常用在容量较大的动力配电箱作短路保护。

（4）RS 系列熔断器　RS 系列熔断器是一种新型快速熔断器。该系列熔断器由熔管、熔体和底座组成，外形结构与 RT16 型有填料封闭管式熔断器有些相似，熔管为高强度陶瓷管，内装优质石英砂。这种熔断器的主要特点是体积小、重量轻、动作快、功耗小、分断能力强，有较强的限流作用和快速动作性，一般用于半导体整流元件的保护。

（5）RZ 系列熔断器　RZ 系列熔断器是自复式低压熔断器。一般熔断器的熔体熔断后，必须更换熔体才能恢复供电。自复式熔断器克服了这一缺点，它既能切断短路电流，又能在短路故障消除后自动恢复供电，无须更换熔体。图 3-27 为 RZ1 型低压自复式熔断器的结构示意图。

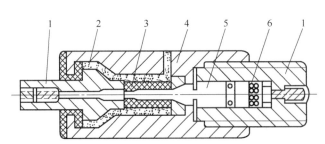

图 3-27　RZ1 型低压自复式熔断器
1—接线端子　2—云母玻璃　3—氧化铍瓷管
4—不锈钢外壳　5—钠熔体　6—氩气

自复式熔断器采用金属钠作熔体。常温下，钠的电阻率很小，可以顺畅地通过正常的负荷电流；但在短路时，金属钠受热迅速气化，其电阻率变得很大，从而可以限制短路电流。在金属钠气化限流的过程中，装在熔断器一端的活塞在钠气化产生的高压作用下向外移动，降低气化产生的压力，以免熔管在高气压作用下爆裂。在短路限流动作完成后，钠蒸气冷却恢复为固态钠。此时活塞将金属钠推回原位，使之恢复正常工作状态。

自复式熔断器通常与低压断路器配合使用，或者组合为一种带自复式熔断体的低压断路器。例如 DZ10-100R 型低压断路器，就是 DZ10-100 型低压断路器与 RZ1-100 型自复式熔断

器的组合，利用自复式熔断器来切断短路电流，利用低压断路器进行线路的通断控制和过负荷保护，这样就减轻了低压断路器的工作负担，提高了供电可靠性。

二、低压刀开关（QK）

1. 特点及功能

低压刀开关俗称"刀闸"，是一种结构简单的低压开关电器，广泛应用于不频繁操作的低压配电装置和供电线路中，起到分断和隔离电源的作用。

低压刀开关的种类很多，按结构型式分，有单投和双投两种；按极数分，有单极、双极和三极三种；按灭弧结构分，有不带灭弧罩和带灭弧罩两种。

低压刀开关是一种切断电源的控制电气设备，常用的有 HD 系列，其作用是隔离电路，使电路有明显的断开点；它没有灭弧罩，不能带负荷操作，只能与低压断路器配合使用。只有当低压断路器切断电路后，才允许操作刀开关。带灭弧罩的刀开关能通过一定的负荷电流，并使其产生的电弧有效地熄灭。如图 3-28 所示为 HD13 型低压刀开关结构示意图。

图 3-28 HD13 型低压刀开关

2. 型号

低压刀开关型号的含义如下：

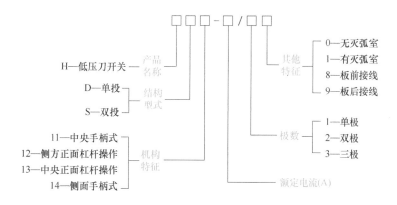

三、低压刀熔开关（QKF）

1. 特点及功能

低压刀熔开关又称熔断器式刀开关，它具有熔断器和刀开关的双重功能。

常见的 HR3 型刀熔开关，就是将 HD 型刀开关的闸刀换以 RT0 型熔断器的具有刀形触头的熔断管，如图 3-29 所示。

采用这种组合开关电器，可以简化低压配电装置的结构，比较经济实用，因此广泛应用在低压配电装置上。

低压刀熔开关适用于交、直流低压电路负荷电流小于 600A 的配电系统中，可作为分、合电路，并具有过负荷和短路保护的作用。

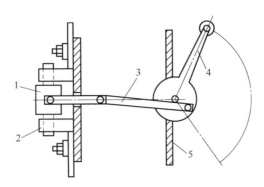

图 3-29　低压刀熔开关结构示意图
1—熔断器的熔管　2—弹性触座　3—传动连杆
4—操作手柄　5—配电屏面板

2. 型号

低压刀熔开关型号的含义如下:

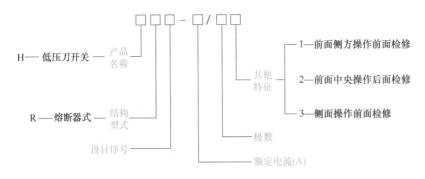

四、低压负荷开关（QL）

1. 特点及功能

低压负荷开关由低压刀开关与低压熔断器组合而成,外装封闭式铁壳或开启式胶盖。装铁壳的低压负荷开关俗称"铁壳开关";装胶盖的低压负荷开关俗称"胶盖开关"。低压负荷开关具有带灭弧罩的刀开关和熔断器的双重功能,既可带负荷操作,又能进行短路保护,但是当熔断器熔断后,须更换熔体后方可恢复供电。

2. 型号

低压负荷开关常用的有开启式负荷开关和封闭式负荷开关两种,其型号含义如下:

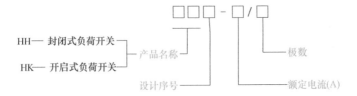

3. 常用低压负荷开关的性能及应用

（1）开启式负荷开关　开启式负荷开关是常见的低压开关设备,常用的有 HK1、HK2

型。这种刀开关内部装设有熔丝，能兼作电路的短路保护作用。开启式负荷开关的优点是具有防护外壳、价格低廉、操作便利等；缺点是没有灭弧装置、安全性能差，一般用于小容量的照明电路。建筑工程中规定不允许采用开启式负荷开关，而是在刀开关外另装瓷插熔丝，原来装熔丝的地方用铜丝代替。

开启式负荷开关在使用时应垂直安装在控制盘上，在接通位置时，手柄应朝上，电源进线接静触头一端。刀闸内的熔丝应根据电路实际需要，选用合适的规格。

（2）封闭式负荷开关 常用的封闭式负荷开关有HH3、HH4系列，如图3-30所示。它由刀开关、熔断器、灭弧装置、操作机构和铁制外壳构成。操作手柄和铁壳间有联锁装置，当铁壳打开时不能合闸，分闸时壳盖不能打开，以保证操作人员的安全。因此铁壳开关的灭弧性能、操作性能、通断能力和安全防护性能都比开启式负荷开关要高得多，适用于不频繁接通和分断负载的电路，并能作为线路末端的短路保护，也可用来控制22kW以下交流电动机。

图3-30 HH型封闭式负荷开关

五、低压断路器（QF）

1. 结构特点及功能

低压断路器又称为自动空气断路器，一般简称为自动开关或空气开关，是低压配电系统中的重要保护电器。正常情况下，它可作为接通和断开电路之用，并作为配电线路和电气设备的过载、欠压、失压和短路保护之用。当电路发生上述故障时，它能自动断开电路。低压断路器装设有完善的电气触头和灭弧装置，具有较强的电流分断能力，它的动作值可调整，而且动作后一般不需要更换零部件。在建筑供配电系统中，低压断路器用作配电线路的主要控制开关，也可用于电动机、照明供电线路及一般居民的电源控制，应用极为广泛。

低压断路器的原理结构和接线如图3-31所示。当电路上出现短路故障时，其过流脱扣器10动作，使断路器跳闸。如果出现过负荷，串联在一次线路上的加热电阻丝8加热，使断路器中的双金属片9上弯，也会使断路器跳闸。当线路电压严重下降或为零时，欠（失）压脱扣器5动作，同样会使断路器跳闸。如果按下脱扣按钮6或7，使分励脱扣器4通电或使欠（失）压脱扣器5失电，则可使断路器远距离跳闸。

2. 分类与型号

低压断路器按其灭弧介质分，有空气断路器和真空断路器等；按其用途分，有配电用断路器、电动机保护用断路器、照明用断路器和漏电保护断路器等；按其保护性能分，有非选择型断路器、选择型断路器和智能型断路器等；按结构型式分，有万能式（框架式）断路器和塑料外壳式断路器两大类，在塑料外壳式断路器中，有一种在现代各类建筑的低压配电线路终端广泛应用的模数化小型断路器，有时也将它另列一类。

低压断路器型号的含义如下：

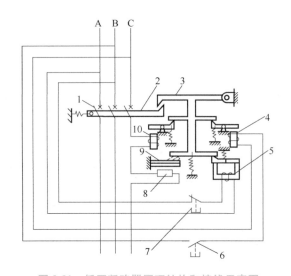

图 3-31　低压断路器原理结构和接线示意图

1—主触头　2—跳钩　3—锁扣　4—分励脱扣器　5—欠（失）压脱扣器　6、7—脱扣按钮
8—加热电阻丝　9—热脱扣器（双金属片）　10—过流脱扣器

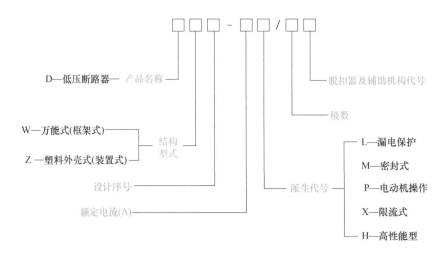

（1）万能式低压断路器　万能式断路器的内部结构主要有机械操作和脱扣系统、触头及灭弧系统、过电流保护装置三大部分。其操作方式有手柄操作、电动机操作、电磁操作等。此外，万能式断路器还有数量较多的辅助触头，便于实现联锁和辅助电路的控制，广泛应用于低压配电系统中。图 3-32 为 DW10 型万能式低压断路器。

现在智能型万能式断路器应用得越来越多，已渐渐取代了 DW 系列断路器。智能型万能式断路器适用于交流 50Hz，额定电压 380V、660V，额定电流为 200～6300A 的配电网络中，主要用来分配电能和保护线路及电源设备免受过载、失压、短路、单相接地等故障的危害。该类断路器具有多种智能保护功能，可做到选择性保护，且动作精确，避免不必要的停电，提高供电可靠性。在正常条件下，智能型万能式断路器可作为线路的不频繁转换之用和电动机的不频繁起动之用。1250A 以下的智能型万能式断路器在交流 50Hz、电压 380V 的网络中可用作电动机的过载和短路保护装置。

（2）塑料外壳式断路器　塑料外壳式断路器简称塑壳断路器，也称为装置式断路器，其所有机构及导电部分都装在塑料壳内，在塑料外壳正面中央有操作手柄及分合位置指示。操作手柄有 3 个位置。

① 合闸位置：手柄位于向上位置，断路器处于合闸状态。

② 自由脱扣位置：手柄位于中间位置。只有断路器因故障跳闸后，手柄才会置于中间位置。

③ 分闸和再扣位置：手柄位于向下位置。当分闸操作时，手柄被扳到分闸位置；如果断路器因故障使手柄置于中间位置，需将手柄扳到分闸位置（这时叫再扣位置）时，断路器才能进行合闸操作。

图 3-32　DW10 型万能式低压断路器

塑壳断路器的辅助触点、失压脱扣器以及分励脱扣器等多采用模块化。由于结构非常紧凑，因此塑壳断路器基本无法检修。过流脱扣器有热磁式和电子式两种。一般热磁式塑壳断路器为非选择性断路器，仅有过载长延时及短路瞬时两种保护方式。电子式塑壳断路器有过载长延时、短路短延时、短路瞬时和接地故障四种保护功能；部分电子式塑壳断路器新推出的产品还带有区域选择性联锁功能。

塑壳断路器适用于作支路的保护开关，大多采用手动操作，大容量可选用电动操作结构。

六、低压成套设备

低压成套设备包括低压配电屏（也称低压开关柜）、动力配电箱和照明配电箱三种。

1. 低压配电屏

低压配电屏是按一定的线路方案将有关一、二次设备组合而成的一种低压成套配电装置，适用于低压配电系统中动力和照明配电。低压配电屏按结构型式分有固定式和抽屉式两大类。固定式低压配电屏简单经济，应用广泛。低压配电屏按维护方式分有单面维护式和双面维护式两类，其中离墙安装的双面维护式应用较多。

低压配电屏的型号表示并不完全统一，这里就不作确切的介绍。我国原来应用最广的固定式低压配电屏为 PGL 系列，现在主要有 GGD、GLL 等系列。

PGL 系列低压配电屏的结构是敞开式。屏顶置放低压母线，并设有防护罩。图 3-33 为 PGL 固定式低压配电屏，屏内根据不同的接线方案，装有低压断路器、闸刀开关、熔断器等。PGL 系列低压配电屏结构简单，消耗钢材较少，价格低廉，可从双面维护，检修方便。

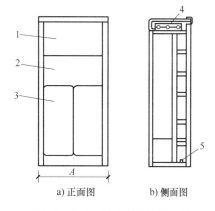

a) 正面图　　b) 侧面图

图 3-33　PGL 固定式低压配电屏

1—门　2—操作手柄板　3—测量仪表板
4—三相母线　5—中性线绝缘子

GGD 系列交流低压配电屏为封闭式结构，如图 3-34 所示。柜体采用通用柜的形式，柜体上、下两端均有不同数量的散热电屏槽孔，使密封的柜体自上而下形成自然通风道，达到散热的目的。此类配电屏性能比较先进，是目前推广应用的一种较新产品。

抽屉式低压配电屏的结构特点是：密封性能好，可靠性高，主要设备均装在抽屉内或手车上。回路故障时，可拉出检修或换上备用抽屉或手车，便于迅速恢复供电。抽屉式低压配电屏还具有馈电回路多、布置紧凑、占地面积小等优点。但是抽屉式低压配电屏结构较复杂，工艺要求较高，钢材消耗较多，价格较贵。

抽屉式低压配电屏原来应用最多的是 PCL 系列，现在主要有 GCL、GCS、GCK 等系列。图 3-35 为 GCS 型低压配电屏的外形图，它是密封式结构，内部分功能单元室、母线室和电缆室。功能室主要由抽屉组成，主要低压设备均安装在抽屉内。配电屏前面的门上装有仪表、控制按钮和低压断路器的操作手柄。抽屉有联锁机构，可防止误操作。

图 3-34　GGD 系列交流低压配电屏

图 3-35　GCS 型低压配电屏

表 3-3 列出了主要低压配电屏的型号及外形尺寸。

表 3-3　主要低压配电屏的型号及外形尺寸

型　号	名　称	额定电压 /kV	宽×深×高 （$b×a×h$）/mm
GGD	低压固定式配电屏 （电力用）	0.4	600（800、1000、1200）×600（800）×2200
GLL	低压固定式配电屏 （电力用）	0.4	400（600、800、1000、1200）×800（1000）×2200
GCL	低压抽屉式配电屏 （动力用）	0.4	800×800×2200
GCS	低压抽屉式配电屏 （开关配电装置）	0.4	400（600、800、1000、1200）×800（1000）×2200

（续）

型　　号	名　　称	额定电压 /kV	宽×深×高（$b×a×h$）/mm
GCK	低压抽屉式配电屏（动力及控制用）	0.4	400（600、800、1000、1200）×800（1000）×2200
MNS	低压抽屉式配电屏（动力及控制用）	0.38/0.66	400（600、800、1000、1200）×800（1000）×2200

2. 动力和照明配电箱

动力和照明配电箱主要用于低压配电系统的终端，直接对用电设备进行配电、控制和保护。动力配电箱主要用于向动力设备配电，也可向照明设备配电。照明配电箱主要用于照明配电，也可用于向一些小容量的动力设备和家用电器配电。

配电箱

动力和照明配电箱的类型很多，按其安装方式分有靠墙式、挂墙（明装）式和嵌入式。靠墙式是靠墙落地安装；挂墙（明装）式是明装在墙面上；嵌入式是嵌入墙内安装。

目前应用的新型配电箱一般采用模数化小型断路器等元件进行组合。例如 DYX（R）型多用途配电箱，可用于工业和民用建筑中作低压动力和照明配电之用，有Ⅰ、Ⅱ、Ⅲ型。Ⅰ型为插座箱，装有三相和单相的各种 86 型暗式插座，其箱面布置如图 3-36a 所示。Ⅱ型为照明配电箱，箱内装有模数化小型断路器，其箱面布置如图 3-36b 所示。Ⅲ型为动力照明配电箱，箱内安装的电器元件更多，应用范围更广，其箱面布置如图 3-36c 所示。

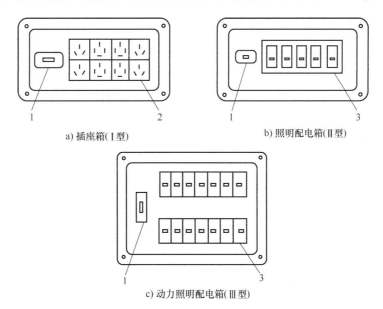

a) 插座箱(Ⅰ型)　　　b) 照明配电箱(Ⅱ型)

c) 动力照明配电箱(Ⅲ型)

图 3-36　DYX（R）型多用途低压配电箱箱面布置示意图
1—电源开关（小型断路器或漏电断路器）　2—插座　3—小型开关（模数化小型断路器）

七、低压断路器的选择与校验

（一）低压断路器规格的选择与校验

1）低压断路器的型号及操作机构形式应符合工作环境、保护性能等方面的要求。

2）低压断路器的额定电压应不低于其所在线路的额定电压，即

$$U_N \geqslant U_{N.L} \tag{3-25}$$

3）低压断路器的额定电流 $I_{N.QF}$ 应不小于它所安装的脱扣器额定电流 $I_{N.OR}$，即

$$I_{N.QF} \geqslant I_{N.OR} \tag{3-26}$$

4）低压断路器脱扣器的选择和整定应满足保护要求。

5）低压断路器断流能力的校验。

① 对动作时间在 0.02s 以上的万能式断路器，其极限分断电流 I_{oc} 应不小于通过它的最大三相短路电流周期性分量有效值 $I_k^{(3)}$，即

$$I_{oc} \geqslant I_k^{(3)} \tag{3-27}$$

② 对动作时间在 0.02s 及以下的塑壳式断路器，其极限分断电流 I_{oc} 应不小于通过它的最大三相短路冲击电流 $I_{sh}^{(3)}$，即

$$I_{oc} \geqslant I_{sh}^{(3)} \tag{3-28}$$

（二）低压断路器脱扣器的选择与校验

1. 过流脱扣器的选择与整定

（1）过流脱扣器额定电流的选择　过流脱扣器额定电流 $I_{N.OR}$ 应不小于线路的计算电流 I_c，即

$$I_{N.OR} \geqslant I_c \tag{3-29}$$

（2）过流脱扣器动作电流的整定

① 瞬时过流脱扣器动作电流的整定：瞬时过流脱扣器动作电流 $I_{op(o)}$ 应躲过线路的尖峰电流 I_{pk}，即

$$I_{op(o)} \geqslant K_{rel} I_{pk} \tag{3-30}$$

式中　K_{rel}——可靠系数，对动作时间在 0.02s 以上的万能式断路器，可取 1.35；对动作时间在 0.02s 及以下的塑壳式断路器，可取 2~2.5。

② 短延时过流脱扣器动作电流和动作时间的整定：短延时过流脱扣器动作电流 $I_{op(s)}$ 应躲过线路的尖峰电流 I_{pk}，即

$$I_{op(s)} \geqslant K_{rel} I_{pk} \tag{3-31}$$

式中　K_{rel}——可靠系数，可取 1.2。

短延时过流脱扣器的动作时间有 0.2s、0.4s、0.6s 三个等级，应按前、后保护装置的保护选择性要求来确定。前一级保护的动作时间应比后一级保护的动作时间长一个时间级差 0.2s。

③ 长延时过流脱扣器动作电流和动作时间的整定：长延时过流脱扣器动作电流 $I_{op(1)}$ 只需躲过线路的计算电流 I_c，即

$$I_{op(1)} \geqslant K_{rel} I_c \tag{3-32}$$

式中　K_{rel}——可靠系数，可取 1.1。

长延时过流脱扣器用于过负荷保护，其动作时间为反时限特性，即过负荷越大，动作时间越短。一般动作时间为 $1 \sim 2\text{h}$。

④ 过流脱扣器与被保护线路的配合要求：为防止被保护线路因过负荷或短路故障引起导线或电缆过热起燃而断路器的脱扣器不动作，断路器动作电流 I_{op} 还必须满足

$$I_{\text{op}} \leqslant K_{\text{OL}} I_{\text{al}} \tag{3-33}$$

式中　K_{OL}——绝缘导线或电缆的允许短时过负荷系数，对瞬时和短延时过流脱扣器，可取 4.5，对长延时过流脱扣器，可取 1，对保护有爆炸气体区域内线路的过流脱扣器，可取 0.8；

　　　I_{al}——绝缘导线或电缆的允许载流量（A），可参看附录 8 和附录 9。

当上述配合要求不能满足时，可改选脱扣器的动作电流，或适当加大绝缘导线或电缆的芯线截面积。

2. 热脱扣器的选择与整定

（1）热脱扣器的选择　热脱扣器的额定电流 $I_{\text{N. HR}}$ 应不小于线路的计算电流 I_{c}，即

$$I_{\text{N. HR}} \geqslant I_{\text{c}} \tag{3-34}$$

（2）热脱扣器的整定　热脱扣器的动作电流 $I_{\text{op. HR}}$ 应不小于线路的计算电流 I_{c}，即

$$I_{\text{op. HR}} \geqslant K_{\text{rel}} I_{\text{c}} \tag{3-35}$$

式中　K_{rel}——热脱扣器的整定倍数，可取 1.1，一般应在实际运行时调整。

3. 欠电压脱扣器和分励脱扣器的选择

欠电压脱扣器主要用于线路欠压或失压保护，当电压下降至低于 $(0.35 \sim 0.7) U_{\text{N}}$ 时便能动作。分励脱扣器主要用于断路器的分闸操作，在 $(0.85 \sim 1.1) U_{\text{N}}$ 时便能可靠动作。

欠电压脱扣器和分励脱扣器的额定电压应等于线路的额定电压，并按直流或交流的类型以及操作要求进行选择。

（三）低压断路器灵敏度的校验

为保证电压断路器的瞬时或短延时过流脱扣器在系统最小运行方式下，在其保护区内发生最轻微的短路故障时能可靠地动作，低压断路器保护灵敏度必须满足

$$K_{\text{P}} = \frac{I_{\text{k. min}}}{I_{\text{op}}} \geqslant 1.3 \tag{3-36}$$

式中　K_{P}——灵敏系数；

　　　$I_{\text{k. min}}$——被保护线路末端在最小运行方式下的短路电流（kA），对 TN 和 TT 系统，$I_{\text{k. min}}$ 为单相短路电流，对 IT 系统则为两相短路电流；

　　　I_{op}——瞬时或短延时过流脱扣器的动作电流，kA。

（四）前、后级低压断路器之间的选择性配合

为了保证前、后级断路器的选择性要求，在动作电流选择性配合时，前一级动作电流 $I_{\text{op(1)}}$ 应大于后一级动作电流 $I_{\text{op(2)}}$ 的 1.2 倍，即

$$I_{\text{op(1)}} \geqslant 1.2 I_{\text{op(2)}} \tag{3-37}$$

在动作时间的选择性配合时，前一级（靠近电源）断路器宜采用带短延时的过流脱扣器，后一级（靠近负载）断路器则采用瞬时脱扣器。如果前、后级都采用短延时脱扣器，则前一级短延时时间应至少比后一级短延时时间大一级。由于低压断路器的保护特性时间误差为±20%～±30%，为防止误动作，应把前一级动作时间计入负误差（提前动作），后一级动作时间计入正误差（滞后动作）。在这种情况下，仍要保证前一级动作时间大于后一级动作时间，才能保证前、后级断路器选择性配合。

 【任务实施】

1) 学习低压熔断器的结构、功能、型号及操作要求。
2) 学习低压刀开关的结构、功能、型号及操作要求。
3) 学习低压刀熔开关的结构、功能、型号及操作要求。
4) 学习低压负荷开关的结构、功能、型号及操作要求。
5) 学习低压断路器的结构、功能、型号及操作要求。
6) 学习低压成套设备的结构、分类、型号及应用。
7) 学习低压设备选择的要求及方法。
8) 根据实际情况按要求选择低压电气设备。
① 根据环境条件及使用要求选择电气设备的类型。
② 在正常条件下，分别选择设备的额定电压和额定电流。
③ 校验电气设备断流能力。

 【提交成果】

任务完成后，需提交低压电气设备选择任务表（见任务工单3-4）。

课后思考与习题

1. 常用的低压电气设备有哪些？各自的功能是什么？
2. 低压熔断器有哪些类型？各自的特点及应用有哪些？
3. 什么是熔断器的限流特性？
4. 低压断路器的功能是什么？按结构形式可分为哪几类？
5. 低压成套设备有哪几类？各自应用于什么场合？
6. 某220V/380V线路的计算电流为67A，尖峰电流为235A。该线路首端的三相短路电流有效值为13kA。试选择该线路所装RT0型低压熔断器及其熔体的规格。
7. 某220V/380V线路前一级熔断器为RT0型，其熔体电流为200A；后一级熔断器为RM10型，其熔体电流为160A。在后一级熔断器出口处发生三相短路的有效值为800A。试校验这两组熔断器能否满足保护选择性的要求。

任务工单 3-4 低压电气设备选择任务表

低压熔断器的选择	有一台电动机，额定电压为 380V，额定功率为 21kW，计算电流为 45.3A，属重载起动，起动电流为 191A，起动时间为 3~8s。采用 BV 型截面为 $10mm^2$ 的导线穿钢管敷设。该电动机采用 RT19 型熔断器做短路保护，线路最大短路电流为 21kA。试选择熔断器及熔体的额定电流，并进行校验
低压断路器的选择	有一条 380V 动力线路，计算电流为 120A，尖峰电流为 400A。此线路首端的三相短路电流有效值为 5kA，末端的单相短路电流有效值为 1.2kA。当地环境温度为 30℃。该线路拟采用 BLV-70 导线穿钢管敷设。试选择此线路上装设的 DW16 型低压断路器及其过流脱扣器
小结	
体会	

填表人：

职业素养要求

为了满足供配电系统的安全稳定运行，就需要合理选择电气设备，时刻坚持"安全第一"的生产理念。在电气设备的选择过程中，应善于发现产品的特点，分析产品的发展趋势，培养独立思考和作出决策的能力。

项目四　电力线路的确定与运行维护

知识目标

1. 熟悉高低压配电系统接线方式，各种接线方式的特点及应用。
2. 了解架空线路的结构及特点，掌握架空线路敷设的要求及工艺流程。
3. 掌握电力电缆的结构及特点，熟悉电缆敷设的方式及要求。
4. 熟悉室内绝缘导线的种类及敷设方式，掌握室内配线的要求及步骤。
5. 理解导线选择的内容及方法，掌握导线截面选择的步骤。

能力目标

1. 能依据客观条件合理地确定配电系统的接线形式。
2. 能按要求验收架空线路、电缆线路及室内绝缘导线敷设情况。
3. 能合理选择导线。

任务 1　电力线路接线方式的选择

 【任务描述】

根据工程实际情况，选择电力线路的接线方式。

【任务分析】

高压和低压线路的接线方式都包含放射式、树干式和环形等，另外，低压线路还有链式接线。配电系统的接线采用什么方式，应根据具体情况，经技术、经济综合比较后才能确定。

【相关知识】

一、高压配电系统的接线方式

高压配电系统的接线形式主要有放射式、树干式和环形等。

1. 高压放射式接线

高压放射式接线是指变配电所母线上引出的线路直接向车间变电所或高压用电设备配电，沿线不引分支线路配电给其他负荷。高压放射式线路之间相互独立，当某引出线发生故障时，只有该线路上的负荷停电，故障影响范围较小，切换操作方便，因此供电可靠性较高；但是该接线采用的高压开关设备多，有色金属消耗量也较多，从而增加了投资费用。图 4-1 是单回路高压放射式接线图，由于是单回路供电，因此通常用于小容量的二、三级负荷或专用用电设备。若要进一步提高其供电可靠性，可在各车间变电所的高压或低压之间敷设联络线，也可采用来自两个电源的两路高压进线，然后经分段母线，由两段母线用双回路对重要负荷交叉供电，该接线一般用于较大容量、具有一级负荷的高压配电系统。

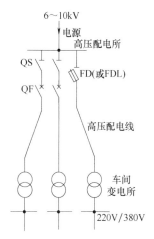

图 4-1　单回路高压放射式接线

2. 高压树干式接线

高压树干式接线是指由变配电所母线上引出配电干线，沿干线引出几个分支配电给车间变电所或高压用电设备的接线方式。高压树干式接线的特点正好与放射式接线相反，采用的高压开关设备较少，有色金属消耗量也较少，节约投资；但是干线发生故障或检修时，停电范围大，因此供电可靠性较低。如图 4-2 所示为单回路高压树干式接线，一般用于对三级负荷分散用户配电，干线的分支数不应超过 5 个。若要提高其供电可靠性，可采用图 4-3 所示的高压双树干式接线或图 4-4 所示的两端供电的高压树干式接线，这样不仅可以配电给二、三级负荷，也可配电给一级负荷的用户。

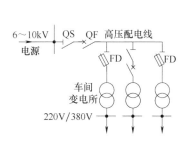

图 4-2　单回路高压树干式接线

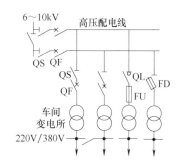

图 4-3　高压双树干式接线

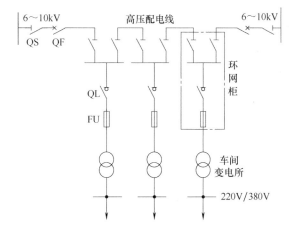

图 4-4　两端供电的高压树干式接线

3. 高压环形接线

高压环形接线实质上是两端供电的树干式接线，它是将两路树干式接线连接起来，如图 4-5 所示。该种接线用于配电给二、三级负荷，一般两回路电源同时工作"开环"运行，即环形接线中某一开关断开；也可一用一备"闭环"运行。环形接线运行灵活，供电可靠性较高，常采用"开环"运行方式，现在广泛应用于城市配电网中。

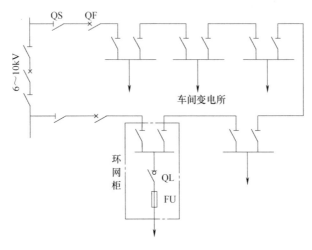

图 4-5　高压环形接线

二、低压配电系统的接线方式

低压配电系统的接线方式主要有放射式、树干式、环形及链式等。

1. 低压放射式接线

如图 4-6 所示为低压放射式接线的电路图，此接线方式是由变压器低压母线上引出若干条回路，再分别配电给各个配电箱或用电设备。低压放射式接线的优点是配电线路相对独立，发生故障互不影响，供电可靠性较高，配电设备比较集中，便于维修；但由于低压放射式接线要求在变电所低压侧设置配电盘，这就导致系统的灵活性差，再加上干线较多，因此有色金属消耗也较多。

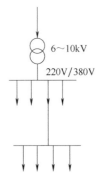

图 4-6　低压放射式接线

对于下列情况，低压配电系统采用放射式接线。

① 容量大、负荷集中或重要的用电设备。

② 需要集中联锁起动或停车的设备。

③ 对于有腐蚀性介质或有爆炸危险的场所，其配电及保护起动设备不宜放在现场时。

2. 低压树干式接线

如图 4-7 所示是低压树干式接线，它是从变电所低压母线上引出干线，沿干线走向再引出若干条支线，然后引至各用电设备。树干式不需要在变电所低压侧设置配电盘，而是从变电所低压侧的引出线经过低压断路器或隔离开关直接引至室内。

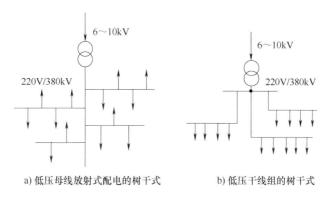

a) 低压母线放射式配电的树干式　　　b) 低压干线组的树干式

图 4-7　低压树干式接线

这种接线方式的特点正好与放射式接线相反，它使变电所低压侧结构简化，减少电气设备需用量，有色金属的消耗也减少，更重要的是提高了系统的灵活性。这种方式的主要缺点是：当干线发生故障时，停电范围很大，供电可靠性较低。

采用树干式接线时必须考虑干线的电压质量。有两种情况不宜采用树干式配电：一种是系统存在容量较大的用电设备，因为它将导致干线的电压质量明显下降，影响到接在同一干线上其他用电设备的正常工作。这种情况下，必须采用放射式接线。另一种是对于电压质量要求严格的用电设备，不宜接在树干式接线上，而应采用放射式供电。树干式接线一般适于用电设备的布置比较均匀、容量不大、又无特殊要求的场合。

3. 低压环形接线

低压环形接线的供电可靠性较高，任何一条线路发生故障或检修时，都不至于导致供电中断。另外，该接线的电能损耗和电压损耗较少。但该接线的保护装置若配合不当，易产生误动作，影响正常供电，如图 4-8 所示。

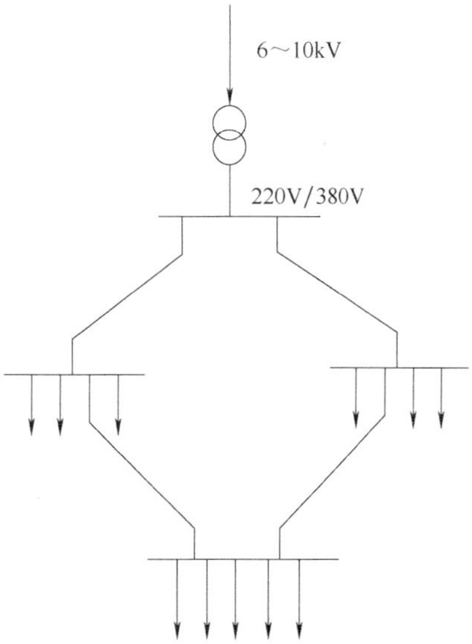

图 4-8　低压环形接线

4. 低压链式接线

图 4-9 所示为低压链式接线。低压链式接线与低压树干式接线相似，都具有经济性好、供电可靠性较低的特点。该接线适用于距配电屏较远而彼此相距又较近的不重要的小容量用电设备，连接的设备一般不超过 5 台、总容量不超过 10kW。供电给容量较小用电设备的插座，采用链式接线时，每一条链回路的数量可适当增加。

配电系统的接线实际上往往是几种接线方式的组合。总的来说，配电系统的接线应力求简单，这样不仅维修方便，还节约投资。GB 50052—2009《供配电系统设计规范》规定：供配电系统应简单可靠，同一电压供电系统的配电级数高压不宜多于两级，低压不宜多于三级。

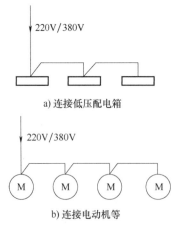

a) 连接低压配电箱

b) 连接电动机等

图 4-9　低压链式接线

【任务实施】

1）学习高压配电系统的接线方式，各种接线方式的特点及应用。

2）根据实际情况确定高压配电系统的接线方式。

3）学习低压配电系统的接线方式，各种接线方式的特点及应用。

4）根据实际情况确定低压配电系统的接线方式。

【提交成果】

任务完成后，需提交电力线路接线方式选择任务表（见任务工单 4-1）。

课后思考与习题

1. 高压线路的接线方式有哪几种？各自的特点及应用有哪些?

2. 低压线路的接线方式有哪几种？各自的特点及应用有哪些?

任务工单 4-1　电力线路接线方式选择任务表

高压配电系统的 接线方式及 选择原因	
高压配电系统接线 方式的接线图	
低压配电系统的 接线方式及 选择原因	
低压配电系统 接线方式的 接线图	
小结	
体会	

填表人：

任务 2　供配电线路的敷设

【任务描述】

根据工程实际情况，进行供配电线路的敷设。

【任务分析】

在供配电系统中，线路敷设方式选择得是否合理以及线路敷设是否正确，直接影响系统运行的安全性、可靠性和经济性，电力线路的结构及敷设方式的确定应依据负荷情况及其环境条件综合考虑。路径选择及敷设必须按照规定要求执行。

【相关知识】

供配电线路按结构形式分，有架空线路、电缆线路及室内绝缘导线等。

一、架空线路

1. 架空线路的结构

架空线路是指室外架设在电杆上用于输送电能的线路。架空线路由导线、电杆、拉线、横担、绝缘子和线路金具等组成，如图 4-10 所示。有的电杆上还装有拉线或扳桩，用来平衡电杆各方向的拉力，以增强电杆的稳定性。为了防雷，有的架空线路上还在电杆顶端架设避雷线（架空地线）。

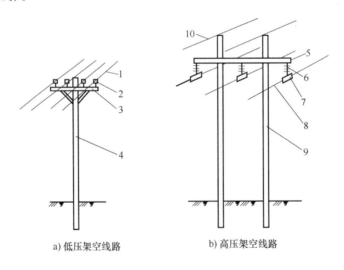

a) 低压架空线路　　　b) 高压架空线路

图 4-10　架空线路的结构
1—低压导线　2—针式绝缘子　3、5—横担　4—低压电杆　6—高压悬式绝缘子
7—线夹　8—高压导线　9—高压电杆　10—避雷线

（1）导线　导线是线路的主体，承担着输送电能、传导电流的作用。导体的材质必须具有良好的导电性、机械强度及耐腐蚀性。架空线路的导线，一般采用多股绞线。绞线按材

质分，有铜绞线（TJ）、铝绞线（LJ）和钢芯铝绞线（LGJ）。在 10kV 及以下架空线路通常采用铝绞线；在机械强度要求较高和 35kV 及以上的架空线路上，多采用钢芯铝绞线，用钢芯来增强机械强度，以弥补铝线机械强度较差的缺点。

架空线路一般情况下采用上述裸导线，但在城市市区的主次干道、繁华街区、居民小区以及有腐蚀性物质环境中的架空线路，宜采用绝缘导线。

（2）电杆、拉线　电杆用于支撑导线和避雷线，是架空线路的主要组成部分。对电杆的要求，主要是要有足够的机械强度，经久耐用。电杆按其采用的材料不同分为木杆、水泥杆、钢杆和铁塔等，其中以水泥杆应用最为普遍，钢杆和铁塔主要用在 66kV 及以上架空线路中。电杆按其在架空线路中的地位和作用可分为直线杆、转角杆、终端杆、分段杆、分支杆和跨越杆等。

拉线是用来平衡电杆各方向受力的，以防止电杆发生倾斜，通常在终端杆、分支杆、转角杆、跨越杆、分段杆等受力不均匀的电杆处设置拉线或扳桩。

（3）横担、绝缘子、线路金具　横担安装在电杆的上部，用于安装绝缘子以架设导线。常用横担有木质、瓷质和铁质三种，其中应用最普遍的是铁质横担。

绝缘子是用来固定导线的，使导线与横担及电杆之间保持足够的绝缘，绝缘子应具有一定的电气绝缘强度和机械强度。绝缘子按照使用电压等级不同，可分为高压绝缘子和低压绝缘子；按照安装方式不同，可分为悬式绝缘子和支柱绝缘子；按照使用材料不同，可分为瓷绝缘子、玻璃绝缘子和复合绝缘子等。

线路金具是用来连接导线、安装横担和绝缘子、固定和紧固拉线等的金属附件，包括安装绝缘子的直脚、弯脚和穿芯螺钉，将横担或拉线固定在电杆上的 U 型抱箍，调节拉线松紧的花篮螺钉，悬式绝缘子串的挂环、挂板和线夹等。

2. 架空线路的特点

架空线路架设比较容易，成本较低，投资较少，巡视、维修方便，易于发现和排除故障；但是它占用一定的地上空间，有碍交通和观瞻；另外，由于导线暴露在大气当中，因此易腐蚀、氧化，安全可靠性较差。

3. 架空线路的敷设

1）在施工和竣工验收中要严格执行有关技术规程的规定，以确保施工质量和线路安全运行。

2）合理选择路径，应考虑以下几点。

① 路径要短，转角要少。

② 交通运输方便，便于施工和维护。

③ 尽量避开河洼地带及易撞、易燃、易爆等危险场所。

④ 应与建筑物保持一定的安全距离。

⑤ 不应引起人行、交通及机耕等困难。

3）确定杆位应满足下列要求。

① 不同电压等级线路的档距（又称跨距，指同一线路上相邻两电杆之间的水平距离）不同。厂区架空线路的档距，0.4kV 线路为 25~40m，10kV 及以下高压线路为 35~50m。施工现场架空线路敷设档距不应大于 35m。

② 弧垂（又称弛垂，指架空线路一个档距内导线最低点与两端电杆上导线悬挂点间的

垂直距离）要根据档距、导线型号、截面、导线所受拉力及气温条件决定。弧垂过大易发生相邻导线碰撞，引起相间短路；弧垂过小则易造成断线或倒杆。

③同杆导线的线距与线路电压等级及档距等因素有关。0.4kV 线路为 0.3~0.5m，10kV 高压线路为 0.6~1m。施工现场架空线路敷设线间距离不应小于 0.3m。

4）架空线路距地面及其他设施的最小距离必须满足有关规程要求。导线距施工现场地面应不小于 4m；距暂设工程和地面堆放物顶端应不小于 2.5m；距 0.4kV 交叉电力线路应不小于 1.2m；距 10kV 交叉电力线路应不小于 2.5m。

5）架空线路的相序排列应满足下列要求。

①单横担架设时，面向负荷侧，从左起为 L1、N、L2、L3、PE。

②双横担架设时，面向负荷侧，上横担从左起为 L1、L2、L3；下横担从左起为 L1、(L2、L3)、N、PE。

6）架空线路敷设工艺流程。放线→紧线→绝缘子绑扎→搭接过引线、引下线。

二、电缆线路

1. 电缆线路的结构

电缆线路是指由电力电缆敷设的线路。电缆线路由电力电缆和电缆头组成。

电力电缆是一种既有绝缘层又有保护层的特殊导线，它由导体、绝缘层和保护层三部分构成，如图 4-11 所示。

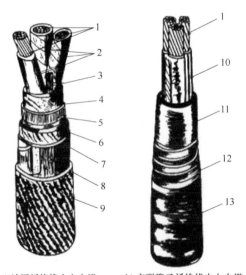

a) 油浸纸绝缘电力电缆　　　b) 交联聚乙烯绝缘电力电缆

图 4-11　电力电缆的结构

1—缆芯　2—油浸纸绝缘层　3—填料（麻筋）　4—油浸纸绕包绝缘　5—铅包　6—涂沥青的纸带（内护层）
7—浸沥青的麻被（内护层）　8—钢铠（外护层）　9—麻被（外护层）　10—交联聚乙烯绝缘层
11—聚氯乙烯护套（内护层）　12—钢铠或铅铠（外护层）　13—聚氯乙烯护套（外护层）

电力电缆的导体一般由多股铜线或铝线绞合而成，便于弯曲。线芯采用扇形，可以减小电缆外径。

绝缘层是用于导体线芯之间或线芯与大地之间的绝缘。按照绝缘介质不同，电力电缆分油浸纸绝缘和塑料绝缘两大类。油浸纸绝缘电缆具有耐压强度高、耐热性能好和使用寿命较长等优点，但是由于浸渍油会流动，因此该种电缆不适于两端安装高度差大的场所。塑料绝缘电缆具有结构比较简单、制造成本较低、敷设方便、不受高度差限制及耐腐蚀等优点，应用越来越广泛。

保护层又分为内护层和外护层。内护层用来保护绝缘层，使其密封，并保持一定的机械强度，而外护层是用来防止内护层受机械损伤和腐蚀。外护层一般采用钢丝或钢带构成的钢铠，外覆麻被、沥青或塑料护套。

电缆头包括电缆中间接头和电缆终端头。电缆头按照其绝缘或充填材料不同，分为环氧树脂浇注电缆头、充填电缆胶电缆头、缠包式电缆头和热缩材料电缆头等。环氧树脂浇注电缆头具有绝缘性能好、体积小、重量轻、密封性好以及成本低等优点，在 10kV 系统中应用较广泛。图 4-12 所示为环氧树脂电缆中间接头。图 4-13 所示为户内式环氧树脂电缆终端头。热缩材料电缆头具有施工方便、性能良好、价格低廉等优点，逐渐得到推广应用。

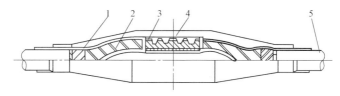

图 4-12　环氧树脂电缆中间接头

1—统包绝缘层　2—缆芯绝缘　3—扎锁管（管内两线芯对接）　4—扎锁管涂色层　5—铅包

运行经验表明，电缆线路的故障情况多数发生在电缆接头处，因此，电缆头是电缆线路中的薄弱环节，要尤其重视其安装质量，要求密封性好，有足够的机械强度，耐压强度不低于电缆本身的耐压强度。

2. 电缆线路的特点

电缆一般敷设于地下，所以相对于架空线路，它具有成本高、投资大、维修不便、不易发现和排除故障等缺点，但是电缆线路具有运行可靠、不占地面、不妨碍交通和观瞻、不易受外界影响等优点，因此广泛应用于现代城市和企业中。

3. 电缆线路的敷设

（1）电力电缆敷设的一般规定

① 电缆的路径应避免可能使其遭受机械性外力、过热和腐蚀等危害；在满足安全要求条件下，应保证电缆路径最短；应便于敷设、维护。

② 电缆敷设时，其弯曲半径与电缆外径的倍数关系应符合有关规定，以免弯曲扭伤。

③ 不同电压等级的电缆敷设在同一侧的多层支

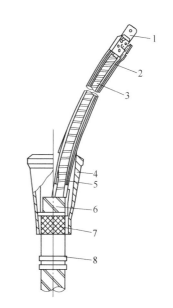

图 4-13　户内式环氧树脂电缆终端头

1—引线鼻子　2—缆芯绝缘　3—缆芯
（外包绝缘层）　4—预制环氧外壳
（可代以铁皮模具）　5—环氧树脂（现场浇注）
6—统包绝缘　7—铅包　8—接地线卡子

架上时，按照电压由高至低进行由上而下的排列，35kV 及以下的相邻电压等级电力电缆，可排列于同一层支架上。同一重要回路的工作与备用电缆实行耐火分隔时，应配置在不同层的支架上。

④ 明敷的电缆不宜平行敷设在热力管道的上部。电缆与管道之间未采取隔离或防护措施时，应符合表 4-1 的规定。

表 4-1　电缆与管道之间的最小净距　　　　　　　　　　　　　　（单位：m）

项　目	平　行	交　叉
热管道（管沟）及热力设备	2.00	0.50
可燃气体及易燃液体管道（管沟）	1.00	0.50
其他管道（管沟）	0.50	0.50

⑤ 在隧道、沟、浅槽、竖井、夹层等封闭式电缆通道中，不得布置热力管道，严禁有易燃气体或易燃液体的管道穿越。

⑥ 电缆在空气中沿输送易燃气体的管道敷设时，应配置在危险程度较低的管道一侧。当易燃气体的密度比空气密度大时，电缆宜布置在管道上方；当易燃气体密度小于空气密度时，电缆宜布置在管道下方。电缆线路中不应有接头；如采用接头，接头必须具有防爆性。

⑦ 在有行人通过的地坪、堤坝、桥面、地下商业设施的路面，以及通行的隧洞中，电缆不得敞露敷设于地坪或楼梯走道上。

⑧ 电缆的金属外皮、金属电缆头及保护钢管和金属支架等，均应可靠接地。

（2）电缆的敷设方式　用户供配电系统中电缆的敷设方式主要有直接埋地敷设（图 4-14）、电缆沟敷设（图 4-15）和电缆桥架敷设（图 4-16）等；另外还有电缆排管敷设（图 4-17）和电缆隧道敷设（图 4-18）等，电缆排管主要应用于城市电网中，而电缆隧道主要应用在电站。

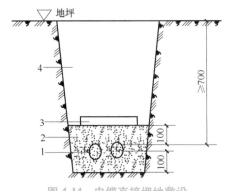

图 4-14　电缆直接埋地敷设
1—电力电缆　2—砂土　3—保护盖板　4—填土

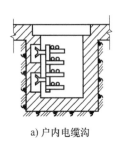

a) 户内电缆沟

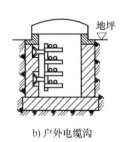

b) 户外电缆沟

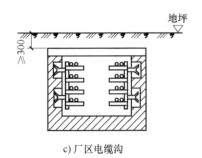

c) 厂区电缆沟

图 4-15　电缆沟敷设

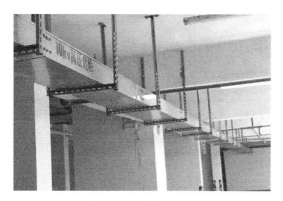

图 4-16　电缆桥架敷设

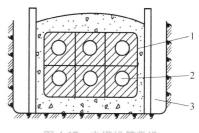

图 4-17　电缆排管敷设
1—水泥排管　2—电缆穿孔　3—电缆沟

电缆敷设方式的选择，应视工程条件、环境特点和电缆类型、数量等因素，以及满足运行可靠、便于维护和技术经济合理的原则来选择。

① 直接埋地敷设：直接埋地敷设是将电缆敷设于壕沟里，沿电缆全长的上、下紧邻侧铺以厚度不小于 100mm 的软土或细砂，并沿电缆全长覆盖宽度不小于电缆两侧各 50mm 的混凝土保护板，在地面上树立明显的方位标志或标桩。电缆外皮至地面深度不得小于 0.7m；敷设于冻土地区时，宜埋入冻土层以下。直埋敷设的电缆与铁路、公路或街道交叉时，应穿管保护，保护管应超出路基、街道路面两边及排水沟边 0.5m 以上。当电缆引入建筑物时，在穿墙孔处应设置保护管，管口应实施阻水堵塞。直埋敷设的电缆，严禁位于地下管道的正上方或正下方。

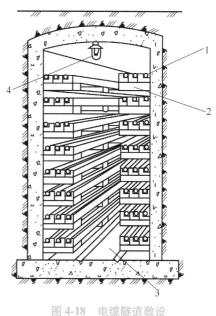

图 4-18　电缆隧道敷设
1—电缆　2—支架
3—维护走廊　4—照明灯

电缆直埋敷设施工简单，散热效果好，且投资少，但检修不便，易受机械损伤和腐蚀。这种敷设方式适用于电缆数量少、敷设途径较长的场合。

② 电缆沟敷设：电缆沟敷设方式是将电缆敷设在电缆沟的电缆支架上。电缆沟由砖砌成或混凝土浇筑而成，上加盖板，内侧有电缆架。电缆支架的层间距离，应满足能方便地敷设电缆及其固定、安置接头的要求，且在多根电缆同置于一层的情况下，可更换或增设任一根电缆及其接头。电缆沟与工业水管沟交叉时，电缆沟宜位于工业水管沟的上方。电缆沟纵向排水坡度不得小于 0.5%，沿排水方向适当距离宜设置集水井及其泄水系统，必要时应实施机械排水。

电缆沟敷设投资稍高，但检修方便，占地面积较少，因此广泛应用于配电系统中。

③ 电缆桥架敷设：电缆敷设在电缆桥架内，桥架分为槽式、托盘式、梯级式等结构，由支架、托臂和安装附件等组成。电缆桥架的敷设应体现结构简单、造型美观、配置灵活和

维修方便等特点。建筑物内桥架可以独立架设，也可以敷设在各种建（构）筑物和管廊支架上。

梯级式电缆桥架具有重量轻、成本低、安装方便、通风散热好等优点，但是不防尘、不防干扰，因此适用于直径较大的高、低压动力电缆的敷设。托盘式电缆桥架具有重量轻、载荷大、造型美观、结构简单、安装方便等优点，它既适用于动力电缆的安装，也适合控制电缆的安装。槽式电缆桥架是一种全封闭型电缆桥架，具有防尘、防干扰性能，适用于敷设计算机电缆、通信电缆及高灵敏系统的控制电缆等。

三、室内绝缘导线

1. 室内绝缘导线的结构

室内绝缘导线由线芯导体和绝缘层构成，按其线芯材质不同，分为铜芯和铝芯两种。民用建筑室内绝缘导线应采用铜芯线，另外，在高温、振动和对铝有腐蚀的场所应采用铜芯导线。绝缘导线按其绝缘材料不同，分为橡皮绝缘和塑料绝缘两种。塑料绝缘导线绝缘性能良好，耐油和抗腐蚀性能好，制造工艺简单，价格较低，但它对气温适应性较差，低温时容易变脆，在高温或阳光暴晒下，增塑剂易挥发，会加速绝缘老化，所以塑料绝缘导线主要用于室内环境。橡皮绝缘导线具有良好的耐油性，不延燃，气候适应性也好，因此适用于高温及室外场所。

绝缘导线型号的含义如下：

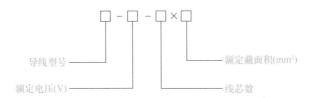

2. 室内绝缘导线的敷设

室内绝缘导线的敷设方式一般分为明敷设和暗敷设两种。室内配线总体要求安全可靠，线路布局合理，尽量避开热源。明敷设要求整齐、美观、牢固，通常敷设在建筑物平顶、沿梁、沿柱、墙角等隐蔽处；暗敷设尽量沿最短路径布线，且应避开可能挖掘或凿洞的部位。

室内配线方式应根据使用环境来选择。导线的绝缘状况应符合线路安装方式和环境敷设条件。

室内绝缘导线的敷设还应满足下列要求。

① 导线与地面的最小距离应符合规定，否则应穿管保护。

② 配线时应尽量减少导线接头。在导线的连接和分支处，应避免受机械力的作用。穿管导线和槽板配线中间不允许有接头，必要时可采用接线盒或分线盒。

③ 绝缘导线穿越楼板时，应将导线穿入钢管或硬塑料管内保护；导线穿墙时，也应加装保护管。

④ 导线通过建筑物的伸缩缝或沉降缝时，敷设导线应有余量；敷设线管时，应装设补偿装置。

⑤ 导线相互交叉时，应在每根导线上加套绝缘管。

室内配线的步骤：

定位→画线→凿眼与预埋紧固件→埋设保护管→敷设导线→连接用电器→通电试验，全面验收。

【任务实施】

1) 学习架空线路的结构及特点。

2) 学习架空线路的路径选择方法。

3) 根据实际情况确定架空线路的路径。

4) 学习架空线路的敷设要求。

5) 检查验收架空线路的敷设情况。

6) 学习电缆线路的结构及特点。

7) 学习电缆的敷设方式及敷设要求。

8) 检查验收电缆的敷设情况。

9) 学习室内绝缘导线的敷设方式、敷设要求及敷设方法。

10) 检查验收室内绝缘导线的敷设情况。

【提交成果】

任务完成后，需提交电力线路敷设任务表（见任务工单 4-2）。

课后思考与习题

1. 架空线路的结构及特点是什么？

2. 架空线路的路径选择应考虑什么？

3. 架空线路的敷设有哪些要求？

4. 电力电缆的结构及特点是什么？

5. 电缆有哪几种敷设方式？各有何基本要求？

任务工单 4-2　电力线路敷设任务表

架空线路的敷设	检查验收情况	
	处理意见	
电力电缆的敷设	检查验收情况	
	处理意见	
室内绝缘导线的敷设	检查验收情况	
	处理意见	
小结		
体会		

填表人：

任务 3　导线的选择

【任务描述】

根据工程实际情况，进行导线选择。

【任务分析】

导线是供配电系统的重要组成部分，合理选择导线是保证导线在运行中安全可靠的前提，是电网安全运行的保障之一。导线的选择包括型号选择和规格选择两方面内容。导线截面选择应满足发热条件、电压损耗、经济截面及机械强度等方面的要求。

【相关知识】

一、导线型号的选择

导线型号应根据其使用环境、工作条件等因素确定。

1. 常用架空线路导线型号及选择

户外架空线路 10kV 及以上电压等级一般采用裸导线，380V 电压等级一般采用绝缘导线。

(1) 铝绞线（LJ）　铝绞线具有导电性能好、重量轻，对风雨作用的抵抗力较强的优点，但对化学腐蚀作用的抵抗力较差，多用于 6~10kV 的线路。

(2) 钢芯铝绞线（LGJ）　钢芯铝绞线是在铝绞线的中心加入钢芯，从而增强导线的机械强度，因此，它适用于机械强度要求较高的场合和 35kV 及以上电压等级的架空线路。

(3) 铜绞线（TJ）　铜绞线的导电性能好，机械强度高，对风雨和化学腐蚀作用的抵抗力都较强，但由于价格高，因此在供配电线路中应用较少，主要应用在有腐蚀性介质的环境中。

2. 常用电力电缆型号及选择

电缆线路在一般环境和场所，可采用铝芯电缆；但在人员密集场所，应急系统，消防回路，需要确保长期运行、可靠连接的回路及有剧烈振动、有爆炸危险、腐蚀性强、潮湿等环境恶劣的场所，应采用铜芯电缆。

(1) 塑料绝缘电力电缆　塑料绝缘电力电缆结构简单，重量轻，耐腐蚀，抗酸碱，敷设安装方便，故得到广泛的应用，但它不能用于高温或低温场所。常用的塑料绝缘电力电缆有两种：聚氯乙烯绝缘及护套电缆和交联聚乙烯绝缘聚氯乙烯护套电缆。

(2) 油浸纸绝缘电力电缆　油浸纸绝缘电力电缆耐压强度高，耐热强度好，使用年限长，但不适用于高差较大的场合。在垂直或有高落差的场合，可采用油浸纸滴干绝缘铅包电力电缆。

(3) 耐火电缆　建筑物内火灾自动报警保护对象分级为一级、消防用电供电负荷等级为一级的消防设备供电干线及支线，应采用耐火电缆。

(4) 阻燃电缆　重要的高层建筑、公共建筑、人员密集场所应选用阻燃电缆；建筑物内火灾自动报警保护对象分级为二级、消防用电供电负荷等级为二级的消防设备供电干线及支线，应采用阻燃电缆。

二、导线截面选择的条件

为保证供电系统安全、可靠、优质、经济地运行,导线截面的选择一般应满足下列条件。

① 发热条件:导线在通过计算电流时产生的发热温度,不应超过其正常运行时的最高允许温度。

② 允许电压损耗:导线在通过计算电流时产生的电压损耗,不应超过正常运行时允许的电压损耗值。对于工厂内较短的高压线路,可不进行电压损耗的校验。

③ 经济电流密度:35kV 及以上的高压线路,规定宜选"经济截面",即按国家规定的经济电流密度来选择导线的截面,达到"年费用支出最小"的要求。一般 10kV 及以下的线路,可不按经济电流密度选择;但长期运行的低压特大电流线路(例如电解槽的母线)仍应按经济电流密度选择。

④ 机械强度:导线本身的重量,以及风、雨、冰、雪等天气原因,使导线承受一定的应力,如果导线过细,就容易折断,引起停电事故。因此,还要根据机械强度来选择导线截面,以满足不同用途时导线的最小截面要求。导线的截面应不小于最小允许截面,由于电缆的机械强度很好,因此电缆可不校验机械强度,但需校验短路热稳定度。架空裸导线的最小截面积可参看附录 10;绝缘导线芯线的最小截面积可参看附录 11。

在实际设计中,对于 35kV 及以上的高压线路,通常先按经济电流密度选择导线截面,再按其他条件校验;对于 10kV 及以下高压线路和低压动力线路,一般按发热条件选择导线截面,再校验电压损耗和机械强度;对于低压照明线路,因其对电压水平要求较高,故通常按允许电压损耗选择导线截面,再校验发热条件和机械强度。

三、按发热条件选择导线截面

每一种导线截面按其允许的发热条件,都对应着一个允许的载流量,因此在选择导线截面时,必须使其允许载流量大于或等于线路的计算电流值。

1. 按发热条件选择相线截面

按发热条件选择三相线路中的相线截面积 A_φ 时,应使其允许载流量 I_{al} 不小于通过相线的计算电流 I_c,即

$$I_{al} \geqslant I_c \tag{4-1}$$

导体的允许载流量,就是在规定的环境温度条件下,导体能够连续承受而不致使其稳定温度超过规定的最大持续电流。导体允许载流量的值可查看产品样本,也可参看附录 8 和附录 9。

如果导体敷设地点的环境温度与导体允许载流量所采用的环境温度不同,则导体的允许载流量应乘以温度校正系数。

$$K_\theta = \sqrt{\frac{\theta_{al} - \theta_0'}{\theta_{al} - \theta_0}} \tag{4-2}$$

$$I_{al}' = K_\theta I_{al} \geqslant I_c \tag{4-3}$$

式中　　K_θ——温度校正系数;

　　　　θ_{al}——导体正常工作时的最高允许温度,℃,见表 4-2;

　　　　θ_0——导体允许载流量标准中所采用的环境温度,℃;

θ'_0——导体敷设地点的实际环境温度，℃；

I'_{al}——导体实际环境温度下的允许载流量，A。

表 4-2　导体在正常和短路时的最高允许温度及热稳定系数

导体种类及材料		最高允许温度/℃		热稳定系数 C /$(A\sqrt{s} \cdot mm^{-2})$
		正常 θ_L	短路 θ_k	
母线	铜	70	300	171
	铜（接触面有锡层时）	85	200	164
	铝	70	200	87
油浸纸绝缘电缆	铜芯 1~3kV	80	250	148
	6kV	65	220	145
	10kV	60	220	148
	铝芯 1~3kV	80	200	84
	6kV	65	200	90
	10kV	60	200	92
橡皮绝缘导线和电缆	铜芯	65	150	112
	铝芯	65	150	74
聚氯乙烯绝缘导线和电缆	铜芯	65	130	100
	铝芯	65	130	65
交联聚乙烯绝缘电缆	铜芯	80	230	140
	铝芯	80	200	84
有中间接头的电缆（不包括聚氯乙烯电缆）	铜芯	—	150	—
	铝芯	—	150	—

按规定，选择导体所用的环境温度为：户外采用当地最热月的平均最高温度；户内采用当地最热月的平均最高气温值另加5℃；直接埋地的电缆，采用敷设处历年最热月的月平均土壤温度。

按发热条件选择导体所用的计算电流，对电力变压器一次侧的导体，应取变压器一次侧额定电流；而对并联电容器的引入线，计算电流应取并联电容器组额定电流的1.35倍。

2. 中性线（N线）截面的选择

低压线路中，N线的载流量不应小于线路中的最大不平衡电流，同时应考虑谐波电流的影响。

一般三相负荷基本平衡的低压线路中，中性线截面积 A_0 宜不小于相线截面积 A_φ 的50%，即

$$A_0 \geq 0.5 A_\varphi \tag{4-4}$$

对3次谐波电流突出的三相线路，各相的3次谐波电流都要通过中性线，使得中性线电流可能接近甚至等于或超过相电流，在这种情况下，中性线截面积宜不小于相线截面积，即

$$A_0 > A_\varphi \tag{4-5}$$

对于由三相线路分出的两相三线线路和单相线路中的中性线，由于其中性线的电流与相线的电流完全相等，因此中性线截面积应与相线截面积相等，即

$$A_0 = A_\varphi \tag{4-6}$$

3. 保护线（PE 线）截面的选择

GB 50054—2011《低压配电设计规范》规定，低压系统中的保护线，当其材质与相线相同时，其最小截面应符合表 4-3 的要求。

表 4-3 PE 线的最小截面

相线芯线截面	$A_\varphi \leqslant 16mm^2$	$16mm^2 < A_\varphi \leqslant 35mm^2$	$A_\varphi > 35mm^2$
PE 线最小截面	$A_{PE} = A_\varphi$	$A_{PE} = 16mm^2$	$A_{PE} \geqslant A_\varphi/2$

注：1. 当采用此表得出非标准截面时，应选与之最接近的标准截面导体。

2. 当 PE 线采用单芯绝缘导线时，按机械强度要求，截面不应小于下列数值：

① 有机械性的保护时为 2.5mm²。

② 无机械性的保护时为 4mm²。

4. 保护中性线（PEN 线）截面的选择

低压系统中，PEN 线的截面应同时满足 N 线和 PE 线选择的条件，即

$$A_{PEN} = (0.5 \sim 1)A_\varphi \tag{4-7}$$

GB 50054—2011《低压配电设计规范》规定，采用单芯导线作 PEN 干线时，铜芯截面积不应小于 10mm²，铝芯截面积不应小于 16mm²；采用多芯电缆的芯线作 PEN 干线时，截面积不应小于 4mm²。

【例 4-1】 有一条采用 BLV 型铝芯塑料线明敷的 220V/380V 的 TN-S 线路，计算电流为 86A，敷设地点的环境温度为 35℃。试按发热条件选择此线路的导线截面。

解：因 TN-S 线路为具有单独 PE 线的三相线路，故导线截面选择包括相线、N 线和 PE 线的截面选择。

（1）相线截面选择

查附表 8-1 得，35℃时明敷的 BLV-500 型铝芯塑料线截面积为 25mm² 的允许载流量为 90A，因 $I_{al} = 90A > I_c = 86A$，满足发热条件，故选 $A_\varphi = 25mm^2$。

（2）N 线截面的选择

按 $A_0 \geqslant 0.5A_\varphi$ 选择，N 线截面积选为 16mm²。

（3）PE 线截面的选择

按表 4-3 选择，PE 线截面积选为 16mm²。

该线路所选的导线型号规格可表示为 BLV-500-(3×25+1×16+PE16)。

四、按电压损失选择导线截面

为了保证用电设备的正常运行，必须使设备接线端子处的电压在允许的范围之内。但由于线路上有损耗，因此要按电压损失来选择导线截面。

由于线路存在阻抗，因此在负荷电流通过线路时会产生电压损耗。按规定，高压配电线路的电压损耗，一般不应超过线路额定电压的 5%；从变压器低压母线到用电设备受电端上的低压配电线路的电压损耗，一般不应超过用电设备额定电压的 5%，对视觉要求较高的照

明线路，则为 2%~3%。如果线路的电压损耗值超过允许值，则应适当加大导线或电缆的截面，使之满足运行的电压损耗要求。

线路的电压损耗计算公式为

$$\Delta U = \frac{\sum(PR+QX)}{U_{\mathrm{N}}} \tag{4-8}$$

式中　P——有功计算负荷，kW；

　　　Q——无功计算负荷，kvar；

　　　R——线路的电阻值，Ω；

　　　X——线路的电抗值，Ω；

　　　U_{N}——线路的额定电压，kV。

线路电压损耗的百分值为

$$\Delta U\% = \frac{\Delta U}{U_{\mathrm{N}}} \times 100\% \tag{4-9}$$

对于"均一无感"线路，即全线的导线型号规格一致且不计感抗或负荷的线路，其电压损耗计算公式为

$$\Delta U = \frac{\sum(PL)}{\gamma A U_{\mathrm{N}}} = \frac{\sum M}{\gamma A U_{\mathrm{N}}} \tag{4-10}$$

式中　$\sum M$——线路的所有功率矩 PL 之和，kW·m；

　　　γ——导线的电导率，MS/m；

　　　A——导线截面积，mm^2；

　　　U_{N}——线路的额定电压，kV。

"均一无感"的三相线路，电压损耗的百分值为

$$\Delta U\% = \frac{\sum M}{\gamma A U_{\mathrm{N}}^2} \times 100\% = \frac{\sum M}{CA} \tag{4-11}$$

式中　C——计算系数，见表 4-4。

表 4-4　式（4-11）中的计算系数 C 值

线路额定电压 /V	线 路 类 别	C 的计算公式	计算系数 $C/(\mathrm{kW \cdot m/mm}^2)$	
			铜线	铝线
220/380	三相四线	$\gamma U_{\mathrm{N}}^2/100$	76.5	46.2
	两相三线	$\gamma U_{\mathrm{N}}^2/225$	34.0	20.5
220	单相及直流	$\gamma U_{\mathrm{N}}^2/200$	12.8	7.74
110			3.21	1.94

注：表中 C 值是导线工作温度为 50℃、功率矩 M 的单位为 kW·m、导线截面积 A 的单位为 mm^2 时的数值。

由上述式子可知，"均一无感"线路按电压损耗值 $\Delta U_{\mathrm{al}}\%$ 选择其导线截面的公式为

$$A = \frac{\sum M}{C \Delta U_{al}\%} \tag{4-12}$$

【例4-2】 某220V/380V线路，有功计算负荷为100kW，无功计算负荷为80kvar；线路长为250m，采用BV-500V导线穿塑料管暗敷设，试确定导线截面积。

解：（1）选择相线截面

按导线发热条件选择导线截面积

$$I_c = \frac{S_c}{\sqrt{3}\,U_N} = \frac{\sqrt{P_c^2+Q_c^2}}{\sqrt{3}\,U_N} = \frac{\sqrt{100^2+80^2}}{\sqrt{3}\times0.38}A = 194.57A$$

查附表8-5可得，四根单芯线穿管（环境温度为25℃）时，$A_\varphi = 120mm^2$的允许载流量为206A>I_c=194.57A，所以可以选择$A_\varphi = 120mm^2$。

（2）按电压损失校验

查附表4-1可得，管子布线的线路单位长度阻抗值（BV-500，$A_\varphi = 120mm^2$）

$$r_0 = 0.17\Omega/km, \quad x_0 = 0.083\Omega/km$$

$$\Delta U = \frac{PR+QX}{U_N} = \frac{100\times0.17\times0.2+80\times0.083\times0.2}{0.38} = 12.44V$$

$$\Delta U\% = \frac{\Delta U}{U_N}\times100\% = \frac{12.44}{380}\times100\% = 3.27\% < 5\%$$

因此满足电压损失条件。

（3）按机械强度条件检验

查附录11可得，铜芯线穿管敷设的最小截面积为$1.5mm^2$。

$$A_\varphi = 120mm^2 > 1.5mm^2$$

因此满足机械强度条件。

（4）选择N线截面

考虑为三相基本对称的动力负载，

$$A_0 \geq 0.5A_\varphi = 0.5\times120mm^2 = 60mm^2$$

因此选择$A_0 = 70mm^2$。

（5）选择PE线截面

因为$A_\varphi = 120mm^2 > 35mm^2$，经查表4-3可得

$$A_{PE} \geq A_\varphi/2 = 120mm^2/2 = 60mm^2$$

故选取$A_{PE} = 70mm^2$。

该线路所选的导线型号规格可表示为BV-500-（3×120+1×70+PE70）导线。

五、按经济电流密度选择导线截面

经济电流密度就是能使线路的年费用支出接近于最小而又适当考虑节约有色金属的导线

和电缆的电流密度值。我国规定的经济电流密度见表 4-5。

表 4-5 我国规定的经济电流密度 j_{ec} （单位：A/mm²）

线 路 类 别	导 体 材 料	年最大负荷利用小时 T_{max}/h		
		$T_{max}<3000$	$3000 \leqslant T_{max}<5000$	$T_{max} \geqslant 5000$
		经济电流密度 j_{ec}		
架空线路	铜	3.00	2.25	1.75
	铝	1.65	1.15	0.90
电缆线路	铜	2.50	2.25	2.00
	铝	1.92	1.73	1.54

年费用支出是指线路投资费用折算到一年的支出加上线路的年运行费（含维修管理费、电能损耗费等）。

按经济电流密度选择的导线和电缆截面，称为经济截面 A_{ec}，即

$$A_{ec} = I_c/j_{ec} \tag{4-13}$$

式中　I_c——导线的计算电流，A；

　　　j_{ec}——导线的经济电流密度，A/mm²。

按式（4-13）计算出 A_{ec} 后，选取与该值接近且稍小的标准截面，然后校验其他条件即可。

【例 4-3】　有一条采用 LGJ 型钢芯铝绞线的 35kV 架空线路供电给某厂，该厂计算负荷为 5000kW，$\cos\varphi = 0.9$，$T_{max} = 4300h$。试选择该钢芯铝绞线的截面。

解：（1）按经济电流密度选择

导线的计算电流为

$$I_c = P_c/(\sqrt{3}\,U_N\cos\varphi) = 5000/(\sqrt{3} \times 35 \times 0.9)A = 91.65A$$

由表 4-5 查得，$j_{ec} = 1.15A/mm^2$，因此

$$A_{ec} = I_c/j_{ec} = (91.65/1.15)mm^2 = 79.7mm^2$$

选取最接近的标准截面 70mm²，即选 LGJ-70。

（2）校验发热条件

查附表 3-2 可得，LGJ-70 的允许载流量（户外 25℃）$I_{al} = 275A > 91.65A$，因此满足发热条件。

（3）校验机械强度

查附录 10 可知，架空钢芯铝绞线的最小截面积为 35mm²，因此 LGJ-70 满足机械强度要求。

🎯 【任务实施】

1）学习导线型号的选择。

2）根据实际情况确定导线型号。

3）学习导线选择的条件。

4）学习导线截面选择的方法。

5）根据实际情况选择导线截面。

【提交成果】

任务完成后，需提交导线选择任务表（见任务工单4-3）。

 课后思考与习题

1. 导线的选择应考虑哪些因素？
2. 什么是允许载流量？
3. 高压线路截面通常应该如何选择？
4. 低压动力线路的截面通常应如何选择？
5. 照明线路的截面通常应如何选择？
6. 有一条采用 BV-500 型铜芯塑料线穿硬塑料管暗敷设的 220/380V TN-S 线路，其计算电流为 149A，当地最热月平均气温为+25℃。试按发热条件选择此线路的导线截面积。
7. 某 220V/380V 线路，采用 BV-500-(3×35+1×16) mm² 的四根导线明敷，在距线路首端 50m 处接有一 25kW 的电阻性负荷，在线路末端（线路全长 85m）接有一 30kW 的电阻性负荷。试计算该线路的电压损耗百分值。
8. 某 35kV 架空线路向某企业供电，已知该企业的有功计算负荷为 3700kW，无功计算负荷为 1950kvar，年最大负荷利用小时为 5500h。架空线采用 LGJ 型钢芯铝绞线。试选择其经济截面，并校验其发热条件和机械强度。

任务工单 4-3　导线选择任务表

	某 380V 三相线路供电给 10 台 2.8kW 的车床，各台车床之间相距 2m，线路全长（首端至最末一台车床）为 50m。配电线路采用 BV 型导体明敷（环境温度为 25℃），全线允许电压损耗为 5%。试按允许载流量选择导体截面（同时系数取 0.85），并校验其机械强度和电压损失是否满足要求
导线选择计算	
如何选择高压 线路截面	
如何选择低压动力 线路截面	
如何选择照明 线路截面	
小结	
体会	

填表人：

任务 4　电力线路的运行维护

【任务描述】

根据厂区及车间线路的实际情况及工作要求，进行电力线路运行维护。

【任务分析】

电力线路担负着电能的传输和分配任务，是供配电系统的重要组成部分。电力线路的正常运行，是保证供配电系统安全、可靠和经济运行的关键所在。电力线路的运行与维护是责任性和技术性很强的工作，是电气工作人员日常的重要工作，必须遵守相关规定。同时，在运行及巡视中发现问题，应进行紧急处理，及时向上级汇报，并记录在相应记事簿上。

【相关知识】

一、架空线路的运行维护

架空线路长年连续运行，暴露在室外，必然会受到空气腐蚀和各种气候及其他外界因素的影响，因此应加强运行和维护工作，发现缺陷及时处理，以保证供电。

1. 巡视检查的一般要求

对厂区架空线路，一般要求每月进行一次全线巡视检查，掌握线路各部件的运行情况及沿线情况，及时发现设备缺陷和威胁线路安全运行的情况。在气候剧烈变化、自然灾害、外力影响、异常运行和其他特殊情况时，应就全线、某线段或某部件进行特殊巡视。

2. 巡视检查项目

1）杆塔倾斜、横担歪扭。

2）杆塔部件锈蚀变形或缺损、固定螺栓松动、缺螺栓、铆焊处有裂纹、开焊、绑线断裂或松动。

3）拉线及部件锈蚀、松弛、断股、张力分配不均，缺螺栓、螺帽等，部件丢失和被破坏等现象。

4）杆塔及拉线的基础变异，周围土壤凸起或沉陷。

5）导线、地线上悬挂有异物；导线、地线锈蚀、断股、损伤或闪络烧伤。

6）弧垂变化，导线间距变化，导线对地、对交叉跨越设施及其他物体距离变化。

7）绝缘子与瓷横担脏污，瓷质有裂纹、破碎；有闪络痕迹和局部火花放电痕迹。

8）金具锈蚀、变形、磨损、有裂纹，开口销及弹簧销缺损或脱出，特别要注意检查金具经常活动、转动的部位和绝缘子串悬挂点的金具。

9）避雷装置及其接地的连接、固定情况。

10）沿线周围堆放易燃、易爆、强腐蚀性物品，威胁线路安全运行。

维修工作应遵守有关检修工艺要求及质量标准，更换部件维修时，要求更换后新部件的强度和参数不低于原设计要求。维修时，除处理缺陷外，应对杆塔上各部件进行检查，检查结果应在现场记录。

二、电缆线路的运行维护

电缆多数敷设在地下，因此要做好电缆线路的运行维护工作，就必须全面了解电缆的敷设方式、走线方向、结构布置及电缆头位置等。

1. 巡视检查的一般要求

电缆线路一般要求每季度进行一次巡视检查，并应经常监视其负荷大小和发热情况。如遇大雨、洪水及地震等特殊情况，或发生故障，应临时增加巡视次数。

2. 巡视检查项目

1）电缆头的连接点过热变色、破损、放电痕迹。

2）明敷电缆的外皮锈蚀、损伤，沿线挂钩或支架松动、脱落，线路上及线路附近堆放易燃、易爆及强腐蚀性物品。

3）暗敷设电缆沿线的盖板及覆盖物破损或缺失，沿线标桩破坏或缺失。

4）接地线松脱、锈蚀和断线。

5）电缆沟内积水、渗水，堆有杂物或危险物品。

6）电缆受热、受压、受挤现象。

7）直埋电缆线路路面挖掘取土现象。

在巡视中发现的异常情况，应记入专用记录簿，重要情况应及时反映，请示处理。

三、车间配电线路的运行维护

要做好车间配电线路的运行维护工作，就必须全面了解车间配电线路的走向、敷设方式、导线型号及规格，同时还要了解配电箱和开关的装设位置，了解车间负荷的性质、特点及车间变电所的有关情况。

1. 巡视检查的一般要求

车间配电线路一般由车间维修电工每周巡视检查一次，对于多尘、高温、潮湿、有腐蚀性及易燃、易爆物品等特殊场所，应增加巡视次数。线路停电超过一个月以上重新送电前，应做一次全面检查。

2. 巡视检查项目

1）检查导线的发热情况。裸母线正常运行时，最高允许温度一般为70℃；若温度过高，将使母线接头处氧化加剧，接触电阻增大，电压损耗加大，供电质量下降。

2）检查线路负荷是否在允许范围内。负荷电流不得超过导线的允许载流量，否则导线过热会使绝缘老化，严重时可能引起火灾。

3）检查配电箱、分线盒、开关、熔断器等的运行情况，着重检查导体连接处有无过热变色、氧化、腐蚀等情况，连线有无松脱、放电现象。

4）检查穿线铁管和封闭式母线槽的外壳接地是否良好。

5）对敷设在潮湿、有腐蚀性物品场所的线路及设备，要定期进行绝缘检查，绝缘电阻一般不得低于0.5MΩ。

6）检查线路周围是否有不安全因素存在。

在巡视中发现的异常情况，应记入专用记录簿内，重要情况应及时向上级汇报，请示处理。

【任务实施】

电气工作人员应熟悉电力线路巡视检查的要求及项目，具备相当的专业知识和一定的操作技能。巡视过程中做好相应的记录，如有重要情况应及时向上级汇报。

1）熟悉架空线路巡视检查的要求和项目后，进行架空线路巡视检查。

2）熟悉电缆线路巡视检查的要求和项目后，进行电缆线路巡视检查。

3）熟悉车间配电线路巡视检查的要求和项目后，进行车间配电线路巡视检查。

【提交成果】

任务完成后，需提交架空线路巡视检查记录表（见任务工单4-4）、电缆线路巡视检查记录表（见任务工单4-5）、车间配电线路巡视检查记录表（见任务工单4-6）。

课后思考与习题

1. 架空线路巡视的项目有哪些？巡视周期是多长？

2. 电缆线路巡视的项目有哪些？巡视周期是多长？

3. 车间配电线路巡视的项目有哪些？巡视周期是多长？

任务工单 4-4　架空线路巡视检查记录表

单位：		编号：		日期：　　　年　　　月　　　日		
巡视人员			巡视时间	起：　　时　　分		
				止：　　时　　分		
巡视项目及内容						
出现的问题						
处理方法						
处理结果						
其他						

填表人：

任务工单 4-5　电缆线路巡视检查记录表

单位：		编号：		日期：	年	月	日
巡视人员			巡视时间	起：	时	分	
				止：	时	分	
巡视项目及内容							
出现的问题							
处理方法							
处理结果							
其他							

填表人：

任务工单 4-6　车间配电线路巡视检查记录表

单位：		编号：		日期：　　年　　月　　日		
巡视人员		巡视时间		起：　时　分		
				止：　时　分		
巡视项目及内容						
出现的问题						
处理方法						
处理结果						
其他						

填表人：

职业素养要求

　　我国地域辽阔，电力线路的覆盖范围广且种类繁多，在线路的选择、施工及运行维护中，需加强责任意识，严格执行行业标准，遵守职业道德规范，培养爱岗敬业的精神。

项目五　变配电所的确定与运行维护

知识目标

1. 熟悉变电所的类型，理解变电所位置选择的原则。

2. 掌握变电所的结构，理解并掌握变电所布置的基本要求。

3. 掌握变电所主接线的概念，理解变电所主接线的要求，熟悉变电所主接线的形式、特点及应用。

能力目标

1. 能依据客观条件合理地选择变电所的类型及位置。

2. 能看懂变电所的结构图，并进行变电所的基本布置。

3. 能看懂变电所的主接线图，合理确定变电所主接线方案。

任务1　变电所的类型选择与选址

【任务描述】

根据实际情况，确定变电所的类型及位置。

【任务分析】

变电所的类型及位置选择主要从安全、经济、方便和环境要求等方面综合考虑。变电所所址的选择是否合理，直接影响供电系统的造价和运行。对于不同电压等级的变电所，其位置选择的原则也有所不同。

【相关知识】

一、变电所的类型

变电所可根据其使用功能、在电力系统中的地位和作用、管理形式、主变压器安装位置等因素进行分类。

1. 按照使用功能划分

变电所根据变压器的使用功能不同分为升压变电所和降压变电所。

（1）升压变电所　建在发电厂内或发电厂附近，将发电机生产的电能电压升高后与电力系统相连，通过高压输电线路送至用户。

（2）降压变电所　建于电力负荷中心，将高压降低到所需各级电压，供用户使用。

2. 按变电所在电力系统中的地位和作用划分

变电所根据其在电力系统中的地位和作用不同，可分为枢纽变电所、中间变电所、地区变电所、终端变电所等。

（1）枢纽变电所　枢纽变电所是指汇集电力系统多个大电源和多回大容量联络线路而设立的变电所，变电容量大，高压侧电压一般为330kV及以上。全所停电时，不仅会造成大面积停电事故，还可能引起系统解列，甚至瘫痪，所以它对电力系统的稳定和可靠性起着重要作用。

（2）中间变电所　中间变电所一般位于系统的主环形线路或系统主要干线的接口处，汇集有2~3个电源和若干线路，高压侧电压一般为220~330kV，高压侧以传输功率为主，同时降压向地区用户供电。全所停电时，将引起区域电网解列。

（3）地区变电所　地区变电所以对地区用户供电为主，是一个地区或城市的主要变电所，高压侧电压一般为110~220kV。全所停电时，将造成该地区或城市供电紊乱。

（4）终端变电所　终端变电所位于输电线路终端，接近负荷点，有时也称为用户变电所。电能经降压后直接向负荷供电，高压侧电压为110kV以下。全所停电时，仅使其所供的用户中断供电。终端变电所分总降压变电所和车间变电所。一般中小用户不设总降压变电所，车间变电所也叫小型用户变电所。

3. 按管理形式划分

变电所根据管理形式分为有人值班变电所和无人值班变电所。

（1）有人值班变电所　所内有常驻值班人员，对设备运行情况进行监视、操作、维护、管理等，此类变电所容量较大。

（2）无人值班变电所　变电所内不设常驻值班人员，而是由别处的控制中心通过远动设备或指派专人对变电所设备进行检查、维护，遇有操作随时派人切换运行设备或停、送电。

4. 按主变压器安装位置划分

变电所根据主变压器的安装位置不同，分为室内式、室外式、箱式等类型，如图5-1所示。

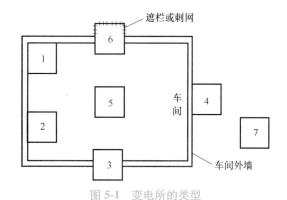

图 5-1　变电所的类型

1、2—内附式　3、4—外附式　5—车间内式　6—露天或半露天式　7—独立式

（1）室内变电所　常见室内变电所有独立变电所、附设变电所、车间内变电所、楼上变电所、地下变电所。

① 独立变电所：变电所为一独立建筑物，与车间或就近的建筑物之间有一定距离，如图 5-1 中的 7 所示。

② 附设变电所：变电所的一面墙或数面墙与车间的墙共用，且变压器室的门向车间外开。附设变电所又分为内附式和外附式。内附式的变压器室位于车间的外墙以内，如图 5-1 中的 1、2 所示；外附式的变压器室位于车间的外墙外面，如图 5-1 中的 3、4 所示，外附式变电所基本不占车间面积，便于车间设备的布置，而且安全性比内附式变电所要高一些。

③ 车间内变电所：变电所位于车间内部，并且变压器室的门向车间内开，如图 5-1 中的 5 所示。这种变电所占用了车间内的面积，但它处于负荷中心，因而可以减少线路的电能损耗和有色金属的消耗量。由于设置在车间内部，其安全性差，因此适用于负荷较大的多跨大型厂房内，在大型冶金企业中比较多见。

④ 楼上变电所：整个变电所设在楼上的建筑物内。高层建筑的变电所可采用此类型。

⑤ 地下变电所：整个变电所设在地面以下的建筑物内。通常高层建筑的变电所采用此类型。

（2）室外变电所　室外变电所又称为露天（半露天）变电所，分为高台变电站和杆上变电站。

露天变电所的变压器位于露天地面上；如果变压器的上方设有顶板或挑檐，则称为半露天变电所。

① 高台变电站：变压器安装在室外高台上，四周要有围栏，电源由架空线引入变电站。

② 杆上变电站：变压器装在室外的电杆上面，适用于 315kV·A 及以下变压器，常用于居民区、用电负荷小的企业。

（3）箱式变电站　箱式变电站是由高压室、变压器室和低压室构成的 10kV 变电所，置于金属外壳内，又称组合式变电站。这种变电站具有建设周期短、占地较少以及便于整体运输等优点，一般用于居民小区或城市用电。

变电所的类型应根据用电负荷的状况和周围环境的具体情况来确定。在负荷大而集中且设备布置比较稳定的大型生产厂房内，可以考虑采用车间内变电所，以便尽量靠近车间的负荷中心。对生产面积较小或生产流程要经常调整的车间，宜采用附设变电所。露天变电所简单经济，可用于周围环境条件正常的场合。独立变电所一般用于负荷小而分散的情况，或者需要远离易燃易爆和易腐蚀性物质的情况。

近几年来，现代工业与民用建筑的变配电所，由于采用了无油型开关、变压器等电气设备，因而可以直接设置在建筑物内部，甚至不用隔墙。供城市路灯等公用设施的变电站，也已较少采用杆上变电站，而采用箱式变电站，直接放置在道路附近。

二、变电所的选址

（1）10kV 及以下变电所　10kV 及以下变电所位置的选择应综合考虑以下原则。

1）尽量靠近负荷中心，以便减少电压损耗、电能损耗和有色金属消耗量，接近电源侧，设备吊装、运输方便。

2）进出线方便，特别是采用架空进出线时应着重考虑进出线条件。

3）尽量靠近电源侧，以尽量避免倒送功率，对总降压变电所和配电所要特别考虑这一点。

4）不宜设在多尘或有腐蚀性气体的场所；当无法远离时，不应设在污染源盛行风向的下风侧。

5）不应设在有剧烈震动或高温的场所；如不能避开时，应采取相应措施。

6）不应设在洗手间、浴室或其他可能经常积水场所的正下方或贴邻。

7）不应设在地势低洼和可能积水的场所。

8）交通运输方便，以便于运送变压器、开关柜等较重、较大设备。

9）不应设在有爆炸危险环境的正上方或正下方，且不宜设在有火灾危险环境的正上方或正下方。正上方和正下方系指相邻层。当与爆炸危险场所或火灾危险环境的建筑物毗邻时，应符合现行国家标准 GB 50058—2014《爆炸危险环境电力装置设计规范》的规定。

10）高层主体建筑内不宜设置装有可燃油的电气设备的变配电所；当条件限制必须设置时，应设在底层靠外墙部位，且不应设在人员密集场所的正上方、正下方、贴邻和疏散出口的两旁，并应按 GB 50016—2014《建筑设计防火规范》有关规定，采取相应的防火措施。

11）变电所不应妨碍工业与民用建筑今后的发展，并适当考虑今后扩建的可能。

（2）35~110kV 变电所　35~110kV 变电所位置的选择应综合考虑以下原则。

1）靠近负荷中心。

2）进出线方便，架空线和电缆线路的走廊应与所址同时确定。

3）与企业发展的规划相协调，并根据工程建设需要留有扩建的可能。

4）节约用地，位于厂区外部的变电所应尽量不占或少占耕地。

5）交通运输方便，便于主变压器等大型设备搬运。

6）尽量不设在污秽区，否则应采取措施或放在受污染源影响最小处。

7）尽量避开剧烈震动的场所。

8）位于厂区内的变电所，所址标高一般与厂区标高一致；位于厂区外的变电所，所址标高宜在 50 年一遇的高水位之上，否则应有防洪措施。

9）具有适宜的地质条件，山区变电所应避开滑坡地带。

变电所是建筑所需电能供应的核心，其位置以及结构形式，取决于建筑物的性质、用电负荷容量和等级、周围环境条件等多种因素，应根据选择原则，经技术、经济比较后确定。

【任务实施】

1）学习变电所的类型、特点及适用环境条件。

2）根据实际情况确定变电所类型。

3）学习变电所位置选择的原则。

4）根据实际情况选择变电所的位置。

【提交成果】

任务完成后，需提交变电所类型选择与选址任务表（见任务工单 5-1）。

课后思考与习题

1. 变电所有哪些类型？各有何特点？适用于什么情况？

2. 变电所位置选择需考虑哪些因素？

任务工单 5-1　变电所类型选择与选址任务表

所选变电所 的类型	
变电所类型 选择的原因	
变电所位置 平面图	
变电所选址 的考虑因素	
小结	
体会	

填表人：

任务 2 变电所的布置

【任务描述】

根据工程实际情况，进行变电所布置。

【任务分析】

变电所的结构组成与其负荷容量、电压等级、环境条件等因素有关。变压器室、配电室及电容器室的布置尤为重要，不仅需要考虑电气安全，还要考虑防火安全及经济性等问题。

【相关知识】

变电所的结构取决于变电所的组成。变配电所的基本组成部分有高压配电室、变压器（室）和低压配电室。另外根据不同的使用要求可设置控制室、电容器室、值班室、维修室等附属房间。

一、变电所的布置要求

1）变电所的总平面布置应紧凑合理，便于设备的操作、维修、巡视和搬运。

2）变电所宜采用单层布置；在用地面积受限制或布置有特殊需要时，也可设计成多层，但一般不超过两层。在采用多层布置时，为便于搬运和采取防火措施，变压器室应设置在底层。设于上层的配电室应设搬运设备的通道、平台或孔洞。

3）35~110kV 变电所宜设置不低于 2.2m 高的实体围墙。

4）配电装置的布置应结合接线方式、设备形式及工程总体布置综合考虑。当高压配电装置采用金属封闭高压成套开关设备时，应采用屋内布置。

5）不带可燃油的高、低压配电装置和非油浸的电力变压器，可设置在同一房间内。具有符合 IP3X 防护等级外壳且不带可燃油的高、低压配电装置和非油浸的电力变压器，当环境允许时，可相互靠近在车间内，以深入负荷中心。

6）同一配电室内单列布置高、低压配电装置时，若高压开关柜或低压配电屏顶面有裸露带电导体，则两者之间的净距不应小于 2m；若高压开关柜或低压配电屏顶面封闭外壳防护等级符合 IP2X 级，则两者可靠近布置，因为已能防止人体触及壳内带电部分。

7）室外配电装置应设置必要的巡视和操作道路，并可充分利用地面电缆沟的布置作为巡视线路。厂区内的室外配电装置，其周围应设置围栏，高度不应小于 1.5m。

8）高、低压配电室内，宜留有适当数量配电装置的备用位置。

9）有人值班的变电所，应设单独的值班室。当低压配电室兼做值班室时，低压配电室面积应适当增大。高压配电室与值班室应直通或经过通道相通，值班室应有直接通向户外或走道的门。

10）供给一级负荷用电的两路电缆不应通过同一电缆沟，这是为了避免当一电缆沟内的电缆发生事故或火灾时，影响另一回电缆运行。在电缆通道安排有困难而放置在同一电缆沟内时，则两回路电缆均应采用阻燃电缆，且为了防止当电缆短路放炮时可能发生的相互影响，该两回路电缆应分别架设在电缆沟两侧的支架上，其间应保持大于400mm的距离。

11）有人值班的独立变电所，宜设有厕所和给排水设施。

二、变电所的结构

1. 变压器室

（1）室外变压器装置的结构 图5-2所示为露天变电所电力变压器的结构示意图。该变电所为一路架空进线，高压侧装有可带负荷操作的RW10-10(F)型跌开式熔断器和避雷器。图中的避雷器和变压器的0.4kV中性点及变压器外壳采用共同接地，并将变压器的PEN线引入低压配电室内。

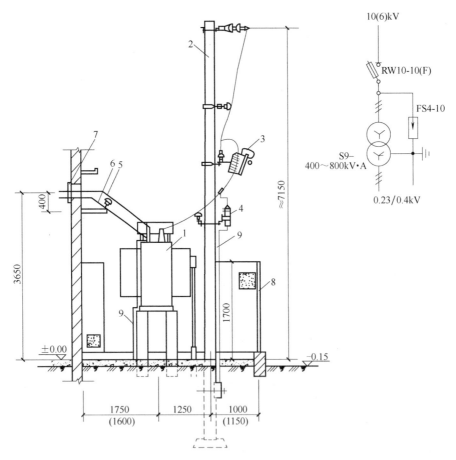

图5-2 露天变电所电力变压器结构示例

1—电力变压器 2—电杆 3—RW10-10(F)型跌开式熔断器 4—避雷器 5—低压母线
6—中性母线 7—穿墙隔板 8—围墙 9—接地线
（注：括号内尺寸用于容量为630kV·A及以下的变压器）

露天或半露天变电所的变压器四周应设不低于1.7m高的固定围栏（墙）。变压器外廓与围栏（墙）的净距不应小于0.8m。为防止地面水及杂草对变压器的影响，也方便取油样时放油，变压器底部距地面不应小于0.3m，相邻变压器外廓之间的净距不应小于1.5m。

当变压器容量为315kV·A及以下并能满足供电可靠性要求时，环境允许的中、小城镇居民区和工厂的生活区，可采用杆上或高台变电站。近年来，由于广泛采用电缆，此类变电站已逐渐被户外箱式成套变电站所代替。

（2）室内变压器室的结构 变压器室的结构布置应考虑变压器的进线方式（架空进线或电缆进线）、推进方式（宽面推进或窄面推进）、安装方式（地坪抬高或不抬高）、类型（干式或油浸式）、容量、通风、防火等因素。

为保证变压器安全运行，置于室内的油浸式电力变压器，其外廓（防护外壳）与变压器室墙壁和门的最小净距应满足表 5-1 的规定。

表 5-1 油浸式变压器外廓与变压器室墙壁和门的最小净距 （单位：mm）

变压器容量/(kV·A)	1000 及以下	1250 及以上
变压器与后壁、侧壁之间的最小净距	600	800
变压器与门之间的最小净距	800	1000

对于就地检修的油浸式电力变压器，变压器室的室内高度可按吊芯所需的最小高度再加 700mm，宽度可按变压器两侧各加 800mm 确定。

对于非封闭式干式变压器，其外廓与四周墙壁的净距不应小于 0.6m，干式变压器之间的距离不应小于 1m，并应满足巡视检修的要求。全封闭型的干式变压器可不受上述距离的限制。

可燃油油浸式电力变压器室的耐火等级应为一级，门应为甲级防火门；非燃或难燃介质的电力变压器室的耐火等级不应低于二级。变压器室内的其他设施（如通风窗材料）应使用非燃烧材料。

变压器室的门应向外开启。室内只设通风窗，不设采光窗。进风窗设在变压器室前门的下方，出风窗设在变压器室的上方，并应设置防止雨、雪和蛇、鼠类小动物从门、窗、电缆沟等进入室内的设施。通风窗的面积根据变压器的容量、进风温度及变压器中心标高至出风窗中心标高的距离等因素确定。变压器室宜采用自然通风，夏季的排风温度不宜高于 45℃，进风和排风的温差不宜大于 15℃。当变压器室采用机械通风时，其通风管道应采用非燃烧材料制作。当周围环境污秽时，宜加空气过滤器。

变压器室不应有与其无关的管道和线路通过。

2. 配电室

高、低压配电室的结构主要决定于高、低压开关柜的型式和数量。配电室的高度与开关柜的高度及进出线方式有关；配电室的长度则与开关柜的数量及布置（单列或双列）有关。配电装置的布置，应便于设备的操作、搬运、检修和试验；还应预留适当数量配电装置的备用位置，供负荷发展时使用。当室内高压配电装置采用金属封闭开关设备时，高压配电室内各种通道的最小宽度（净距）见表 5-2。

表 5-2 高压配电室内各种通道的最小宽度（净距） （单位：mm）

开关柜布置方式	维护通道	操作通道	
		固定式	移开式
设备单列布置	800	1500	单车长+1200
设备双列布置	1000	2000	双车长+900

配电室的门应为向外开的防火门，门上应装弹簧锁，严禁用门闩。相邻配电室之间有门

时，此门应能双向开启，以便发生事故时，值班人员能迅速通过房门，脱离危险场所。高压配电室宜设不能开启的自然采光窗，窗台距室外地坪不宜低于 1.8m。低压配电室可设开启的自然采光窗。配电室临街的一面不宜开窗。配电室应设置防止雨、雪和蛇、鼠类小动物从门、窗、电缆沟等进入室内的设施。配电室内通道应保证畅通无阻，不得设立门槛，并不应有与配电装置无关的通道通过。

屋内敞开式配电装置的母线分段处，宜设置有门洞的隔墙。同一低压配电室内并列的两段母线，当任一母线有一级负荷时，母线分段处应设防火隔断措施。

配电室不宜设在建筑物地下室最底层。设在地下室最底层时，应采取防止水进入配电室内的措施。位于地下室和楼层内的配电室，应设设备运输通道，并应设有通风和照明设施。

在配电室内裸导体正上方，不应布置灯具和明敷线路；当在配电室内裸导体上方布置灯具时，灯具与裸导体的水平间距不应小于 1.0m。灯具不得采用吊链和软线吊装，以防止灯具受风吹或人为碰撞而晃动，发生短路事故。

高压配电室的耐火等级不应低于二级，低压配电室的耐火等级不应低于三级，屋顶承重构件应为二级。

高压配电室长度大于 7m 时应设两个出口，并宜布置在配电室的两端。当配电室有楼层时，一个出口可设在通往屋外楼梯的平台处，其楼面应有防渗水措施。

带可燃油的高压配电装置，宜装设在单独的高压配电室内，主要是为了防火防爆；但当高压开关柜的数量为 6 台以下时，可与低压配电屏放置在同一房间内。

高压配电装置的柜顶为裸母线分段时，母线分段处宜装设绝缘隔板，其高度不应小于 0.3m。这是考虑一段母线检修而另一段照常供电时保证检修人员的安全。

由同一配电所供给一级负荷用电时，母线分段处应设防火隔板或有门洞的隔墙，以避免一段母线故障时，影响另一段母线向一级负荷供电。

成排布置的低压配电屏，其长度超过 6m 时，屏后的通道应设两个出口，并应布置在通道的两端；当两出口之间的距离超过 15m 时，其间应增加出口。

低压配电室内成列布置的配电屏，其屏前和屏后的通道最小宽度，应符合 GB 50054—2011《低压配电设计规范》的规定，见表 5-3。

表 5-3 低压配电屏前、后的通道最小宽度（净距）　　　　　　　（单位：mm）

配电屏种类		单排布置/m			双排面对面布置/m			双排背对背布置/m			多排同向布置/m				屏侧通道/m
		屏前	屏后		屏前	屏后		屏前	屏后		屏间	前、后排屏距墙			
			维护	操作		维护	操作		维护	操作		前排屏前	后排屏后		
固定式	不受限制时	1.5	1.0	1.2	2.0	1.0	1.2	1.5	1.5	2.0	2.0	1.5	1.0	1.0
	受限制时	1.3	0.8	1.2	1.8	0.8	1.2	1.3	1.3	2.0	1.8	1.3	0.8	0.8
抽屉式	不受限制时	1.8	1.0	1.2	2.3	1.0	1.2	1.8	1.0	2.0	2.3	1.8	1.0	1.0
	受限制时	1.6	0.8	1.2	2.1	0.8	1.2	1.6	0.8	2.0	2.1	1.6	0.8	0.8

配电室宜采用自然通风。高压配电室装有较多油断路器时，应装设事故排烟装置。

在严寒地区，当配电室内温度影响电气设备元件和仪表正常运行时，应设采暖装置。

图 5-3 为装有 GG-1A(F) 型高压开关柜、采用电缆进出线的高压配电室剖面图。图 5-3a 为单列布置，柜前操作通道不小于 1.5m；图 5-3b 为双列面对面布置，柜前操作通道为 2~3.5m，两侧开关柜通过柜顶高压母线桥联络，开关柜下方及前面地下设有电缆沟，供敷设电缆用。GG-1A(F) 型高压开关柜高度为 3.1m。此处为电缆进出线，配电室高度为 4m；若为架空进出线，则高度应大于 4.2m。

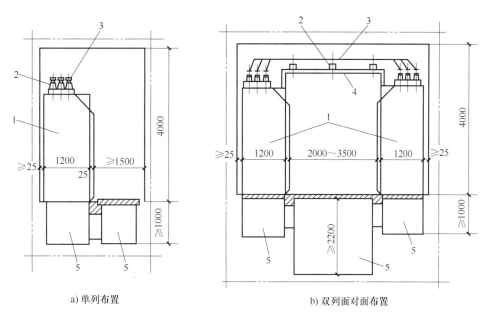

a) 单列布置　　　　　　　　　　　　b) 双列面对面布置

图 5-3　装有电缆进出线的 GG-1A(F) 型高压开关柜的高压配电室布置方案
1—GG-1A(F) 型高压开关柜　2—母线支柱窑瓶　3—高压母线　4—母线桥架　5—电缆沟

3. 电容器室

高压并联电容器装置的布置和安装设计，应利于分期扩建、通风散热、运行维护检修和更换设备。

室内高压电容器装置宜设置在单独的高压电容器室内；当电容器组容量较小时，可设置在高压配电室内，但与高压配电装置的距离不应小于 1.5m。低压电容器装置一般可设置在低压配电室内；当电容器容量较大时，宜设置在单独房间内。

成套电容器柜单列布置时，柜正面与墙面距离不应小于 1.5m；当双列布置时，柜面之间距离不应小于 2.0m。

高压电容器室的耐火等级不应低于二级。低压电容器室的耐火等级不应低于三级，屋顶承重构件应为二级。相邻两高压电容器室之间的隔墙需开门时，需采用乙级防火门。高压电容器室通向屋外的沟道，在屋内外交接处应采用防火封堵。电缆沟道的边缘对高压电容器组柜（台）架外轮廓的距离不宜小于 2m，引至电容器组处的电缆，应穿管敷设。低压电容器室的沟道盖板，不应采用可燃材料制作。

高压电容器室不宜设置采光玻璃窗。电容器室的门应向外开启。电容器室应设置防止雨、雪和蛇、鼠类小动物从门、窗、电缆沟等进入室内的设施。电容器室应有良好的自然通风，通风量应根据电容器允许温度，按夏季排风温度不超过电容器所允许的最高环境温度计算，但不宜超过 40℃。当自然通风不能满足排热要求时，可增设机械排风。电容器室应设温度指示装置。当电容器室采用机械通风时，其通风管道应采用非燃烧材料制作。

电容器室内不应有与其无关的管道和线路通过。

4. 控制室

控制室通常与值班室合在一起，控制屏、中央信号屏、继电器屏、直流电源屏等安装在控制室内。

控制室应位于控制操作方便、朝向良好（朝南）和便于观察屋外主要设备的地方。控制室一般毗邻高压配电室。当变电所为多层建筑时，控制室一般设在上层。控制屏（台）的排列布置，宜与配电装置的排列次序相对应，以便于值班人员记忆，缩短判别和处理事故时间，减少误操作。控制室内不应有与其无关的管道和线路通过。无人值班变电所的控制室，仅需考虑临时性的巡回检查和检修人员的工作需要，故面积可适当减少。

三、变电所布置和结构实例

（1）10kV 变电所的布置及结构 某企业 10kV 变电所平面布置及结构剖面图如图 5-4 所示。该变电所采用户内单层布置，主要由变压器室、高压配电室、低压配电室、控制室等组成。

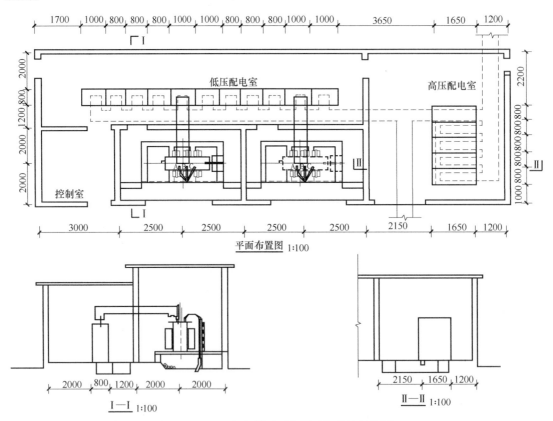

图 5-4　10kV 变电所平面布置以及结构剖面图

（2）35kV 变电所的布置及结构 某企业 35kV 变电所平面布置及结构剖面图如图 5-5 所示。该变电所采用户内双层布置（局部单层），35kV 高压配电室、值班室和控制室位于二层，变压器室、10kV 高压配电室、电容器室、休息室、工具室、备件库和维修间等位于一层。

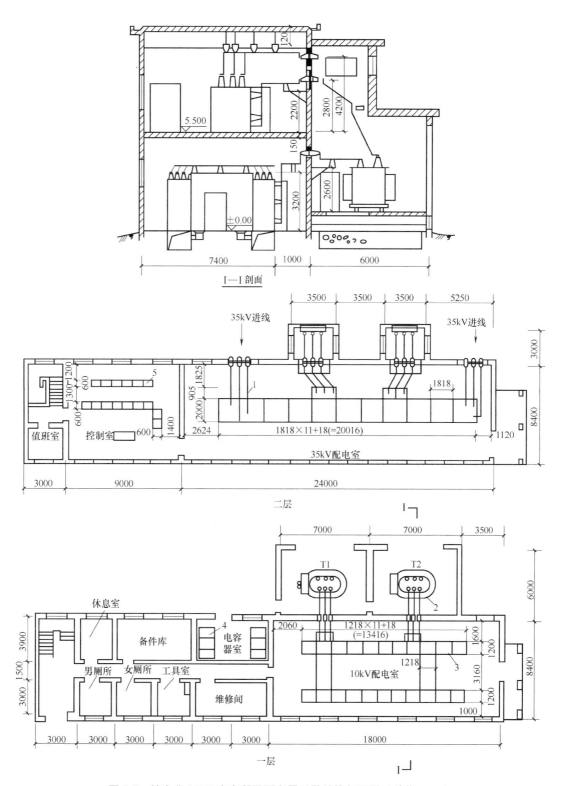

图 5-5 某企业 35kV 变电所平面布置以及结构剖面图（单位：mm）
1—GBC-35A（F）型开关柜 2—SL7-6300/35 型变压器 3—XGN2-12 型开关柜
4—GR-1 型 10kV 电容器柜 5—PK-1 型控制柜

【任务实施】

1）学习变电所布置的要求。

2）学习变电所的结构与布置。

3）根据实际情况确定变电所的基本结构。

4）根据实际情况进行变电所的基本布置。

【提交成果】

任务完成后，需提交变电所布置任务表（见任务工单5-2）。

 课后思考与习题

1. 变电所由哪几部分组成？

2. 变压器室有什么基本要求？

3. 配电室有什么基本要求？

4. 电容器室有什么基本要求？

5. 控制室有什么基本要求？

6. 变电所可以设置多层的吗？有什么要求？

7. 变压器室与配电室能合并吗？

8. 高、低压配电装置在什么条件下可以共处一室？

任务工单 5-2　变电所布置任务表

变电所的结构	
变电所 平面布置简图	
变电所布置 原则	
小结	
体会	

填表人：

任务3 确定变配电所主接线方案

【任务描述】

根据工程实际情况，确定变配电所主接线方案。

【任务分析】

变电所主接线形式与负荷等级、进线情况、电压等级、主变压器的台数等因素有关。确定变电所主接线形式时，要在考虑上述因素的情况下，满足安全、可靠、灵活和经济的要求。

【相关知识】

一、变配电所主接线概述

1. 变配电所的接线方式

变配电所的接线，按其功能可分为一次回路和二次回路两种。

（1）一次回路 表示变配电所的电能输送和分配的电路，也称为主接线或主电路。一次回路中所有电气设备称为一次设备，如电力变压器、断路器、隔离开关、互感器等。

（2）二次回路 用来控制、指示、测量和保护主电路及其设备的电路，也称为二次电路或二次接线。二次电路中所有的电气设备称为二次设备或二次元件，如仪表、继电器、操作电源等。

2. 变配电所的接线图

变电所的接线图是分别将一次设备或二次设备用图形符号表示，并按一定的次序连接，形成主电路图或二次电路图。变电所一次设备的文字符号和图形符号见表5-4。

表5-4 变电所一次设备的文字符号和图形符号

序号	名称	文字符号	图形符号	序号	名称	文字符号	图形符号	序号	名称	文字符号	图形符号
1	高、低压断路器	QF		4	高、低压熔断器	FU		7	变压器	T	
2	高压隔离开关	QS		5	避雷器	F		8	电流互感器	TA	
3	高压负荷开关	QL		6	低压刀开关	QS		9	电压互感器	TV	

变配电所的主接线图有两种表示形式。

① 系统式主接线：这种接线仅表示电能输送和分配的次序和相互的连接，不反映相互位置，主要用于主接线的原理图中。

② 配置式主接线：这种接线是按高、低压成套设备的相互连接和部署位置绘制的，常用于变配电所的施工图中。

3. 变配电所主接线方案要求

变配电所主接线方案应满足以下基本要求。

① 安全：主接线的设计应符合国家标准和有关技术规范的要求，能充分保证人身和设备的安全。例如在断路器的电源侧及可能反馈电能的负荷侧，必须装设隔离开关。

② 可靠：应满足电力负荷对供电可靠性的要求。

③ 灵活：应能适应供电系统所需的各种运行方式，便于操作、检修及维护。

④ 经济：在满足上述要求的前提下，应尽量使主接线简单，投资少，运行管理费用低，并节约电能和有色金属消耗量。

二、车间变电所及小型变电所主接线方案

车间变电所及用户小型变电所，是将 6~10kV 高压降为一般用电设备所需的 220V/380V 低压的终端变电所。其主接线通常都比较简单。

（一）前面还有用户总降压变电所或高压配电所的变电所

这类变电所由于前面还有总降压变电所或高压配电所，其高压侧的开关电器、保护装置和监测仪表等通常都装设在高压配电线路的首端，故一般只设变压器室（或室外变压器）和低压配电室，其高压侧只装设简单的隔离开关、熔断器、负荷开关、避雷器等，如图 5-6 所示。从该图中可以看出，采用电缆进线时高压侧不装设避雷器，这是因为在电缆首端已装设避雷器（图中并未表示），而且避雷器的接地端连同电缆的金属外皮一起接地；采用架空进线时须装设避雷器，以防止雷电过电压沿架空线侵入变电所，击毁电气设备的绝缘，且避雷器的接地端应与变压器低压绕组中性点以及外壳相连后接地。

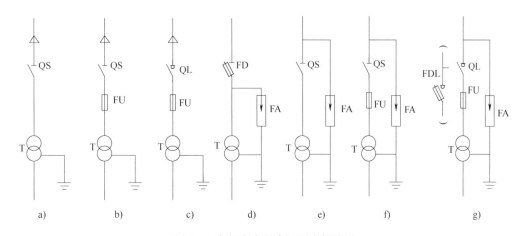

图 5-6　车间变电所高压侧主接线图

当总降压变电所或高压配电所出线继电保护装置能保护变压器且灵敏度满足要求时，变压器高压侧可只装设隔离开关，如图 5-6a 和图 5-6e 所示。当变压器高压侧短路容量不超过高压熔断器断流容量，而又允许采用高压熔断器保护变压器时，变压器高压侧可装设隔离开关—熔断器（图 5-6b 和图 5-6f），或负荷开关—熔断器（图 5-6c），或在变压器高压侧装设跌落式熔断器（图 5-6d 和图 5-6g）。当高压侧装设负荷开关时，变压器容量不大于 1250kV·A；高压侧装设隔离开关或跌开式熔断器时，变压器容量一般不大于 630kV·A。

上述接线简单，所用电气设备少，配电装置简单，节约投资；但是若线路中任一设备发生故障或检修时，该变电所中断供电，可靠性不高，故适用于小容量三级负荷的车间变电所或非生产性用户。

（二）直接从城市电网引电源进线的变电所

这类变电所由于前面没有用户总降压变电所或高压配电所，其高压侧必须配备开关电器、保护装置和监测仪表等，因此通常要设置高压配电室。但若变压器容量较小、供电可靠性要求较低，也可不设高压配电室。其熔断器、负荷开关、隔离开关、避雷器等就装设在变压器室（室外变压器）的墙上或杆上，在低压侧计量电能；当高压开关柜的数量少于 6 台时，可将高、低压开关柜装设在同一配电室内，在高压侧计量电能。

1. 只装设一台主变压器的小型变电所主接线

只装设一台主变压器的小型变电所，根据高压侧采用的开关及电源进线的数量不同，有如下四种主接线形式。

（1）高压侧采用隔离开关—熔断器或跌开式熔断器的单电源进线主接线（图 5-7） 这种主接线方式，因受隔离开关和跌开式熔断器切断空载变压器容量的限制，故一般只用于 630kV·A 及以下容量的变电所。它接线简单经济，但供电可靠性不高，只能应用于小容量且不重要的三级负荷的变电所。

（2）高压侧采用负荷开关—熔断器或负荷型跌开式熔断器的单电源进线主接线（图 5-8） 由于负荷开关和负荷型跌开式熔断器能带负荷操作，故这种主接线方式使变电所的停电和送电操作比前述采用隔离开关—熔断器或跌开式熔断器的主接线要简便灵活，但其供电可靠性仍然不高，也只适用于三级负荷的变电所。

（3）高压侧采用隔离开关—断路器的单电源进线主接线（图 5-9） 这种主接线方式采用了高压断路器，使变电所的停电和送电操作比前述主接线形式灵活方便，缩短了操作时间，使供电可靠性有较大的提高。但由于只有一路电源进线，不能满足一、二级负荷对供电可靠性的要求，因此也只能用于三类负荷的变电所。

（4）高压侧采用隔离开关—断路器的双电源进线主接线（图 5-10） 这种主接线方式不仅采用了高压断路器，同时还具有两路高压电源进线，从而保证了供电的灵活性和可靠性，适用于二级负荷的变电所中。若另有备用电源，则可供二级负荷及有少量一级负荷的变电所。

2. 装设两台主变压器的小型变电所主接线

装设两台主变压器不仅增大了变电所的供配电容量，还相应提高了供电可靠性。电源进线数量及母线运行方式不同，其主接线形式及供电可靠性也有所不同。装有两台主变压器的小型变电所，其常见主接线形式有如下三种。

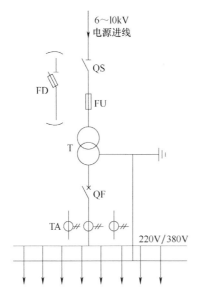

图 5-7　高压侧采用隔离开关—熔断器或
跌开式熔断器的单电源进线主接线图

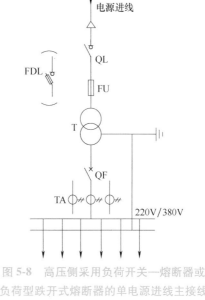

图 5-8　高压侧采用负荷开关—熔断器或
负荷型跌开式熔断器的单电源进线主接线

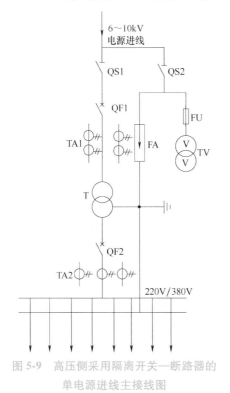

图 5-9　高压侧采用隔离开关—断路器的
单电源进线主接线图

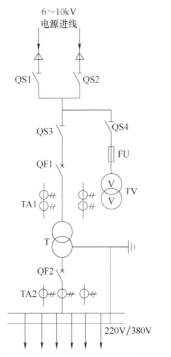

图 5-10　高压侧采用隔离开关—断路器的
双电源进线主接线图

（1）高压母线不分段、低压单母线分段的单电源进线变电所主接线（图 5-11）　采用这种主接线方式，当其中任一台变压器因故障停运或检修时，接于该段低压母线上的负荷，可通过母线联络（分段）开关 QF6 来获得电源，提高了供电可靠性，但单电源供电的可靠性不高，因此，这种进线只适用于三级负荷及部分二级负荷的变电所。

（2）高压无母线、低压单母线分段的双电源进线变电所主接线（图 5-12）　这种主接线

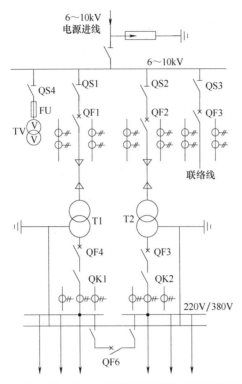

图 5-11　高压母线不分段、低压单母线分段的单电源进线变电所主接线图

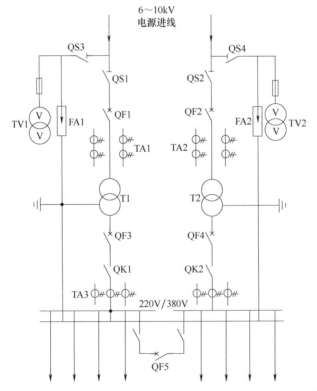

图 5-12　高压无母线、低压单母线分段的双电源进线变电所主接线图

方式低压母线上设置了母线分段开关,使负荷切换方便,且有两路电源引入线,从而大大提高了供电的可靠性,适用于具有一、二级负荷的变电所。

(3)高、低压侧均为单母线分段的双电源进线变电所主接线(图 5-13)　双电源进线高压侧采用单母线分段后,不仅便于电源进线检修及切换,同时也便于变压器的故障检修及停运;低压侧采用单母线分段,便于负荷切换,操作灵活方便,提高了供电可靠性,这种主接线适用于有一、二级负荷的变电所。

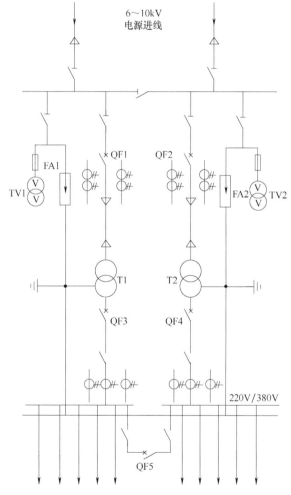

图 5-13　高、低压侧均为单母线分段的
双电源进线变电所主接线图

三、总降压变电所的主接线方案

对于电源进线为 35kV 及以上的大中型企业,通常是先经总降压变电所把 35kV 及以上高压降为 6~10kV 的高压配电电压,然后再经车间变电所降为用电设备所需的 220V/380V 电压。

（一）只装有一台主变压器的总降压变电所主接线

这种主接线的一次侧无母线，二次侧为单母线，一次侧通常采用高压断路器做主开关，如图 5-14 所示。进线开关也可采用负荷开关和熔断器。这种主接线简单经济，供电可靠性不高，只适用于三级负荷的变电所。

（二）装有两台主变压器的总降压变电所主接线

1. 内桥式主接线（图 5-15）

高压断路器跨接在两路电源进线断路器的内侧，靠近变压器，称为内桥式接线。当桥接断路器 QF10 合闸运行时，任何一回电源线路故障，其相应的断路器断开，并不影响所有变压器的正常运行。当桥接断路器断开运行时，一回电源线路故障断开，可采用自动投入装置将桥接断路器合闸，使接于故障线路侧的变压器继续运行。因此，内桥式接线大大提高了供电的灵活性和可靠性。

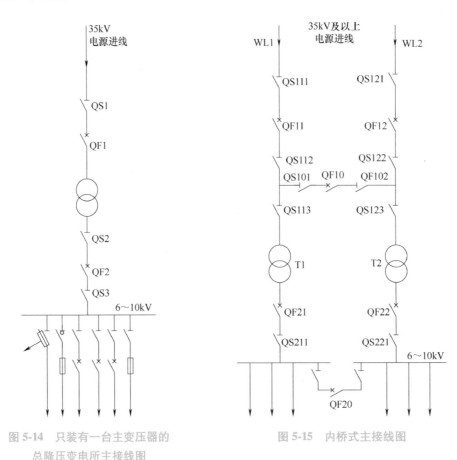

图 5-14　只装有一台主变压器的
　　　　　总降压变电所主接线图

图 5-15　内桥式主接线图

当电源线路较长（线路的故障机会较多）或不需要经常投切变压器时采用内桥式接线，它适用于对一、二级负荷供电的总降压变电所。

2. 外桥式主接线（图 5-16）

高压断路器跨接在两路电源进线断路器的外侧，靠近电源侧，称为外桥式接线。外桥式接线对变压器回路的操作很方便，但对电源进线的操作不便，因此，当供电线路较短或需要经常投切变压器（例如由于负荷昼夜变化相当大）时，一般采用外桥式接线，它适用于对一、二级负荷供电的总降压变电所。

3. 一、二次侧均采用单母线分段的总降压变电所主接线（图 5-17）

这种主接线兼有桥式接线运行灵活的优点，能满足一、二级负荷对供电可靠性的要求，但由于使用较多的高压开关设备，因此投资大。此种接线适用于一、二次侧进线较多的对一、二级负荷供电的总降压变电所。

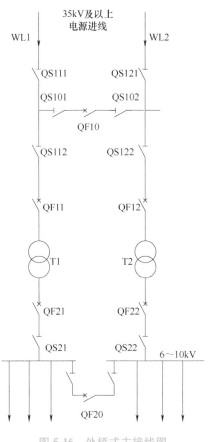

图 5-16 外桥式主接线图

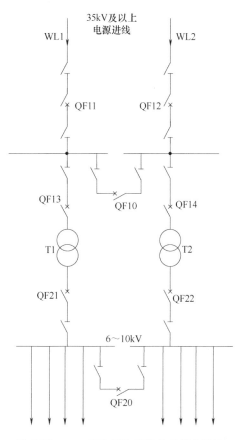

图 5-17 一、二次侧均采用单母线分段的总降压变电所主接线图

四、主接线实例

某企业 35kV/10kV 总降压变电所主接线如图 5-18 所示，该变电所采用两路电源架空进线，装两台 S10-4000kV·A 型 35kV/10kV 变压器，一、二次侧均为单母线分段主接线，一次侧选用 9 台高压开关柜，其中进线控制柜、计量柜、避雷器柜（绝缘监测柜）、馈线柜各 2 台，联络柜 1 台。二次侧选用 15 台低压开关柜，其中进线控制柜、电容器补偿柜、避雷器柜（绝缘监测柜）各 2 台，馈线柜 8 台，联络柜 1 台。

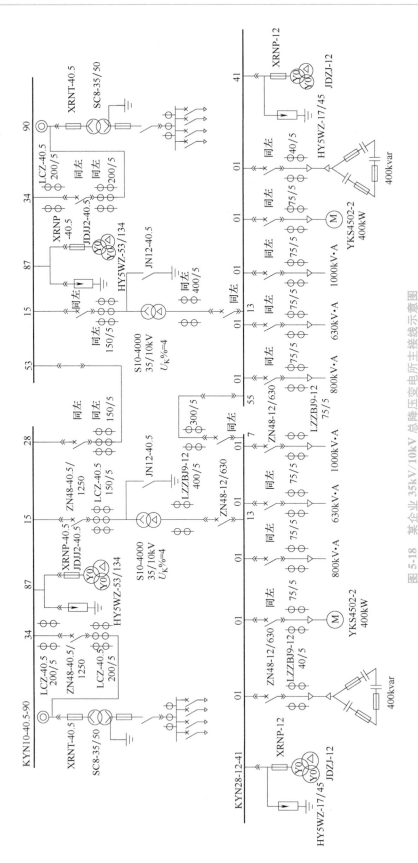

图 5-18 某企业 35kV/10kV 总降压变电所主接线示意图

【任务实施】

1) 学习变电所主接线的概念及基本要求。

2) 学习变电所主接线方案的类型、特点及应用。

3) 根据实际情况确定变电所主接线形式。

【提交成果】

任务完成后，需提交确定变电所主接线形式任务表（见任务工单5-3）。

 课后思考与习题

1. 什么是变电所主接线？什么是一次设备？

2. 确定变电所主接线形式应考虑哪些因素？

3. 常见变电所主接线形式有哪几种？各自的特点及应用有哪些？

任务工单 5-3 确定变电所主接线形式任务表

变电所 主接线形式	
变电所 主接线图	
确定变电所 主接线形式 考虑因素	
小结	
体会	

填表人：

任务4　变配电所的运行维护

【任务描述】

根据变配电所的实际情况及工作要求，进行变配电所运行维护。

【任务分析】

变配电所设备的正常运行，是保证变配电所安全、可靠和经济供配电的关键所在。变配电所的运行与维护是责任性和技术性很强的工作，是电气工作人员日常最重要的工作之一，必须遵守相关规定。同时，应结合变配电所的实际情况，建立完善的技术管理制度和安全运行制度。在运行及巡视中发现问题，应进行紧急处理及时向上级汇报，并记录在相应记事簿上。

【相关知识】

一、变配电所的值班

1. 变配电所值班制度

变配电所的值班制度有轮班制和无人值班制。我国现在普遍采用的是传统的轮班制，即一天三班轮换、全年不间断的值班制度。这种值班制度对于确保变配电所的安全运行有很大的好处，但人力耗费较多，不经济。如果变配电所的自动化程度高、信号监测系统完善，就可以采用无人值班制，这种值班制是未来发展的方向。

2. 变配电所值班人员职责

1）遵守变配电所值班工作制度，坚守工作岗位，做好变配电所的安全保卫工作，确保变配电所的安全运行。

2）熟悉变配电所的各项规程与制度，掌握变配电所有关的运行知识与操作技能。熟悉本所内各电气设备的基本结构、工作原理、技术性能、操作要求及步骤。能独立进行操作，并能分析、判断、处理设备的异常情况与事故情况。能正确执行安全技术措施和安全组织措施。

3）认真监视所内各种设备的运行情况，按规定巡视检查、抄报各种运行数据，及时填写运行日志。发现设备缺陷和运行不正常时，及时处理，并做好有关记录，以备查考。

4）按上级调度命令进行操作，发生事故时进行紧急处理，及时向有关方面汇报联系，并作好有关记录。

5）保管好所内各种资料图表、安全用具和仪表工具，并做好设备清洁和环境卫生工作。

6）按规定进行交接班。值班人员未办完交接手续时，不得擅离岗位。交接班时如遇事故，接班人员可在当班人员的要求和主持下，协助处理事故。若事故一时难以处理完毕，在征得接班人员同意或上级同意后，可进行交接班。

二、变配电所的倒闸操作

电力系统由一种状态改变到另一种状态或变更运行方式时需要进行电力系统倒闸操作。如电力线路停、送电操作，电力变压器停、送电操作，倒换母线操作等。

1. 操作票制度

变配电所值班人员由于操作不当，可能引起事故，即通常所说的误操作事故。为了确保运行安全，防止误操作事故，倒闸操作必须根据值班调度员或值班负责人指令，受令人复诵无误后执行。倒闸操作人员填写表 5-5 所示的操作票。单人值班时，操作票由发令人用电话向值班员传达，值班员根据传达填写操作票，复诵无误后，在"监护人"签名处填写发令人的姓名。

表 5-5　变配电所倒闸操作票

单位：				编号：			
发令人		受令人		发令时间		年　月　日　　时　　分	
操作开始时间：	年　月　日　　时　　分			操作结束时间：	年　月　日　　时　　分		
(　　　　　) 监护下操作　(　　　　　) 单人操作　(　　　　　) 检修人员操作							
操作任务：							
顺序	操作项目						
备注：							

操作人：　　　　　　　　监护人：　　　　　　　　值班负责人：

（1）适用范围　除下列情况外，其他在变配电所高压设备上的倒闸操作都必须执行操作票制度，必须填写操作票。

① 事故处理。

② 拉合开关的单一操作。

③ 拉开接地刀闸或拆除仅有的一组接地线的单一操作。

（2）操作票的填写

① 操作票应填写的项目有：检查应拉合的开关在拉合前的实际位置；拉合后，检查开关的实际位置；并解列时，检查负荷分配；检查接地线是否装拆；检验电压是否正常或验电确无电压等。

② 操作票上的操作项目要详细具体，必须填写被操作设备的双重名称，即设备名称和编号。拆装接地线要写明具体地点和接地线编号。

③ 操作票填写字迹要清楚，不得任意涂改。

④ 一个操作任务填写一份操作票。即使对于连续运行的停、送电操作，也应分开填写

两份操作票。

2. 倒闸操作的步骤及要求

1）填写好操作票后，必须由操作监护人和操作人共同在模拟板或电气接线图上核对无误后签字盖章，并经值班负责人审核签字盖章，还要在上级调度允许开始操作的命令之后方可操作。

2）倒闸操作应由两人执行，一人操作，一人监护。监护人必须对设备十分熟悉，监护每个操作步骤是否正确。单人值班的变电所，倒闸操作可由一人执行。单人操作时不得进行登高或登杆操作。

3）进行送电操作时，应从电源侧的开关合起，依次合到负荷侧开关。这样操作可使闭合电流减至最小，比较安全。若线路上是隔离开关—断路器，操作前必须检查本回路是否在开位；如果在合位，则不允许操作隔离开关，以免发生带负荷拉、合隔离开关引起电弧短路事故；当确认线路在开位后，应先合隔离开关，后合断路器。若线路上是负荷开关—熔断器，且是故障后的送电操作，则应先更换熔断器的熔管后再合负荷开关。

4）进行停电操作时，应先拉（断）开负荷侧的开关，再依次拉到电源侧。这样操作可使开断电流减至最小，比较安全。若线路上是隔离开关—断路器，应先拉开断路器，后拉隔离开关。

5）倒闸操作结束后，在操作记录簿上填写执行操作命令完成情况。按照操作完成后的实际情况，改变模拟板，使之与设备实际运行状态相符，然后向发布命令的上级调度值班员汇报。

如果操作中发生疑问，应立即停止操作，并向发令人报告，待发令人再行许可后，方可再进行操作。不允许擅自更改操作票，不准随意解除闭锁装置。

用绝缘棒拉合隔离开关或经操动机构拉合隔离开关和断路器，均应戴绝缘手套。雨天操作室外高压设备时，绝缘棒应有防雨罩，还应穿绝缘靴。雷雨时，一般不进行倒闸操作。

已执行的操作票和注明"作废"的操作票，按规定应保存一个月，可将每个月的操作票集中装订在一起，以备查用。

三、电力变压器的运行维护

电力变压器是变电所中最重要的设备之一，如果变压器发生故障造成停电，往往在短时间内难以恢复，因此对变压器的运行维护是一项重要的工作。

1. 变压器投入运行应具备的条件

1）经检修后的变压器工作票已回收，临时接地线等安全措施已拆除，检修记录已填写完毕；工作现场已清扫完毕，变压器上及周围无遗留物件，工作人员已全部撤离现场。

2）变压器各项试验合格，具备送电投运条件。

3）变压器本体清洁，无渗漏油现象。

4）变压器油枕中和各套管的油位在正常的标准位置。

5）各套管引线接头已连接牢固、正确。

6）气体继电器内无气体，变压器各保护装置按照要求投入。

7）冷却器电源正常，投入冷却器后工作状态正常。

8）变压器各侧的开关电器均在断开位置。

9）变压器的各种标志齐全、完好。

2. 变压器的巡视检查

（1）巡视检查周期　变压器每天巡视检查至少一次。在变压器负荷剧烈变化、天气恶劣（雷雨、大雪、大风等）、变压器运行异常、线路故障后，应增加特殊巡视，特殊巡视周期不作规定。大修及新安装的变压器投运后几小时，应检查散热器排管的散热情况。

（2）变压器巡视检查内容

1）油位、油色检查。检查变压器油枕上的油位、油色是否正常，是否假油位。油面过高可能是变压器内部存在故障或者冷却器运行不正常；油面过低可能是有渗油或漏油情况。检查充油的高压套管油位、油色是否正常，套管有无漏油现象。油位指示不正常时必须查明原因。必须注意检查油位表出入口处有无沉淀物堆积而阻碍油的通路。变压器油色正常情况时为透明略呈浅黄色。如果油色变深变暗，说明油质变坏。

2）温度检查。油浸式电力变压器运行中的允许温升应按上层油温来检查。按规定，上层油温的最高允许值为95℃；为防止变压器油劣化变质，上层油温不宜经常超过85℃。油温过高，可能是变压器过负荷引起，也可能是变压器内部故障的缘故。巡视时还应注意温度计是否完好。

3）注意变压器的声响。检查变压器的声音与以往比较有无异常。正常声响应是均匀的嗡嗡声，如果声响较平时（正常时）沉重，说明变压器过负荷；如果声响尖锐，说明电压过高。造成变压器异常声响还有可能是以下几种原因。

① 因电源频率波动大，造成外壳及散热器振动。

② 因铁心或铁心夹紧螺杆、紧固螺栓等结构上的缺陷，发生铁心短路。

③ 铁心夹紧不良，紧固部分发生松动。

④ 绕组或引线对铁心或外壳有放电现象。

⑤ 由于接地不良或某些金属部分未接地，产生静电放电。

4）检查引出导电排的螺栓接头有无过热现象。

5）检查出线套管、引出导电排的支持绝缘子等表面是否清洁，有无裂纹、破损及闪络放电痕迹。

6）检查防爆管有无破裂、损伤及喷油痕迹，防爆膜是否完好。

7）检查各种阀门是否正常，通向气体继电器的阀门和散热器的阀门是否处于打开状态。

8）检查吸湿器的吸附剂是否达到饱和状态。

9）检查外壳接地线是否完好。

10）检查变压器上及其周围有无影响其安全运行的异物和异常现象。

在巡视中发现的异常情况，应计入专用记录簿内，重要情况应及时向上级汇报，请示处理。

3. 电力变压器常见故障分析

表5-6列出了电力变压器常见故障及解决方法。

表5-6　电力变压器常见故障及解决方法

故障现象	原　　因	解　决　方　法
阀漏油	① 油箱压力长期处于阀的密封压力与开启压力之间，造成渗漏，此种情况非常少见	检查变压器有何不良现象，消除隐患
	② 阀运行期较长，胶圈老化失效	利用设备停电进行检修，更换密封圈
	③ 密封圈的密封面处有异物	利用设备停电进行异物清除
	④ 零部件变形或损坏	利用设备停电进行检修、更换

（续）

故障现象	原　因	解　决　方　法
阀不动作	① 阀的闭锁装置未拆除	将闭锁装置拆除即可
	② 油箱压力未达到阀的开启压力	用压力表检测油箱压力是否达到阀的开启压力
	③ 油箱及阀有漏气部位	检测油箱及阀密封是否良好

四、配电装置的运行维护

1. 配电装置投入运行的要求

1）配电装置在投运前必须按规定进行相应的试验，试验不合格者，严禁继续投入运行。

2）配电装置在新投或检修后、投运前应进行如下检查。

① 配电装置各回路相序排列应一致，按相别涂色正确（A 相：黄色；B 相：绿色；C 相：红色）。

② 配电装置构架基础应坚固，各接线、接点间的连接应可靠，设备外壳与接地体间应有明显的可靠连接点。

③ 充有 SF_6 气体的设备应检查气体压力是否正常。

④ 各操作、控制电源投入应正常。

⑤ 继电保护及自动装置应正确投入。

3）配电装置检修合格后，检修工作负责人应将检修、试验记录交一份给运行值班人员。必须在收回工作票，并将技术安全措施（如接地线、标志牌、遮拦等）全部恢复后方可投入运行。

2. 配电装置的巡视检查

（1）巡视检查周期

1）运行值班员在当班运行期间对运行中的配电装置巡回检查次数应不得少于一次，在交班前应巡回检查一次。

2）运行值班员应通过监控系统对配电装置的运行状态进行不定期的巡视检查。

3）运行值班员在下列情况时应进行特殊巡视检查，增加检查次数。

① 雷雨过后。

② 断路器事故跳闸后。

③ SF_6 充气设备补气后。

④ 高温或负荷高峰期间。

⑤ 设备检修后刚恢复投运期间。

（2）配电装置巡视检查内容

1）母线等导电设备应无震动、过热、电晕、放电等异常现象。

2）各引线接头应无过热、氧化变色、打火等现象。

3）充气设备气体压力应正常，无漏气等异常现象。

4）瓷瓶表面应清洁，无裂纹及放电痕迹。

5）各开关设备操动结构应完好，各部件无松脱，弹簧储能操动机构应储能正常，开关位置指示应与实际位置一致。

6）电力电缆外表应无损伤、老化，电缆头应无电晕、发热、异味等异常现象，且接地牢固可靠。

7）设备外壳接地应完好，设备周围应无易燃、易爆、易腐蚀等杂物。

8）各工作电源、操作电源应投入正常。

9）避雷器应无裂纹，受系统强烈冲击后，应对避雷器进行全面检查，冲击放电后应记录其动作次数。

运行值班员在当班期间发现的异常及处理经过，应进行记录。

另外，在巡视高压设备、高压开关柜时，禁止攀上构架、越过遮栏或打开高压带电部分柜门进行检查。有雷电及设备充电时，禁止站在避雷器近旁；在进行开关操作时，人员应避免正对开关或站在开关近旁。电压互感器高压侧熔断器连续熔断两次时，应立即停用。

 【任务实施】

变电所工作人员必须了解变电所的有关规章制度，值班员应具备相当的专业知识和一定的操作技能。倒闸操作、操作票的填写、电力变压器及配电装置的巡视是变电所值班员的主要工作，应做好相应的记录，如有重要情况应及时向上级汇报。

1）掌握停电操作的要求及要领后进行停电操作。

2）掌握送电操作的要求及要领后进行送电操作。

3）按要求正确填写操作票。

4）熟悉变压器巡视检查的要求和项目后，进行变压器巡视检查。

5）熟悉配电装置巡视检查的要求和项目后，进行配电装置巡视检查。

 【提交成果】

任务完成后，需提交变配电所倒闸操作票任务表（见任务工单 5-4）、变压器巡视检查记录表（见任务工单 5-5）、变配电所配电装置巡视检查记录表（见任务工单 5-6）。

课后思考与习题

1. 变配电所有哪些规章制度？

2. 变配电所值班员的职责是什么？

3. 什么是倒闸操作？

4. 如何填写操作票？

5. 如何进行送电操作？

6. 如何进行停电操作？

7. 电力变压器巡视的项目有哪些？巡视周期是多长？

8. 在什么情况下须进行电力变压器的特殊巡视？

9. 配电装置巡视的项目有哪些？

10. 在什么情况下须进行配电装置的特殊巡视？

11. 变电所值班员在值班过程中如遇特殊情况应如何处理？

任务工单 5-4　变配电所倒闸操作票任务表

单位：　　　　　　　　　　　　　　　　　　　　　　编号：

发令人		受令人		发令时间	年　月　日　　时　　分

操作开始时间：	年　月　日　　时　分	操作结束时间：	年　月　日　　时　　分

（　　　　　　　　）监护下操作　（　　　　　　　　）单人操作　　（　　　　　　　　）检修人员操作

操作任务：

顺序	操作项目

备注：

操作人：　　　　　　　　　　监护人：　　　　　　　　　　值班负责人：

任务工单 5-5　变压器巡视检查记录表

单位：		编号：		日期：	年	月	日
巡视人员		巡视时间		起：	时	分	
				止：	时	分	
巡视项目及内容							
出现的问题							
处理方法							
处理结果							
其他							

填表人：

任务工单 5-6　变配电所配电装置巡视检查记录表

单位：		编号：		日期：	年	月	日
巡视人员		巡视时间	起：　　　时　　　分				
			止：　　　时　　　分				
巡视项目及内容							
出现的问题							
处理方法							
处理结果							
其他							

填表人：

职业素养要求

变电所是电网的重要组成部分和电能传输的重要环节，对保证电网安全、经济运行具有非常重要的作用。在变电所的选址和布置中，应思考节能及安全问题，培养节约用电及安全生产的意识。

项目六　电气照明系统设计

知识目标

1. 掌握电气照明的有关概念，了解照明质量的特征，熟悉照明方式及种类。
2. 熟悉常见电光源的种类及特点；掌握电光源选择的原则及要求。
3. 了解灯具的种类，掌握灯具选择及布置的要求。
4. 理解平均照度的概念，掌握利用系数法求平均照度的公式及步骤。
5. 掌握照明配电电压及供电电源，理解照明配电的形式。
6. 了解电气照明的节能措施。

能力目标

1. 合理确定照明方式及照明种类。
2. 合理地选择电光源。
3. 合理地进行灯具的选择与布置。
4. 能用利用系数法求平均照度。
5. 合理确定照明配电电压及供电电源。

任务 1　电气照明概述

【任务描述】

根据电气照明系统设计的内容及要求，学习电气照明有关的基础知识，确定照明方式和照明种类。

【任务分析】

电气照明系统设计得是否合理，直接影响建筑的使用功能，而光的基本度量单位是进行照明系统设计的基础知识，照明质量特征是衡量照明系统设计的标准。根据建筑使用功能的要求合理确定照明方式及照明种类，对满足人们生活和生产的舒适性及安全性有很重要的意义。

【相关知识】

一、光的基本度量单位

1. 光通量（ϕ）

光通量是指光向周围空间辐射时，单位时间内能够使人产生光感的那部分光辐射能量的大小，单位为流明（lm）。

在照明工程中，常用光通量的大小来衡量某种光源的发光能力。

2. 发光强度（I）

发光强度（简称光强）是表示光源向空间某一方向辐射的能流密度，单位为坎德拉（cd）。发光强度表示发光体发出的光通量在空间分布的情况。

对于向各个方向均匀辐射光通量的光源，其各个方向的光强相等，计算公式为

$$I=\frac{\phi}{\Omega} \tag{6-1}$$

式中　Ω——光源发光范围的立体角，单位为球面度（sr），$\Omega=A/r^2$，其中 A 为与立体角 Ω 相对应的球面积（m^2），r 为球的半径（m）；

　　　　ϕ——光源在立体角 Ω 内所辐射的光通量，lm。

光通量和发光强度都是描述光源所产生的辐射光程度，是对光源发光能力的某种定量描述。

3. 照度（E）

照度是从受照物体的角度上对光的一种描述，它是指受照物体表面上单位面积内所接收光通量的大小，单位为勒克斯（lx）。

照度值是我们国家衡量照明质量的一个非常重要的光学技术指标。

4. 亮度（L）

亮度是表示发光物体表面在发光强度方向上单位面积内发光强度大小的物理量，有时也称发光物体在某个方向上的发光强度的大小为该物体的表面亮度，单位为尼特（nt）。

二、照明质量

照明设计的优劣通常用照明质量来衡量，照明质量特征应包括以下主要内容。

1. 照度标准

建筑照明设计时，最核心的问题是如何确保工作面上的照度，以使人易于识别所从事的工作的细节，提高工作效率和工作质量，保障人身安全。

GB 50034—2013《建筑照明设计标准》规定了新建、改建和扩建的居住、公共和工业建筑的一般照度标准值。设计照度值与照度标准值相比较，可有-10%～+10%的偏差。

部分民用和公共建筑照明标准值可参看附录 12；部分工业建筑一般照明标准值可参看附录 13。

2. 照度均匀度

照度均匀度是描述照明质量的一个重要特征。根据 GB 50034—2013《建筑照明设计标准》，照度均匀度可用给定的照明区域内最低照度与平均照度之比来衡量。

公共建筑的工作房间和工业建筑作业区域内，一般照明的照度均匀度不应小于0.7，作业面邻近周围的照度均匀度不应小于0.5。房间或场所内的通道和其他非作业区域，一般照明的照度均匀度不宜低于作业区域，一般照明的照度均匀度的1/3。

3. 眩光的限制

眩光是指由于视野中的亮度分布或亮度范围不适宜，或者存在极端的对比，以致引起不舒适感觉，或降低观察细部或目标的能力的视觉现象。

眩光对人的生理和心理都有明显的危害，它能引起人的视觉疲劳，不仅影响劳动效率，甚至会造成严重事故，所以在建筑电气照明中对照明眩光十分重视。眩光可分为直射眩光和反射眩光，直射眩光是由发光体直接引起的，反射眩光是由照明或其他反射面反射发光所形成的。

GB 50034—2013《建筑照明设计标准》规定，防止或减少光幕反射和反射眩光应采用下列措施。

① 应将灯具安装在不易形成眩光的区域内。

② 可采用低光泽度的表面装饰材料。

③ 应限制灯具出光口表面的发光亮度。

④ 墙面的平均照度不宜低于50lx，顶棚的平均照度不宜低于30lx。

4. 光源颜色

光源颜色是指灯发射的光的表观颜色（灯的色品），即光源的色表，用光源的相关色温来表示。

室内照明光源色表特征及适用场所宜符合表6-1的规定。

表6-1 室内照明光源色表特征及适用场所（GB 50034—2013）

色表特征	相关色温/K	适用场合举例
暖	<3300	客房、卧室、病房、酒吧
中间	3300~5300	办公室、教室、阅览室、商场、诊室、检查室、实验室、控制室、机械加工车间、仪表装配间
冷	>5300	热加工车间、高照度场所

长期工作或停留的房间或场所，照明光源的显色指数（Ra）不应小于80。在灯具安装高度大于8m的工业建筑场所，Ra可低于80，但必须能够辨别安全色。

5. 反射比

GB 50034—2013《建筑照明设计标准》规定，长时间工作的房间，其表面的反射比宜按表6-2选取。

表6-2 工作房间内表面反射比

表面名称	作业面	顶棚	墙面	地面
反射比	0.2~0.6	0.6~0.9	0.3~0.8	0.1~0.5

三、照明方式

照明方式是根据使用场所的特点和建筑条件，在满足使用要求条件下降低电能消耗而采取的基本制式。照明方式可分为一般照明、局部照明、混合照明和重点照明。

① 一般照明：为照亮整个场所而设置的均匀照明。

② 局部照明：特定视觉工作用的、为照亮某个局部而设置的照明。

③ 混合照明：由一般照明和局部照明组成的照明。

④ 重点照明：为提高区域或目标的照度，使其比周围区域突出的照明。

四、照明种类

照明按其用途可分为正常照明、应急照明、值班照明、警卫照明和障碍照明等。

1. 正常照明

正常情况下使用的照明。

2. 应急照明

因正常照明的电源失效而启用的照明。应急照明包括疏散照明、安全照明、备用照明等。

（1）疏散照明　用于确保疏散通道被有效地辨认和使用的应急照明。在发生故障或灾害，特别是火灾等，正常照明熄灭，疏散照明的目的是保证人员能迅速疏散到安全地带。

（2）安全照明　用于确保处于潜在危险之中的人员安全的应急照明。安全照明仅在有特别需要的作业部位装设，如圆盘锯作业等场所。

（3）备用照明　用于确保正常活动继续或暂时继续进行的应急照明。

3. 值班照明

非工作时间为值班而设置的照明。在大面积生产场所以及商场营业厅、体育场馆、剧场、展厅等公共场所，应设值班照明，以作清扫、巡视等用。通常利用正常照明可单独控制的一部分灯作为值班照明。

4. 警卫照明

用于警戒而安装的照明。在重要的工厂区、库区及其他场所，根据警戒防范的需要，设置警卫照明。

5. 障碍照明

在可能危及航行安全的建筑物或构筑物上安装的标识照明。障碍照明一般用闪光、红色灯显示。

在飞机场及航道附近的高耸建筑、烟囱、水塔等，对飞机起降可能构成威胁的，应按民航部门的标准或规定装设。在江河等水域两侧或中间的建筑物或其他障碍物，对船舶航行可能造成威胁的，应按交通部门的标准或规定装设。

【任务实施】

电气照明系统设计包含一定专业知识。在设计过程中应首先合理确定照明方式及照明种类。

1. 学习光的基本度量单位

2. 掌握照明质量的特征指标

3. 按规定确定照明方式

照明方式的确定应符合下列规定。

1）工作场所应设置一般照明。

2）当同一场所内的不同区域有不同照度要求时，应采用分区一般照明。

3）对于作业面照度要求较高，只采用一般照明不合理的场所，宜采用混合照明。

4）在一个工作场所内不应只采用局部照明。

5）当需要提高特定区域或目标的照度时，宜采用重点照明。

4. 确定照明种类

照明种类的确定应符合下列规定。

1）室内工作及相关辅助场所，均匀设置正常照明。

2）当下列场所正常照明电源失效时，应设置应急照明。

① 需确保正常工作或活动继续进行的场所，应设置备用照明。

② 需确保处于潜在危险之中的人员安全的场所，应设置安全照明。

③ 需确保人员安全疏散的出口和通道，应设置疏散照明。

3）需在夜间非工作时间值守或巡视的场所应设置值班照明。

4）需警戒的场所，应根据警戒范围的要求设置警卫照明。

5）在危及航行安全的建筑物、构筑物上，应根据相关部门的规定设置障碍照明。

 【提交成果】

任务完成后，需提交确定照明方式及照明种类任务表（见任务工单 6-1）。

 课后思考与习题

1. 什么叫光通量、发光强度、照度和亮度？

2. 照明方式有哪几种？

3. 照明种类有哪几种？

任务工单 6-1　确定照明方式及照明种类任务表

照明方式	
照明方式确定的依据及原因	
照明种类	
照明种类确定的依据及原因	
小结	
体会	

填表人：

任务 2　电光源的选择

【任务描述】

根据工程的实际情况，进行电光源的选择。

【任务分析】

电气照明系统设计得是否合理，直接影响建筑的使用功能，而电光源的选择是照明系统设计的一部分。选择电光源时，应满足显色性、启动时间等要求，并应根据光源、灯具及镇流器等的效率或效能、寿命等，在进行综合技术经济分析比较后确定，同时还要考虑使用环境情况及要求选择合适的电光源。

【相关知识】

一、常用电光源的类型及特性

在照明工程中使用的各种光源可以根据其工作原理、构造等特点加以分类。电光源依据其发光原理主要分为两大类：热辐射光源和气体放电光源。

（一）热辐射光源

利用物体加热时辐射发光的原理所做成的光源称为热辐射光源。目前常用的热辐射光源有白炽灯和卤钨灯两种。

1. 白炽灯

白炽灯是利用灯丝（钨丝）通过电流加热到白炽状态而引起热辐射发光。

白炽灯结构简单、价格便宜、安装使用方便、显色性好，且启燃迅速，但表面温度和亮度较高，发光效率低，使用寿命短，且耐震性较差。

2. 卤钨灯

卤钨灯的结构如图 6-1 所示。它实际上是在白炽灯内充入含有少量卤素（如碘、溴等）的气体，利用卤钨循环的作用，使灯丝蒸发的一部分钨重新附着在灯丝上，以达到既提高光效、又延长寿命的目的。

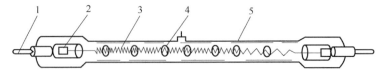

图 6-1　卤钨灯结构

1—灯脚　2—铝箔　3—灯丝（钨丝）　4—支架　5—石英玻管（内充微量卤素）

为了使卤钨灯的卤钨循环顺利进行，安装时灯管必须保持水平，倾斜角不得大于 4°，且不允许采用人工冷却措施（如使用电风扇）。由于卤钨灯工作时管壁温度可高达 600℃，因此不可与易燃物靠近。卤钨灯的耐震性差，须注意防震，更不能作为移动光源来使用。卤钨灯的显色性好，使用也较方便，主要用于需要高照度的场所。

（二）气体放电光源

气体放电光源是利用气体放电时发光的原理所制成的光源，如荧光灯、高压汞灯、高压钠灯、金属卤化物灯和氙灯等。

1. 荧光灯

荧光灯利用汞蒸气在外加电压作用下产生弧光放电，发出少量可见光和大量紫外线，而紫外线又激励管内壁涂覆的荧光粉，使之再发出大量的可见光。荧光灯的发光效率比白炽灯高得多，使用寿命也比白炽灯长很多。

荧光灯的接线如图 6-2 所示。当荧光灯接上电压后，启辉器 S 首先产生辉光放电，致使双金属片加热伸开，造成两极短接，从而使电流通过灯丝。灯丝加热后发射电子，并使管内的少量汞气化。当启辉器辉光放电终止时，双金属片冷却收缩，从而突然断开灯丝加热回路，使镇流器 L 两端产生很高的电动势，连同电源电压一同加在灯管两端的灯丝（电极）之间，使充满汞蒸气的灯

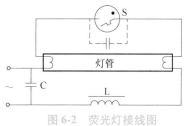

图 6-2 荧光灯接线图
S—启辉器 L—镇流器 C—电容器

管击穿，产生弧光放电。荧光灯的功率因数只在 0.5 左右，可以通过并联电容器 C 来提高功率因数，接上电容器后，功率因数可提高到 0.95 以上。荧光灯的光效高，寿命长，但需要附件较多，不适宜安装在频繁启动的场合。

荧光灯工作时，其灯光将随着灯管两端电压的周期性交变而频繁闪烁，这就是"频闪效应"。频闪效应可使人眼发生错觉，将一些由电动机驱动的旋转物体误认为静止物体，这当然是安全生产场所不允许的，所以在有旋转电机的车间里使用荧光灯时，要设法消除频闪效应（如在一个灯具内安装两根或三根荧光灯管，且每根灯管分别接到不同的线路上）。荧光灯除普通直管荧光灯外，还有三基色直管形、环形和紧凑型荧光灯，紧凑型荧光灯有 U 形、2U 形、H 形和 2D 形等多种形式。常用的 2U 形紧凑型节能荧光灯的结构外形如图 6-3 所示。

紧凑型荧光灯具有光色好、光效高、能耗低和使用寿命长的特点，因此在一般照明中，它可以取代普通白炽灯，从而大大节约电能。

2. 高压汞灯

高压汞灯又称高压水银荧光灯，其结构和工作原理如图 6-4 所示。

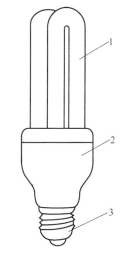

图 6-3 2U 形紧凑型节能荧光灯
1—放电管（内壁涂覆荧光粉，
管端有灯丝，管内充有少量汞）
2—底层（内嵌镇流器、启辉器和电容器）
3—灯头（内接有引入线）

高压汞灯中最重要的部分是灯泡内的发光放电管，它是用石英玻璃制造而成，也称石英放电管，靠灯泡内的金属支架固定。灯管内抽成真空后充入汞和氩气。在灯管的两端装有钨丝的主电极，在放电管的另一端还装有辅助电极，与同端的主电极距离较近。由于灯管内充

入的是汞，而且工作时气体的压力为 2~6 个大气压，因此称为高压汞灯。

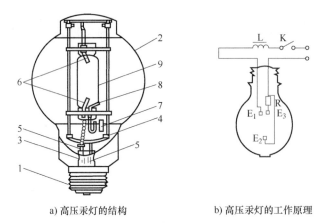

a) 高压汞灯的结构　　　　　b) 高压汞灯的工作原理

图 6-4　高压汞灯

1—灯头　2—玻璃壳　3—抽气管　4—支架　5—导线　6—主电极 E_1、E_2

7—起动电阻　8—辅助电极 E_3　9—石英放电管

高压汞灯具有发光效率高、使用寿命长的优点，但是显色性较差，启燃和再启燃的时间较长。由于必须有附件才能使用，且附件的质量对光源的影响较大，故现在较少应用。

3. 高压钠灯

高压钠灯的结构如图 6-5 所示，其接线和高压汞灯相同，它利用高压钠蒸气（压强可达 104Pa）放电发光，其光效比高压汞灯还高，使用寿命更长，紫外线辐射少，透雾性好，故可用于路灯。但其显色性较差，启动时间和再启动时间较长，对电压波动反应较敏感。高压钠灯广泛应用于高大工业厂房、体育场馆、道路、广场、户外作业场所。

4. 金属卤化物灯

金属卤化物灯是在高压汞灯的基础上，为改善光色而发展起来的新型光源，不仅光色好，而且光效高，受电压影响也较小，是目前比较理想的光源。其发光原理是在高压汞灯内添加某些金属卤化物，靠金属卤化物的循环作用，不断向电弧提供相应的金属蒸气，金属原子

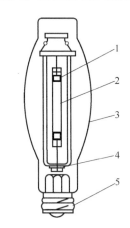

图 6-5　高压钠灯结构图

1—主电极　2—半透明陶瓷放电管
3—外玻璃壳　4—消气剂　5—灯头

在电弧中受电弧激发而辐射该金属的特征光谱线。选择适当的金属卤化物并控制它们的比例，可制成各种不同光色的金属卤化物灯。

金属卤化物灯可用于商场、大型的广场和体育场等处。

5. 氙灯

氙灯是一种充氙气的高功率（可高达 100kW）气体放电光源。其光色接近日光，显色性好，适用于需正确辨色的场所作工作照明。又因其功率大，故可用于广场、车站、码头、机场、大型车间等大面积场所的照明。氙灯作为室内照明光源时，为防止紫外线对人体的伤害，应装设能隔紫外线的滤光玻璃。

6. 混光灯

在一个照明装置内装设两种气体放电光源或几种气体放电光源时，称这种光源为混光灯。例如一支中显钠灯管芯和一支汞灯管芯串联，组成中显钠汞灯，它吸取了各光源的优点。混光灯主要用于照度要求高的高大建筑室内照明。

（三）LED 灯

LED 是"发光二极管"的英文缩写，这种光源具有广泛的优越性，其特点表现在以下方面。

1）使用寿命长，可达 10 万小时。

2）发光效率高，理论上 LED 光效可达 200lm/W。

3）功率小，其节能效果极佳，以 $0.01W \cdot m$ 计算。

4）发热量低，环保安全可靠。

5）体积小，重量轻，其发光面积仅为 $0.8mm^2$ 左右。

6）启动快捷，因其驱动电压低，更适用于应急照明。

7）坚固耐用、防震动、防碰撞。

8）可配置任意形状的灯具，并有灵活性，方便设计组合，成为理想的室内、外装饰照明。

9）色彩丰富，可按灯光的设计效果制成所需要的各种颜色，达到给人以亮而美的视觉感受。

10）应用领域和范围广。

二、常用电光源的技术特性

常用电光源的主要技术特性见表 6-3。

表 6-3　常用电光源的主要技术特性比较

光源特性参数	普通白炽灯	普通卤钨灯	普通荧光灯	高压汞灯	高压钠灯	金属卤化物灯	氙灯
额定功率/W	15~1000	500~2000	6~125	50~1000	35~1000	125~3500	1500~100000
发光效率/（lm/W）	10~15	20~25	40~90	30~50	70~100	60~90	20~40
平均使用寿命/h	1000	1000~1500	1500~5000	2500~6000	12000~24000	500~3000	1000
一般显色指数 Ra(%)	97~99	95~99	75~90	30~50	20~25	65~90	95~97
色温度/K	2400~2920	3000~3200	3000~6500	4400~5500	2000~3000	4500~7000	5700~6700
启动稳定时间	瞬时	瞬时	1~3s	4~8min	4~8min	4~8min	瞬时
再启动时间间隔	瞬时	瞬时	瞬时	5~10min	10~20min	10~15min	瞬时

（续）

光源特性 参数	普通 白炽灯	普通 卤钨灯	普通 荧光灯	高压 汞灯	高压 钠灯	金属 卤化物灯	氙灯
功率因数	1.0	1.0	0.33~0.52	0.44~0.67	0.44	0.4~0.6	0.4~0.9
频闪效应	无	无	有	有	有	有	有
表面亮度	大	大	小	较大	较大	大	大
电压变化对 光通的影响	大	大	较大	较大	大	较大	较大
环境温度对 光通的影响	小	小	大	较小	较小	较小	小
耐震性能	较差	差	较好	好	较好	好	好
所需附件	无	无	镇流器、 启辉器	镇流器	镇流器	镇流器、 触发器	镇流器、 触发器

【任务实施】

1. 学习常用电光源的种类及特性

2. 依据实际情况合理选择电光源

（1）电光源选择原则

1）产品应符合现行的国家和行业标准。

2）光源的发光效率高。

3）显色性满足使用要求。

4）光源使用寿命长。

5）技术经济综合性能优，性价比高。

（2）电光源选择要求　GB 50034—2013《建筑照明设计标准》规定，选择照明光源时应满足如下要求。

1）当选择电光源时，应满足显色性、启动时间等要求，并应根据光源、灯具及镇流器等的效率或效能、寿命等在进行综合技术经济分析比较后确定。

2）照明设计应按下列条件选择光源。

①灯具安装高度较低（通常情况下灯具安装高度低于8m）的场所，宜采用细管直管型三基色荧光灯，如办公室、教室、会议室、诊室等房间以及轻工、纺织、电子、仪表等生产场所。

②商店营业厅的一般照明宜采用细管直管型三基色荧光灯、小功率陶瓷金属卤化物灯、发光二极管灯。

③灯具安装高度较高（通常情况下灯具安装高度大于8m）的场所，应采用金属卤化物灯、高压钠灯或高频大功率细管直管荧光灯，如锻工车间、炼铁车间、材料库、成品库等。

④旅馆建筑的客房宜采用发光二极管灯或紧凑型荧光灯。

⑤ 照明设计不应采用普通照明白炽灯，对电磁干扰有严格要求，且其他光源无法满足的特殊场所除外。

3）应急照明应选用能快速点亮的光源，如荧光灯、发光二极管灯等。

4）根据识别颜色要求和场所特点，应选用相应显色指数的光源。显色性要求高的场所，应采用显色指数高的光源，如 Ra>80 的三基色稀土荧光灯；显色性要求低的场所，可采用显色指数较低而光效更高、寿命更长的光源。

【提交成果】

任务完成后，需提交电光源选择任务表（见任务工单 6-2）。

 课后思考与习题

1. 常见的电光源有哪几种？各有何特点？

2. 如何选择照明光源？

任务工单 6-2　电光源选择任务表

电光源种类	
选择电光源的 依据及原因	
小结	
体会	

填表人：

任务 3　灯具的选择与布置

【任务描述】

根据工程的实际情况，合理选择灯具并进行灯具布置。

【任务分析】

电气照明系统设计得是否合理，与灯具的选择及布置有很大关系。选择灯具应满足使用功能和照明质量要求，提高能效，要有符合场所环境条件的防护等级，还要便于安装、维护，综合经济性良好等。灯具的布置是否合理关系到照明安装容量、投资费用以及维护、检修的方便与安全等。

【相关知识】

一、灯具的类型

1. 按灯具的配光特性分类

有两种分类方法，一种是国际照明委员会（CIE）提出的分类法，另一种是传统分类法。

（1）CIE 分类法　根据灯具向下和向上投射的光通量百分比，将灯具分为直接型、半直接型、均匀漫射型、半间接型和间接型 5 种类型，其光通量分布及特点见表 6-4。

表 6-4　灯具按 CIE 分类法分

分布类型	光通量分布（%）		特　点
	上半球	下半球	
直接型	0~10	100~90	光线集中，工作面上可获得充分照度
半直接型	10~40	90~60	光线集中在工作面上，空间环境有适当照度，比直接型眩光小
均匀漫射型	40~60	60~40	空间各方向的光通量基本一致，无眩光
半间接型	60~90	40~10	增加反射光的作用，使光线比较均匀柔和
间接型	90~100	10~0	扩散性好，光线柔和均匀，避免眩光，但光的利用率低

（2）传统分类法　根据灯具的配光曲线形状，将灯具分为以下 5 种类型（图 6-6）。

① 正弦分布型：发光强度是角度的正弦函数，并且在 $\theta = 90°$ 时发光强度最大。

② 广照型：最大发光强度分布在较大角度上，可以在较广的面积上形成均匀的照度。

③ 漫射型：各个角度的发光强度基本一致。

④ 配照型：发光强度是角度的余弦函数，并且在 $\theta = 0°$ 时发光强度最大。

⑤ 深照型：光通量和最大发光强度值集中在 0°~30° 的狭小立体角内。

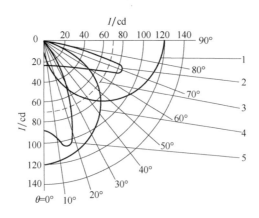

图 6-6　灯具按配光曲线形状分类
1—正弦分布型　2—广照型　3—漫射型
4—配照型　5—深照型

2. 按灯具的结构特点分类

灯具按结构特点可分为以下 5 种类型。

① 开启型：光源与灯具外界的空间相通，例如一般的配照灯、广照灯、深照灯等。

② 闭合型：光源被灯罩包合，但内、外空气仍能流通，如圆球灯、双罩型（又称万能型）灯和吸顶灯等。

③ 密闭型：光源被灯罩密封，内、外空气不能对流，如防潮灯、防水防尘灯等。

④ 增安型：亦称防爆型，其光源被高强度灯罩密封，且灯具能承受足够的压力，能安全地应用在有爆炸危险介质的场所。

⑤ 隔爆型：光源被高强度灯罩密封，但不是靠其密封性来防爆，而是在其灯座的法兰与灯罩的法兰之间有一隔爆间隙。当气体在灯罩内部爆炸时，高温气体经过隔爆间隙被充分冷却，不致引起外部爆炸性混合气体爆炸，因此隔爆型灯也能安全地应用在有爆炸危险介质的场所。

3. 按灯具的安装方式及安装部位分类

灯具按安装方式及安装部位不同可分为吊灯、吸顶灯、壁灯、嵌入式灯、地灯、庭院灯、路灯及广场灯等。

二、灯具的布置

灯具的布置就是确定灯具在房间内的空间位置，这与它的投光方向、工作面的布置、照度的均匀度以及限制眩光和阴影都有直接关系。

灯具的布置主要有两种方式：一是均匀布置，即灯具有规律地对称排列，以使整个房间内的照度分布比较均匀，如正方形、矩形、菱形等方式；二是选择布置，就是为适应生产要求和设备布置，加强局部工作面的照度及防止在工作面上出现阴影，采用灯具位置随工作表面安排而改变的方式。室内一般照明通常采用均匀布置，均匀布置是否合理主要取决于灯具的悬挂高度（h）及距高比（L/h）是否适当。

为限制直射眩光，且防止碰撞和触电危险，对灯具悬挂的最低高度应有限制；当环境条件限制而不能满足规定数值时，灯具悬挂的高度一般不低于 2m。表 6-5 是室内一般照明灯具的最低悬挂高度。

表 6-5　室内一般照明灯具的最低悬挂高度

光 源 种 类	灯 具 型 式	灯具保护角/(°)	光源功率/W	最低悬挂高度/m
白炽灯	有反射罩	10~30	<100	2.5
			150~200	3.0
			300~500	3.5
	乳白玻璃漫射罩	—	<100	2.2
			150~200	2.5
			300~500	3.0
荧光灯	无反射罩	—	≤40	2.2
			>40	3.0
	有反射罩	—	≤40	2.0
			>40	2.2
荧光高压汞灯	有反射罩	10~30	<125	3.5
			125~250	5.0
			≥400	6.0
	有反射罩带格栅	>30	<125	3.0
			125~250	4.0
			≥400	5.0
金属卤化物灯、高压钠灯、混光灯	有反射罩	10~30	<150	4.5
			150~250	5.5
			250~400	6.5
			>400	7.5
	有反射罩带格栅	>30	<150	4.0
			150~250	4.5
			250~400	5.5
			>400	6.5

表 6-5 中所列灯具的保护角是指从光源发光体（灯丝）和灯具出口边缘的一点的连线与通过光源中心的水平线之间的夹角，它反映了灯具遮挡光源直射光的范围，又称遮光角。一般灯具的保护角应在 15°~30° 之间。

为使一个房间里照度比较均匀，灯具布置应有合理的距高比。距高比是指灯具的间距 L 和计算高度 h（灯具至工作面的距离）之比。距高比值小，照度均匀度好，但经济性差；距高比值过大，则不能满足规定的照度均匀度。各种灯具最有利的距高比见表 6-6。

表 6-6　各种灯具最有利的距高比

灯具类型	距高比 L/h	
	多行布置	单行布置
深照型灯、漫射型灯	1.6～1.8	1.5～1.8
配照型灯、广照型灯	1.8～2.5	1.8～2.0
防爆灯、吸顶灯、圆球型灯	2.3～3.2	1.9～2.5
荧光灯	1.4～1.5	1.2～1.4

在布置一般照明灯具时，还需要确定灯具距墙壁的距离 d。当工作面靠近墙壁时：

$$d = (0.25 \sim 0.3) L \tag{6-2}$$

式中　L——灯具的间距，m。

当靠近墙壁处为通道或无工作面时：

$$d = (0.4 \sim 0.5) L \tag{6-3}$$

【任务实施】

1. 学习灯具的种类及特点

2. 依据实际情况合理选择灯具

（1）灯具选择的原则

1）灯具产品应符合现行国家标准的规定。

2）控制眩光好，符合使用场所要求。

3）灯具效率高，灯具效率是指灯具发出的总光通量与灯具内所有光源发出的总光通量之比，也称灯具光输出比。

4）配光合理，与房间高度及尺寸相适应。

5）灯具的防护等级符合场所环境条件。

6）经济性良好，初建投资及长期运行费用合理。

7）外形美观，与建筑物和环境相协调。

（2）灯具选择要求　照明设计中选择灯具应满足使用功能和照明质量要求，提高能效，要有符合场所环境条件的防护等级，还要便于安装、维护，综合经济性良好等。主要要求如下。

1）在满足眩光限制和配光要求的条件下，应选用效率或效能高的灯具。

2）特别潮湿场所，应采用相应防护措施的灯具。

3）有腐蚀性气体或蒸汽的场所，应采用相应防腐蚀要求的灯具。

4）高温场所，宜选用散热性能好、耐高温的灯具。

5）多尘埃的场所，应采用防护等级不低于 IP5X 的灯具。

6）装有锻锤、大型桥式吊车等震动、摆动较大场所，应有防震和防脱落措施。

7）易受机械损伤、光源自行脱落可能造成人员伤害或财物损失的场所，应有防护措施。

8）室外场所应采用防护等级不低于 IP54 的灯具。

9）有爆炸或火灾危险场所，应符合国家现行有关标准的规定。

10）有洁净度要求的场所，应采用不易积尘、易于擦拭的洁净灯具，并应满足洁净场所的相关要求。

11）需防止紫外线照射的场所，应采用隔紫外线灯具或无紫外线光源。

3. 依据实际情况合理布置灯具

通常灯具的布置需要注意以下几个方面。

① 灯具布置应与建筑结构条件相适应（如梁、屋架及房间吊顶等）。

② 考虑场所主要作业面的照度要求，如通道、非作业面等处可合理降低照度的条件。

③ 灯具间距（L）适宜，应与灯具安装高度（h）结合，使实际距高比（L/h）不超过选用灯具的最大允许距离比，以符合照度均匀度要求。

④ 灯具布置位置和高度应避免光线被生产设备、管道遮挡。

【提交成果】

任务完成后，需提交灯具选择与布置表（见任务工单6-3）。

课后思考与习题

1. 灯具有哪几种分类方式？它又是如何分类的？

2. 灯具的选择应注意哪些问题？

3. 什么是灯具的距高比？距高比与布置方案有什么关系？

任务工单 6-3　灯具选择与布置表

灯具的种类	
灯具选择的依据及原因	
灯具的布置（图形表示）	
灯具布置的依据及原因	
小结	
体会	

填表人：

任务 4　照 度 计 算

【任务描述】

根据工程的实际情况，计算工作面上的平均照度。

【任务分析】

照度计算是照明设计的重要内容之一，照度计算的目的是根据房间所需要的照度标准及其他有关条件，例如灯具类型、布灯情况、房间各表面（顶棚表面、墙表面、地表面）的反射条件及烟尘污染等，通过一定的计算方法来确定光源的容量及灯具的数量，也可以在灯具的形式、光源的容量都确定的情况下计算其所达到的照度值。

【相关知识】

照度的计算方法比较多，常用的计算方法有：利用系数法、概算曲线法、逐点计算法和单位容量法等。限于篇幅，本书只讨论利用系数法计算平均照度。

工作面上的光通量是由灯具发出的直射到工作面上的光通量和经室内墙面、地面和顶棚等多次反射到工作面上的光通量两部分组成的，该值除以工作面面积，即为工作面上的平均照度 E_{av}。

1. 利用系数法的特点及应用范围

利用系数法是用于计算灯具均匀布置的房间或场所的平均照度，该方法计入了由灯具内光源发出的光直接投射到工作面的光通量，也包括了照射到室内各表面经反射后照射到工作面的光通量。

利用系数法的应用条件是灯具生产企业能提供经过测试的利用系数表。该表是按某个灯具的效率和配光特性而测出，并按房间不同室形指数及顶棚、墙壁、地面反射比而列出一组利用系数。

利用系数法计算比较准确，使用简单，因此得到广泛应用。

2. 利用系数

利用系数 U 表示室内灯具投射到工作面上的有效光通量 ϕ_W（包括直射光通量和经墙面、地面和顶棚等多次反射的光通量）与灯具中光源发出的总光通量 ϕ_S 的比值，即

$$U = \frac{\phi_W}{\phi_S} \tag{6-4}$$

利用系数是表征照明光源的光通量有效利用程度的一个参数，它与所有灯具的发光效率、配光特性、悬挂高度及房间内各表面的反射系数等诸多因素有关。利用系数通常按房间表面反射比、房间的室空间比，从有关照明设计手册或生产厂家提供的产品样本的利用系数表，用插值法确定。反射比可按表 6-2 选取。室空间比是表示房间空间特征的系数，可按下式计算。

$$RCR = \frac{5h_{RC}(a+b)}{a \cdot b} \tag{6-5}$$

式中　RCR——房间的室空间比；

h_{RC}——房间内灯具距离工作面的高度，m；

a、b——房间的长度和宽度，m。

室空间比也可用室形指数 RI 表示，即

$$RI = \frac{a \cdot b}{h_{RC}(a+b)} = \frac{5}{RCR} \tag{6-6}$$

3. 利用系数法进行平均照度计算的基本公式

$$E_{av} = \frac{N \cdot \phi \cdot U \cdot K}{A} \tag{6-7}$$

式中　E_{av}——工作面上的平均照度，lx；

　　　　N——光源的数量，只；

　　　　ϕ——每只光源的光通量，lm；

　　　　U——利用系数，可查产品样本；

　　　　K——减光系数（维护系数），表6-7为GB 50034—2013《建筑照明设计标准》规定的灯具减光系数；

　　　　A——工作面面积，m^2。

表6-7　灯具的减光系数（维护系数）

环境污染特征		房间或场所举例	灯具最少擦拭次数/（次/年）	减光系数（维护系数）值
室内	清洁	卧室、办公室、影院、剧场、餐厅、阅览室、教室、病房、客房、仪器仪表装配间、电子元器件装配间、检验室、商店营业厅、体育馆等	2	0.8
	一般	机场候机厅、候车室、机械加工车间、机械装配车间、农贸市场等	2	0.7
	污染严重	共用厨房、锻工车间、铸工车间、水泥车间等	3	0.6
开敞空间		雨篷、站台	2	0.65

【例6-1】　已知某办公室长13.2m，宽6m，吊顶高2.8m，顶棚表面反射比为0.7，墙面反射比为0.5，地面反射比为0.2，设计照度标准为300lx，拟选用三基色直管荧光灯，T8型，其光通量为3350lm，选用嵌入式格栅灯具。试计算需要的灯管数量和实际平均照度。利用系数见表6-8。

表6-8　【例6-1】的利用系数表

室形指数 RI	有效顶棚反射比 ρ_c（%）						
	70	50			30		0
	墙面反射比 ρ_w（%）						
	50	50		30		30	0
	地面反射比 ρ_f（%）						
	20	30	10	30	10	10	0
0.6	0.31	0.32	0.31	0.28	0.27	0.27	0.24
0.8	0.38	0.39	0.37	0.35	0.34	0.34	0.30

（续）

室形指数 *RI*	有效顶棚反射比 ρ_c（%）						
	70	50				30	0
	墙面反射比 ρ_w（%）						
	50	50		30		30	0
	地面反射比 ρ_f（%）						
	20	30	10	30	10	10	0
1	0.43	0.43	0.42	0.40	0.39	0.38	0.35
1.25	0.49	0.49	0.47	0.45	0.44	0.44	0.41
1.5	0.52	0.52	0.50	0.49	0.47	0.47	0.44
2	0.56	0.56	0.53	0.53	0.51	0.50	0.48
2.5	0.59	0.59	0.55	0.56	0.54	0.53	0.50
3	0.61	0.62	0.57	0.59	0.56	0.55	0.53
4	0.63	0.63	0.58	0.61	0.57	0.56	0.54
5	0.64	0.65	0.60	0.63	0.58	0.58	0.55

解：（1）填写原始数据

已知 $a = 13.2$m，$b = 6$m，$\phi = 3350$lm，$\rho_c = 0.7$，$\rho_w = 0.5$，$\rho_f = 0.2$。取工作面高度为 0.75m，则 $h_{RC} = (2.8 - 0.75)$m $= 2.05$m。

（2）计算室形指数 *RI*

$$RI = \frac{a \cdot b}{h_{RC}(a+b)} = \frac{13.2 \times 6}{2.05 \times (13.2+6)} = 2.01$$

（3）确定减光系数 *K*

查表 6-7，可取 *K* = 0.8。

（4）确定利用系数 *U*

查表 6-8，得 *U* = 0.56。

（5）按已知平均照度 E_{av}，确定光源数量 *N*

因为

$$E_{av} = \frac{N \cdot \phi \cdot U \cdot K}{A}$$

所以

$$N = \frac{E_{av} \cdot A}{\phi \cdot U \cdot K} = \frac{300 \times (13.2 \times 6)}{3350 \times 0.56 \times 0.8} \text{只} = 15.8 \text{ 只}$$

为取整数，并考虑均匀布置灯具，拟选用 16 只灯管，则实际平均照度为

$$E_{av} = \frac{N \cdot \phi \cdot U \cdot K}{A} = \frac{16 \times 3350 \times 0.56 \times 0.8}{13.2 \times 6} \text{lx} = 303 \text{lx}$$

【任务实施】

1. 学习平均照度的概念
2. 掌握利用系数法的特点及应用
3. 应用利用系数法计算平均照度

应用利用系数法进行平均照度计算的步骤如下。

① 填写原始数据：光源光通量 ϕ、光源的数量 N、房间尺寸 a 和 b、灯具的安装高度及各表面的反射比。

② 计算室空间比 RCR 或室形指数 RI。

③ 确定减光系数（或维护系数）K。

④ 采用插值法确定利用系数 U。

⑤ 按公式（6-6）计算平均照度 E_{av}。

【提交成果】

任务完成后，需提交照度计算表（见任务工单 6-4）。

课后思考与习题

1. 照明光源的利用系数与哪些因素有关？

2. 某教室长 11.5m、宽 6.5m、高 3.6m，照明器距地高度为 3.1m，课桌的高度为 0.75m。室内顶棚、墙面均为白色涂料，顶棚有效反射比取 70%，墙壁有效反射比取 50%，教室的照度标准为 300lx。若采用蝠翼式荧光灯具，内装 36W 的 T8 直管荧光灯，试确定所需的灯数及灯具布置方案。

任务工单 6-4　照度计算表

计算结果	
照度计算过程	1. 已知数据 2. 计算公式
灯具的布置 （图形表示）	
小结	
体会	

填表人：

任务5　照明配电及控制

【任务描述】

根据工程的实际情况，选择照明电源电压，确定照明配电系统的接线形式及控制方式。

【任务分析】

为保证照明装置正常、安全、可靠地工作，同时便于维护管理，又利于节能，就必须有合理的供配电系统和控制方式。

【相关知识】

一、照明配电电压

1. 照明电源电压选择

我国照明供电一般采用220V/380V三相四线制中性点直接接地的交流网络供电。一般照明光源电压采用220V，1500W及以上高强度气体放电灯的电源电压宜采用380V。

移动式和手提式灯具，以及某些特殊场所，应采用安全特低电压（SELV）供电，其工频交流电压值在干燥场所不大于50V，在潮湿场所不大于25V。

2. 电源电压质量要求

为满足照明灯具的额定使用寿命，使其安全稳定工作，其输入端的端电压不宜大于额定电压的105%，且不宜低于下列值。

① 一般工作场所——95%。

② 远离变电所的小面积一般工作场所，难以满足95%要求时，可为90%。

③ 应急照明、城市道路照明、警卫照明和用安全特低电压供电的照明：90%。

二、照明供电电源

1. 正常照明供电电源

一般情况下，照明与动力共用变压器供电，照明电源引自低压配电屏的照明专线上，如图6-7a所示；照明负荷较大时，也可采用单独的变压器供电。当生产厂房的动力采用变压器—干线供电，对外有低压联络线时，照明电源接于变压器低压侧总开关之后；对外无低压联络线时，照明电源接于变压器低压侧总开关之前，如图6-7b所示。对电力负荷稳定的厂房，动力与照明可合用供电线路，但应在电源进户处将动力与照明线路分开，如图6-7c所示。

2. 应急照明供电电源

供继续工作使用的事故照明（备用照明）应接于与正常照明不同的电源，当正常照明因故停电时，备用照明电源应自动投入。有时为了节约照明线路，也从整个照明中分出一部分作为备用照明，但其配电线路及控制开关应分开装设。

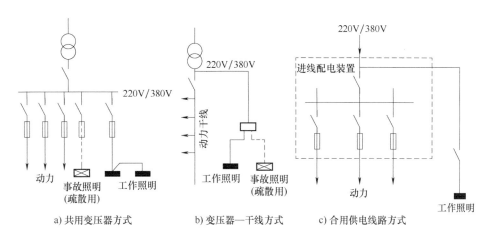

图 6-7　常用照明方式

疏散照明的出口标志灯和指向标志灯宜选用蓄电池供电；安全照明的电源应和该场所的正常供电分别接自不同变压器；备用照明电源宜采用独立的来自电力网的第二电源或应急发电机组。

3. 局部照明供电电源

机床和固定工作台的局部照明可接自动力线路，移动或局部照明应接自正常照明线路。

4. 室外照明供电电源

室外照明应与室内照明线路分开供电，道路照明、警卫照明的电源宜接自有人值班的变电所低压配电屏的专用回路。当室外照明的供电距离较远时，可由不同地区的变电所分区供电。

5. 供给照明用电的配电变压器

供给照明用电的配电变压器应按下列要求设置。

① 建筑内电力设备无大功率冲击性负荷时，照明和动力宜共用变压器。

② 电力设备有大功率冲击性负荷时，照明不应与之接在同一变压器上。

③ 照明安装功率较大时，宜采用照明专用变压器。

④ 城市道路照明宜采用专用变压器。

⑤ 电压偏差较大时，为保证照明质量和光源寿命，并有利节能，宜采用有载自动调压变压器。

三、照明配电系统

照明配电宜采用放射式和树干式结合的系统。

配电箱宜设置在靠近照明负荷中心便于操作维护的位置。三相配电干线的各相负荷宜分配平衡，最大相负荷不宜超过三相负荷平均值的 115%，最小相负荷不宜小于三相负荷平均值的 85%。每一单相分支回路的电流不宜超过 16A，所接光源数不宜超过 25 个；连接组合灯具时，回路电流不宜超过 25A，光源数不宜超过 60 个，供高压气体放电灯的单相分支回路的电流不应超过 30A。

单相分支回路宜单独装设保护电器，不宜采用三相断路器对三个单相分支回路进行保护和控制。

道路照明除配电回路设保护电器外，每个灯具应设单独的保护电器。

插座不宜和照明灯接在同一分支回路。当灯具和插座混为一个回路时，其中插座数量不宜超过5个（组）；当插座为单独回路时，数量不宜超过10个（组）。

四、照明控制

照明控制应能满足各种工作状况、各种用途、各种场景的视觉需要，并在此条件下节约电能，并且应做到安全、可靠、灵活、方便操作、经济性好。

公共建筑和工业建筑的走廊、楼梯间、门厅等公共场所的照明，宜采用集中控制，并按建筑使用条件和天然采光状况采取分区、分组控制，以利于节约用电。

居住建筑的楼梯间、走道的照明，宜采用节能自熄开关（可采用红外移动探测加光控开关），但应急照明灯除外；如果应急照明灯纳入自熄开关范围，则必须设置应急时强制点亮的控制。

各类应急照明应能在正常照明熄灭后，按规定时间自动点亮。其中的疏散照明，以及消防控制中心等的备用照明应与消防系统联动控制。应急照明不应装设就地控制开关；如需要装设，应有应急时强制接通的控制。

 【任务实施】

1）了解我国照明光源电压一般有哪几个等级，根据实际情况选择照明电源电压。
2）了解各种照明种类对供电电源的要求，根据实际情况选择照明电源。
3）了解照明配电系统的接线形式及要求，进行照明系统配电。
4）了解照明控制的要求及控制方式，合理确定照明装置的控制形式。

 【提交成果】

任务完成后，需提交照明配电及控制任务表（见任务工单6-5）。

课后思考与习题

1. 如何确定照明系统的电压？
2. 照明对电源电压质量有哪些要求？
3. 应急照明对供电电源有何要求？

任务工单 6-5　照明配电及控制任务表

照明电源电压	
照明电源的确定及原因	
照明配电形式（接线图表示）	
照明控制方式的确定及原因	
小结	
体会	

填表人：

职业素养要求

在电气照明系统设计中，不仅要考虑建筑使用功能，还应综合考虑建筑装饰风格，培养审美意识，将设计与美学结合起来。

项目七　照明系统设备安装

知识目标

1. 了解电气施工图的组成，掌握电气施工图识读的方法及步骤。
2. 掌握荧光灯、开关及插座安装的要求及方法。

能力目标

1. 能看懂电气施工图。
2. 能安装荧光灯、开关及插座。

任务1　建筑电气施工图识读

【任务描述】

根据业主方提供的建筑设备安装工程施工图，进行建筑电气施工图识读。

【任务分析】

施工图是工程语言，应力求简练而又能直观地表明设计意图。电气施工图识读，就是明确图样上表示工程中的电气部分由什么电气设备、电气元件、电气线路组成，各组成部分之间如何连接，有什么技术要求等，以便于正确编制施工预算，安排设备、材料的购置和组织施工。

【相关知识】

一、建筑电气施工图的组成

电气施工图的组成主要包括：图样目录、设计说明、图例材料表、系统图、平面图和安装大样图（详图）等。

建筑电气施工图的组成及内容

1. 图样目录

图样目录的内容是：图样的组成、名称、张数、图号顺序等，绘制图样目录的目的是便于查找。

2. 设计说明

设计说明主要阐明单项工程的概况、设计依据、设计标准以及施工要求等，主要用于补充说明图面上不能利用线条、符号表示的工程特点、施工方法、线路、材料及其他注意事项。

3. 图例材料表

主要设备及器具在表中用图形符号表示，并标注其名称、规格、型号、数量、安装方式等。

4. 系统图

电气系统图表示配电系统、动力装置、电力拖动和照明系统中电气设备的组成和连接方式，以及电能输送的路径。电气系统图只表示元件的连接关系，不表示元件的形状、安装位置、具体接线方法。电气系统图集中反映了设备的安装容量、配电方式、导线和电缆的型号及敷设方式、开关设备的型号规格等，它是供电规划设计、电气计算、主要设备选择、拟定配电装置的布置和安放位置的主要依据。电气系统图分为照明系统图和动力系统图等。

5. 平面图

平面图是表示建筑物内各种电气设备、器具的平面位置及线路走向的图纸。电气平面图表示电气设备与连接线路的具体位置、线路的规格与敷设方式、电气设备的规格型号、各支路的编号以及施工要求，它是电气施工中的主要图纸。平面图包括总平面图、照明平面图、动力平面图、防雷平面图、接地平面图等。

6. 详图

详图是用来详细表示设备安装方法的图样，对安装部件的各部位有具体图形和详细尺寸，详图多采用全国通用电气装置标准图集。

二、建筑电气施工图的表示

电气施工图上的各种电气元件及线路敷设均用图例符号和文字符号来表示，识图的基本要求是熟悉各种电气设备的图例符号及其表示方法，这样才能掌握各项设备及主要材料在施工图中的安装位置及方式，进而对总体情况有一个概括了解。

建筑电气施工图的表达方式

表7-1是常用电气图例符号，表7-2是部分电力设备的文字符号，表7-3是部分线路安装方式的文字符号，表7-4是部分导线敷设部位的文字符号，表7-5是灯具安装方式文字符号，表7-6是部分电力设备在电气施工图上的标注方法。

表 7-1　常用电气图例符号

图例	名称	备注	图例	名称	备注
	双绕组变压器	形式1		三绕组变压器	形式1
		形式2			形式2

（续）

图例	名称	备注	图例	名称	备注
	电流互感器脉冲变压器	形式1		弯灯	
		形式2		荧光灯	
TV	电压互感器	形式1		三管荧光灯	
TV		形式2	5	五管荧光灯	
	屏、台、箱、柜一般符号			壁灯	
	动力或动力—照明配电箱			广照型灯（配照型灯）	
	照明配电箱（屏）			防水防尘灯	
	事故照明配电箱（屏）			开关一般符号	
	电源自动切换箱（屏）			单极开关	
	隔离开关			单极开关（暗装）	
	灯的一般符号			双极开关	
	球形灯			双极开关（暗装）	
	顶棚灯			三极开关	
	花灯			三极开关（暗装）	

（续）

图例	名称	备注	图例	名称	备注
	单极限时开关			感光火灾探测器	
	调光器			气体火灾探测器（点式）	
	钥匙开关		CT	缆式线型定温探测器	
	电铃			感温探测器	
	天线一般符号			接触器（在非动作位置触点断开）	
	放大器一般符号			断路器	
	两路分配器一般符号			熔断器一般符号	
	三路分配器			熔断器式开关	
	四路分配器			熔断器式隔离开关	
	匹配终端			避雷器	
	传声器一般符号		MDF	总配线架	
	扬声器一般符号		IDF	中间配线架	
	感烟探测器			壁龛交接箱	

（续）

图例	名称	备注	图例	名称	备注
	分线盒的一般符号			插座箱（板）	
	室内分线盒		A	指示式电流表	
	室外分线盒		V	指示式电压表	
	单相插座		cosφ	功率因数表	
	暗装单相插座		Wh	有功电能表（瓦时计）	
	密闭（防水）单相插座			电信插座的不同类型可以用以下的文字或符号区分 TP—电话 FX—传真 M—传声器 FM—调频 TV—电视	
	防爆单相插座				
	带接地插孔的插座				
	带接地插孔的单相插座（暗装）			扬声器	
	带接地插孔的密闭（防水）单相插座			手动火灾报警按钮	
	带接地插孔的防爆单相插座			水流指示器	
	带接地插孔的三相插座		★	火灾报警控制器	
	带接地插孔的三相插座（暗装）			火灾报警电话机（对讲电话机）	

（续）

图例	名称	备注	图例	名称	备注
EEL	应急疏散指示标志灯		──/*n*──	*n* 根导线	
EL	应急疏散照明灯		接地装置		
			─o─/─·─┼─/─┤─	有接地极	
◑	消火栓		──/─·─┼─/─┤──	无接地极	
──────	电线、电缆、母线、传输通路一般符号		──F──	电话线路	
───///───	三根导线		──V──	视频线路	
──/³──			──B──	广播线路	

表 7-2　部分电力设备的文字符号

设 备 名 称	文 字 符 号	设 备 名 称	文 字 符 号
交流（低压）配电屏	AA	蓄电池	GB
控制箱（柜）	AC	柴油发电机	GD
并联电容器屏	ACC	电流表	PA
直流配电屏（电源柜）	AD	有功电能表	PJ
高压开关柜	AH	无功电能表	PJR
照明配电箱	AL	电压表	PV
动力配电箱	AP	电力变压器	T，TM
电度表箱	AW	插头	XP
插座箱	AX	插座	XS
空气调节器	EV	信息插座	XTO

表 7-3 部分线路安装方式的文字符号

敷 设 方 式	文 字 符 号	敷 设 方 式	文 字 符 号
穿焊接钢管敷设	SC	金属线槽敷设	MR
穿电线管敷设	MT	塑料线槽敷设	PR
穿硬塑料管敷设	PC	钢索敷设	M
穿阻燃半硬聚氯乙烯管敷设	FPC	直接埋设	DB
穿聚氯乙烯塑料波纹管敷设	KPC	电缆沟敷设	TC
穿金属软管敷设	CP	混凝土排管敷设	CE
穿扣压式薄壁钢管敷设	KBG	电缆桥架敷设	CT

表 7-4 部分导线敷设部位的文字符号

敷 设 部 位	文 字 符 号	敷 设 部 位	文 字 符 号
沿或跨梁（屋架）敷设	AB	暗敷在墙内	WC
暗敷在梁内	BC	沿顶棚或顶板面敷设	CE
沿或跨柱敷设	AC	暗敷在屋面或顶板内	CC
暗敷在柱内	CLC	吊顶内敷设	SCE
沿墙面敷设	WS	地板或地面下敷设	F

表 7-5 灯具安装方式文字符号

安 装 方 式	文 字 符 号	安 装 方 式	文 字 符 号
线吊式	SW	顶棚内安装	CR
链吊式	CS	墙壁内安装	WR
管吊式	DS	支架上安装	S
壁装式	W	柱上安装	CL
吸顶式	C	座装	HM
嵌入式	R		

表 7-6 部分电力设备在电气施工图上的标注方法

标 注 对 象	标 注 方 式	说　　　明
用电设备	$\dfrac{a}{b}$	a——设备编号或设备位号 b——额定容量，kW 或 kV·A

（续）

标注对象	标注方式	说　明
概略图（系统图）电气箱（柜、屏）	$-a+b/c$	a——设备种类代号 b——设备安装位置的位置代号 c——设备型号
平面图（布置图）电气箱（柜、屏）	$-a$	a——设备种类代号（不致引起混淆时，前缀"-"可略）
照明、安全、控制变压器	$a-b/c-d$	a——设备种类代号 b、c——一次电压、二次电压，kV d——额定容量，kV·A
照明灯具	$a-b\times\dfrac{c\times d\times L}{e}\times f$	a——灯数 b——型号或编号（无则省略） c——每盏灯具的灯泡数 d——灯泡安装容量，kW e——灯泡安装高度（m），若为"—"，则表示吸顶安装 f——安装方式 L——光源种类
线路	$ab-c(d\times e+f\times g)i-jh$	a——线缆编号 b——型号（不需要可省略） c——线缆根数 d——电缆线芯数 e——线芯截面积，mm^2 f——PE、N线芯数 g——线芯截面积，mm^2 i——线缆敷设方式 j——线缆敷设部位 h——线缆敷设安装高度，m
电缆桥架	$\dfrac{a\times b}{c}$	a——电缆桥架宽度，mm b——电缆桥架高度，mm c——电缆桥架安装高度，m
断路器整定值	$\dfrac{a}{b}\times c$	a——脱扣器额定电流，A b——脱扣器整定电流，A c——短延时整定时间（瞬时不标注），s

三、建筑电气施工图的识读步骤

1）看图上的文字说明。文字说明的主要内容包括施工图图样目录、设备材料表和施工说明三部分。比较简单的工程只有几张施工图样，往往不另编制施工说明，一般将文字说明内容表示在平面图或系统图上。

2）看图上所画的电源从何而来，采用哪些供配电方式，使用多大截面的导线，配电使用哪些电气设备，供电给哪些设备。不同的工程有不同的要求，图样上表达的工程内容一定要清楚。

建筑电气施工
图的识读方法
与步骤

3）看比较复杂的电气图时，首先看系统图，了解有哪些设备，有多少个回路，每个回路的作用和原理。然后看平面图，了解各个元件和设备安装在什么位置，如何与外部连接，采用何种敷设方式等。

4）熟悉建筑物的外貌、结构特点、设计功能和工艺要求，并与电气施工说明、电气图样一道配套研究，明确施工方法。

5）尽可能地熟悉其他专业（给水排水、采暖通风、弱电等）的施工图或进行多专业交叉施工座谈，了解有争议的空间位置或互相重叠现象，尽量避免施工过程中的返工。

四、建筑电气施工图示例

建筑电气系统
图识读示例

1. 配电系统图示例

图 7-1 是某居民住宅楼配电干线系统图。本工程电源由室外采用交联聚乙烯绝缘聚氯乙烯护套钢带铠装电力电缆 YJV_{22}-4×50mm^2 SC50，穿钢管沿墙、沿地暗敷设，引入本楼总电源箱 ZM，再经聚氯乙烯绝缘铜芯导线 BV-4×70+1×35mm^2 SC70 穿钢管沿墙暗敷设，引入到集中电表箱 BM。

由集中电表箱 BM 引出 6 组干线回路，其中 2 组干线回路分别送至一层电能计量箱 AM 和二层接地箱，另外 3 组均采用聚氯乙烯绝缘铜芯导线 BV-3×6mm^2 PC25. WC. CC 穿塑料管沿墙、沿顶棚暗敷设，引至车库，最后 1 组采用聚氯乙烯绝缘铜芯导线 BV-3×2.5mm^2 PC20. WC. CC 穿塑料管沿墙、沿顶棚暗敷设，引至楼梯间照明。送至每户分户箱 AM 的导线均采用聚氯乙烯绝缘铜芯导线 BV-3×10mm^2 PC32. WC. CC 穿塑料管沿墙、沿顶棚暗敷设。

图 7-2 为图 7-1 中的 AM 型分户箱系统图。该分户箱由聚氯乙烯绝缘导线 BV-3×10 引入，分 5 个回路配电，分别为照明回路、厨房插座回路、其他插座回路、空调插座回路、卫生间插座回路。照明回路采用聚氯乙烯绝缘导线 BV-2×4 穿硬塑料管暗敷设在墙内、顶板内。所有插座回路均采用聚氯乙烯绝缘导线 BV-3×6 穿硬塑料管暗敷设在墙内、顶板内。

2. 电气照明平面图示例

图 7-3 为某住宅楼一、二层照明、插座、局部等电位箱平面图。图中的配电箱即为图 7-2 所示的 AM 型分户箱，所以平面图要结合系统图一起看，看图时要明确配电箱、开关、插座和灯的位置，同时还要明确每盏灯由哪个开关控制。

建筑电气平面
图识读示例

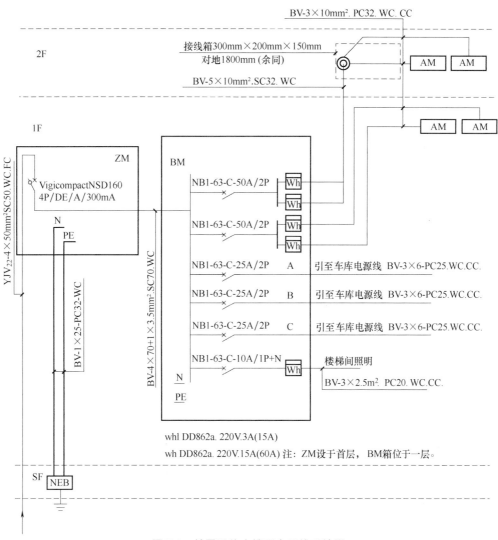

图 7-1　某居民住宅楼配电干线系统图

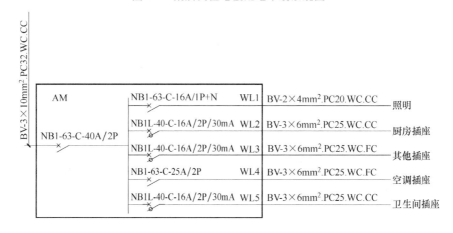

图 7-2　某居民住宅楼分户箱配电系统图

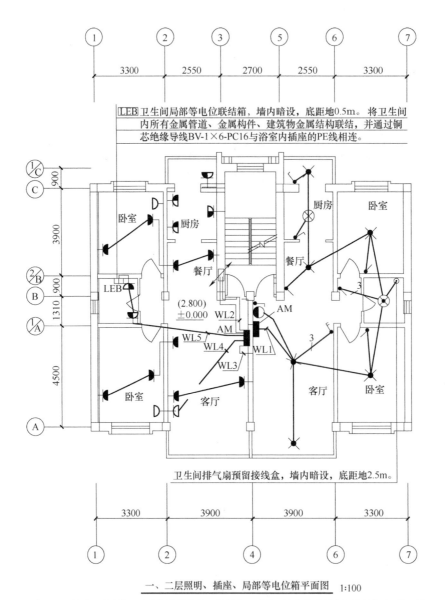

一、二层照明、插座、局部等电位箱平面图　　1:100

注：图中插座回路未注明导线根数的均为三根导线，照明回路未注明导线根数的均为两根导线。

图 7-3　某居民住宅楼一、二层照明、插座、局部等电位箱平面图

【任务实施】

建筑设备安装工程的施工依据就是施工图样，要"按图施工"，就必须在施工前熟悉施工图样中各项设计的技术要求，确保工程施工顺利进行。

1）学习电气施工图的组成及内容。

2）学习施工图中线路及设备的标注含义。

3）学习电气施工图识读的步骤及方法。

4）识读电气施工图。

【提交成果】

任务完成后，需提交电气施工图识读任务表（见任务工单7-1）。

课后思考与习题

1. 电气施工图通常由哪几部分组成？

2. 试说明电气照明平面图上，导线 BV-4×16-SC40-WC 中各符号和数字的含义。

3. 试说明电气照明平面图上，灯具旁标注的 $22\dfrac{200}{4}DS$ 中各符号和数字的含义。

任务工单 7-1　电气施工图识读任务表

电气系统图识读	
照明平面图识读	
动力平面图识读	
小结	
体会	

填表人：

任务2　照明器具的安装

✏️【任务描述】

根据电气施工图，进行照明器具安装。

💡【任务分析】

建筑物的使用功能离不开照明装置，为更好地发挥建筑物的使用功能，就必须为其配备照明装置。照明装置的安装应"依图施工"，从而保证安装的质量及使用的安全性。

🔍【相关知识】

一、灯具的安装

灯具的安装

1. 灯具的安装要求

1）灯具重量大于3kg时，应固定在螺栓或预埋吊钩上。

2）软线吊灯，灯具重量在0.5kg及以下时，采用软电线自身吊装；大于0.5kg的灯具采用吊链，且软电线编插在吊链内，使电线不受力。

3）灯具固定应牢固可靠，不使用木楔。每个灯具固定所用的螺钉或螺栓不少于2个；当绝缘台直径在75mm及以下时，采用3个螺钉或螺栓固定。

4）当设计无要求时，灯具的安装高度和使用电压等级应符合下列规定。

① 一般敞开式灯具，灯头对地面距离不小于下列数值（采用安全电压时除外）：室外为2.5m（室外墙上安装）；厂房为2.5m；室内为2m；软吊线带升降器的灯具在吊线展开后为0.8m。

② 危险性较大及特殊危险场所，当灯具距地面高度小于2.4m时，使用额定电压为36V及以下照明灯具，或有专用保护措施。

5）当灯具距地面高度小于2.4m时，灯具的可接近裸露导体须可靠接地（PE）或接零（PEN），并应有专用接地螺栓，具有标识。

2. 荧光灯安装并接线

将荧光灯紧贴建筑物表面，荧光灯的灯架应完全遮盖住灯头盒。对准灯头盒的位置打好进线孔，将电源线穿入灯架，在进线孔处应套上塑料管保护导线。用胀管螺钉固定灯架。如果荧光灯是安装在吊顶上的，应该将灯架固定在龙骨上。灯架固定好后，将电源线压入灯架内的端子板上。把灯具的反光板固定在灯架上，并将灯架调整顺直，最后把荧光灯管装好，如图7-4所示。

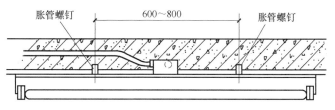

图7-4　荧光灯吸顶安装

二、开关的安装

1. 开关安装要求

1）开关安装位置便于操作，开关边缘距门框边缘的距离为 0.15 ~ 0.2m，开关距地面高度 1.3 ~ 1.5m；拉线开关距地面高度 2 ~ 3m，层高小于 3m 时，拉线开关距顶板不小于 100mm，拉线出口垂直向下。

2）相同型号并列安装及同一室内开关的安装高度应一致，且控制有序不错位。并列安装的拉线开关，其相邻间距不小于 20mm。

3）暗装的开关面板应紧贴墙面，四周无缝隙，安装牢固，表面光滑整洁，无碎裂、无划伤，装饰帽齐全。

2. 安装开关

开关要安装在相线（火线）上，使开关断开时电灯不带电。扳把开关位置应为上合（开灯）下分（关灯）。安装时，先将开关盒预埋在墙内，要注意平整，不能偏斜；盒口面要与墙面一致。待穿完导线后，即可接线，接好线后装开关面板，使面板紧贴墙面。开关暗装如图 7-5 所示。

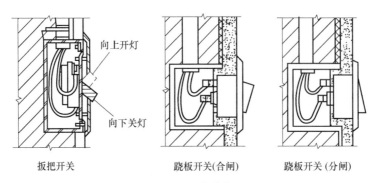

| 扳把开关 | 跷板开关(合闸) | 跷板开关(分闸) |

图 7-5　开关暗装

三、插座的安装

1. 插座安装要求

1）当不采用安全型插座时，托儿所、幼儿园及小学等儿童活动场所的安装高度不小于 1.8m。

2）暗装的插座面板紧贴墙面，四周无缝隙，安装牢固，表面光滑整洁，无碎裂、划伤，装饰帽齐全。

插座

3）车间及试（实）验室的插座安装高度距地面不小于 0.3m；特殊场所暗装的插座不小于 0.15m；同一室内插座的安装高度一致。

4）地插座面板与地面齐平或紧贴地面，盖板固定牢固，密封良好。

2. 安装插座

插座安装方法与开关相同。接线时，应符合如下规定：面对插座，双孔插座"左零线，右相线"；三孔插座"左零线，右相线，上接地线"，如图 7-6 所示。

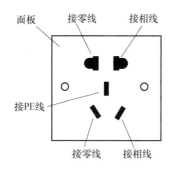

图 7-6 插座接线示意图

【任务实施】

1）学习灯具安装的要求。

2）安装灯具并检查灯具安装的质量。

3）学习开关安装的要求。

4）安装开关并检查开关安装的质量。

5）学习插座安装的要求。

6）安装插座并检查插座安装的质量。

【提交成果】

任务完成后，需提交照明器具安装任务表（见任务工单 7-2）。

 课后思考与习题

1. 灯具安装有哪些要求？

2. 开关安装有什么要求？

3. 插座安装有什么要求？

任务工单 7-2　照明器具安装任务表

灯具的安装	检查验收情况	
	处理意见	
开关的安装	检查验收情况	
	处理意见	
插座的安装	检查验收情况	
	处理意见	
小结		
体会		

填表人：

职业素养要求

　　在照明设备安装过程中，常常由于施工人员的疏忽，造成工程质量不合格，甚至影响建筑的使用功能。因此，工作中应时刻保持严谨的态度，加强质量意识。

项目八　雷电的防御

知识目标

1. 了解过电压的类型和特点；掌握常见接闪器的类型及应用、防雷装置的组成。

2. 理解并掌握架空线路、变配电所及建筑物的防雷措施。

3. 理解并掌握接地的有关概念，熟悉接地体布置的基本原则；掌握等电位联结的类型及应用。

能力目标

1. 能依据客观条件合理选择接闪器。

2. 能依据建筑物的防雷等级确定其防雷措施。

3. 能合理布置接地体；能进行等电位联结。

任务1　防雷装置的选择与安装

【任务描述】

根据工程的实际情况，选择并安装防雷装置。

【任务分析】

为保证建筑物及电力设施免受雷电过电压的危害，就必须有合理的防雷装置。

【相关知识】

一、过电压的形式

过电压是指在电气设备或电气线路上出现的超过正常工作要求并对其绝缘构成威胁的电压。

在电力系统中，按产生的原因不同，过电压可分为内部过电压和外部过电压（雷电过电压）两大类。

1. 内部过电压

内部过电压是由于电力系统内部电磁能量的转化或传递所引起的电压升高。

内部过电压又分为操作过电压和谐振过电压等形式。操作过电压是由于系统中的开关操作、负荷骤变或由于故障出现断续性电弧而引起的过电压。谐振过电压是由于系统中的电路参数（R、L、C）在不利组合时发生谐振而引起的过电压。

内部过电压的能量来自于电力系统本身，运行经验证明，内部过电压一般不超过系统正常运行时额定相电压的 3~4 倍，对电力线路和电气设备绝缘的威胁不是很大，一般可以依靠绝缘配合得到解决。

2. 雷电过电压

雷电过电压又称为外部过电压或大气过电压，它是由于电力系统的设备或建（构）筑物遭受来自大气中的直接雷击或雷电感应而引起的过电压。

雷电冲击波的电压幅值可高达上亿伏，其电流幅值可高达几十万安，对电力系统的危害远远超过内部过电压。它可能毁坏电气设备和线路的绝缘，烧断线路，造成大面积长时间停电。因此，必须采取有效措施加以防护。

雷电过电压可分为直接雷击、间接雷击和雷电波侵入三类。

（1）直接雷击 直接雷击是雷电直接击中电气设备、线路或建（构）筑物，其过电压引起强大的雷电流通过被击物体泄入大地，在被击物体上产生较高的电位降，也称为直击雷过电压。雷电流通过被击物体时将产生破坏性极大的热效应和机械效应，相伴的还有电磁效应和对附近物体的闪络放电（称为雷电反击或二次雷击）。

（2）间接雷击 间接雷击是由雷电对设备、线路或其他物体产生静电感应或电磁感应而引起的过电压。这种雷电过电压又称为感应过电压或感应雷，亦称闪电感应。

架空线路在附近出现对地雷击时极易产生感应过电压。当雷云出现在架空线路上方时，线路上由于静电感应而积聚大量异性的束缚电荷，当雷云对其他地方放电后，线路上的束缚电荷被释放而形成自由电荷，向线路两端泄放，形成电位很高的过电压。高压线路上的感应过电压可高达几十万伏，低压线路上的感应过电压也可达几万伏，对供配电系统和建筑物的危害很大，特别是严重威胁着人身安全。

（3）雷电波侵入 由于直击雷或感应雷而产生的高电位雷电波，沿架空线路或金属管道侵入变配电所或其他建筑物，称雷电波侵入或闪电电涌侵入。据统计，电力系统中由于雷电波侵入而造成的雷害事故，占整个雷害事故的 50%~70%，比例很大，因此对雷电波侵入的防护应予以足够的重视。

二、防雷设备

一套完整的防雷设备由接闪器或避雷器、引下线和接地装置三部分组成。

（一）接闪器

接闪器是吸引和接受雷闪的金属导体，常见接闪器有避雷针、避雷线、避雷带、避雷网。

1. 避雷针

接闪的金属杆称为避雷针，它的功能实质是引雷。当雷电先导临近地面时，它能使雷电场畸变，从而将雷云放电的通道由原来可能向被保护物体发展的方向，吸引到避雷针本身，然后经引下线和接地装置将雷电流引入地下，使被保护的线路、设备、建筑物免受直接雷击。

避雷针

避雷针一般采用热镀锌圆钢（针长 1m 以下时，直径不应小于 12mm；针长 1~2m 时，直径不应小于 16mm）或热镀锌钢管（针长 1m 以下时，内径不应小于 20mm；针长 1~2m 时，内径不应小于 25mm）制成。它通常安装在电杆（支柱）或构架、建筑物上，其下端经金属引下线与接地装置连接。

避雷针的保护范围，以其能防护直接雷击的空间来表示。GB 50057—2010《建筑物防雷设计规范》规定采用滚球法来确定避雷针的保护范围。

滚球法就是选择一个半径为 h_r（滚球半径）的球体，沿需要防护直击雷的部位滚动，如果球体只触及到避雷针（线）或者避雷针（线）与地面，而不触及需要保护的部位，则该部位就在避雷针（线）的保护范围之内。

单支避雷针的保护范围如图 8-1 所示。

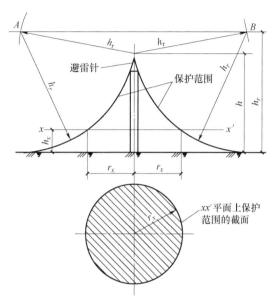

图 8-1 单支避雷针的保护范围

（1）当避雷针高度 $h \le h_r$ 时

① 距地面 h_r 处作一条平行于地面的平行线。

② 以避雷针的针尖为圆心，h_r 为半径，作弧线交于平行线的 A、B 两点。

③ 以 A、B 为圆心，h_r 为半径作弧线，该弧线与针尖相交，并与地面相切。从该弧线起到地面止的整个锥形空间就是避雷针的保护范围。

避雷针在被保护物高度 h_x 的 xx' 平面上的保护半径 r_x 按下式计算。

$$r_x = \sqrt{h(2h_r - h)} - \sqrt{h_x(2h_r - h_x)} \tag{8-1}$$

式中 h_r——滚球半径（m），按表 8-1 确定；

  h——避雷针的高度，m。

表 8-1 按建筑物的防雷类别布置接闪器及其滚球半径

建筑物的防雷类别	滚球半径 h_r/m	接闪器网格尺寸/m
第一类防雷建筑物	30	≤5×5 或≤6×4
第二类防雷建筑物	45	≤10×10 或≤12×8
第三类防雷建筑物	60	≤20×20 或≤24×16

（2）当避雷针高度 $h > h_r$ 时 在避雷针上取高度为 h_r 的一点代替上述单支避雷针的针尖作圆心，其余的做法与上述 $h \leqslant h_r$ 时的做法相同。

【例 8-1】 某厂一座 30m 的水塔旁边，建有一水泵房（属第三类防雷建筑物），尺寸如图 8-2 所示。水塔上面安装有一支高 2m 的避雷针。试问此避雷针能否保护这一泵房。

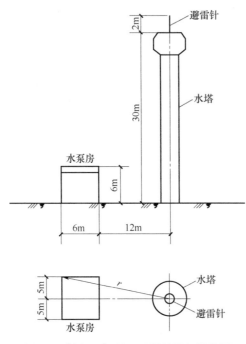

图 8-2 【例 8-1】所示避雷针的保护范围

解：查表 8-1 可得滚球半径 $h_r = 60\text{m}$，避雷针高度 $h = 30\text{m} + 2\text{m} = 32\text{m}$，$h_x = 6\text{m}$。因此由式（8-1）可求得水泵房屋顶水平面上的保护半径。

$$r_x = \left[\sqrt{32 \times (2 \times 60 - 32)} - \sqrt{6 \times (2 \times 60 - 6)}\right]\text{m} = 26.9\text{m}$$

水泵房在 $h_x = 6\text{m}$ 高度屋顶上最远一角距离避雷针的水平距离为

$$r = \sqrt{(12 + 6)^2 + 5^2} = 18.7\text{m} < r_x$$

可见水塔上的这一避雷针完全能够保护该水泵房。

2. 避雷线

接闪的金属线称为避雷线，又称架空地线。其功能与避雷针基本相同，本质上也是引雷作用。

避雷线应有足够的截面和机械强度，一般采用热镀锌钢绞线，截面积不应小于 50mm^2，每股线直径不应小于 1.7mm，避雷线架设在架空线路的上边，以保护架空线路或建（构）筑物免遭直接雷击。

3. 避雷带和避雷网

接闪的金属带称为避雷带。接闪的金属网称为避雷网。避雷带和避雷网主要用来保护高层建筑物免遭直击雷和感应雷。

避雷带和避雷网宜采用圆钢和扁钢。圆钢直径应不小于 8mm，扁钢截面积应不小于 50mm^2，其厚度应不小于 2mm。当独立烟囱上采用热镀锌避雷环时，其圆钢直径不应小于

12mm，扁钢截面积不应小于 100mm²，其厚度应不小于 4mm。避雷网的网格尺寸见表 8-1。

避雷带通常沿屋顶、屋脊或屋檐装设，应高出屋顶 100~150mm，砌外墙时每隔 1m 预埋支持卡子，转弯处支持卡子间距 0.5m。装于平面屋顶中间的避雷网，为了不破坏屋顶的防水防寒层，需现场制作混凝土块，做混凝土块时也要预埋支持卡子，然后将混凝土块每间隔 1.5~2m 摆放在屋顶需装避雷带的地方，再将避雷带焊接或卡在支持卡子上。

4. 避雷器

避雷器是用来防止雷电产生的过电压波沿线路侵入变配电所或其他建筑物内，以免危及被保护设备的绝缘。避雷器与被保护设备并联，装设在电源侧，如图 8-3 所示。

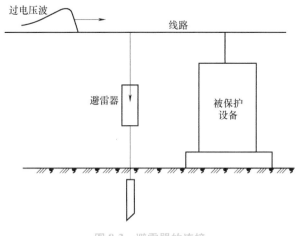

图 8-3　避雷器的连接

避雷器的类型有阀式避雷器、排气式避雷器、金属氧化物避雷器和保护间隙等。

（1）阀式避雷器　阀式避雷器由火花间隙和阀片组成，装在密封的瓷套管内。火花间隙用铜片冲制而成，每对间隙用厚 0.5~1mm 的云母垫圈隔开。阀片用碳化硅制成，具有非线性电阻特性，在正常电压作用时，阀片电阻值很高，起到绝缘作用，火花间隙不会被击穿，从而阻断工频电流；但在雷电过电压作用下，阀片电阻值则变得很低，火花间隙被击穿放电，使雷电流迅速地泄放到大地中。当雷电过电压消失后，阀片又呈现较高电阻值，使火花间隙恢复绝缘，切断工频续流，从而保证线路恢复正常运行。

图 8-4a、b 分别是 FS4-10 型高压阀式避雷器和 FS-0.38 型低压阀式避雷器结构图。

（2）排气式避雷器　排气式避雷器又称为管型避雷器，由产气管、内部间隙和外部间隙三部分组成，如图 8-5 所示。当雷电过电压波沿线路袭来时，排气式避雷器的内、外间隙被击穿，雷电流通过接地线泄放到大地中。雷电流使产气管内部间隙产生强烈电弧，此时管内壁产生大量灭弧气体，由管口喷出，迅速吹灭电弧，同时外部间隙恢复绝缘，线路恢复正常运行。

排气式避雷器具有简单经济、残压小的优点，但它动作时有电弧和气体从管中喷出，因此它只能用于室外的架空线路上。

（3）金属氧化物避雷器　金属氧化物避雷器的工作原理与阀式避雷器基本相似，它的阀电阻片是由氧化锌等金属氧化物烧结而成的多晶半导体陶瓷元件。由于氧化锌电阻片具有十分优良的非线性电阻特性，在正常工作电压下，仅有几百微安的电流通过，因而无须采用串联的放电间隙，使其结构先进合理。

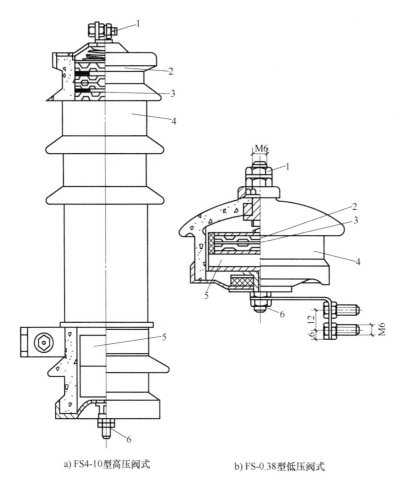

a) FS4-10型高压阀式　　　　b) FS-0.38型低压阀式

图 8-4　阀式避雷器

1—上接线端子　2—火花间隙　3—云母垫圈　4—瓷套管　5—阀片　6—下接线端子

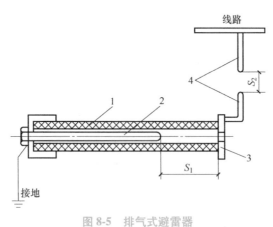

图 8-5　排气式避雷器

1—产气管　2—内部电极　3—端部环形电极　4—外部电极

　　氧化锌避雷器具有保护特性好、通流能力强、体积小、重量轻、不易破损、密封性好、耐污能力强等优点，是目前较先进的过电压保护设备。

氧化锌避雷器分为无火花间隙和有火花间隙两种。无火花间隙的氧化锌避雷器广泛应用于变压器、电机、开关、母线等电力设备的防雷；有火花间隙的氧化锌避雷器，其非线性特性更优异，主要用于6~10kV中性点不直接接地配电系统的变压器、电缆头等交流配电设备的防雷。

（4）保护间隙　保护间隙又称为角型避雷器，它是由两根10~12mm的镀锌圆钢弯成羊角形电极并固定在瓷瓶上，如图8-6a所示。

保护间隙的安装方法是一个电极接线路，另一个电极通过接地线接地。正常情况下，保护间隙是对地绝缘的。当线路遭受雷击时，保护间隙被击穿，雷电流泄入大地。保护间隙击穿时会产生电弧，因空气受热上升，电弧转移到间隙上方，拉长而熄灭，使线路绝缘子或其他电气设备的绝缘不致发生闪络，从而起到保护作用。但为了防止间隙被外物（如鸟、树枝等）短接而造成接地或短路故障，只有一个间隙的保护间隙，必须在其公共接地引下线中间串联一个辅助间隙，如图8-6b所示。这样即使主间隙被外物短接，也不致造成线路接地或短路。

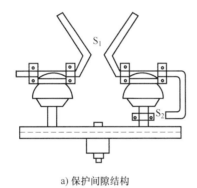
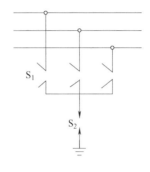

a) 保护间隙结构　　　　　　　　　　b) 保护间隙三相线路上保护间隙的连接

图8-6　保护间隙结构与连接

S_1—主间隙　S_2—辅助间隙

保护间隙简单经济，维修方便，但灭弧能力小，保护性能差，雷击后，保护间隙很可能切不断工频续流而造成接地短路故障，引起线路开关跳闸或熔断器熔断，造成停电，所以只适用于室外不重要负荷的线路上。在装有保护间隙的线路上，一般要求装设自动重合闸装置或自复式熔断器，以提高供电可靠性。

（二）引下线

引下线的功能是将接闪器收到的雷电流引至接地装置。引下线宜采用热镀锌圆钢或扁钢，宜优先采用圆钢。当独立烟囱上的引下线采用圆钢时，其直径不应小于12mm；采用扁钢时，其截面不应小于100mm²并且厚度不应小于4mm。

专设引下线应沿建筑物外墙外表面明敷，并经最短路径接地；建筑外观要求较高者可暗敷，但其圆钢直径不应小于10mm，扁钢截面不应小于80mm²。建筑物上至少要设两根引下线，应在各引下线上距地面0.3~1.8m之间装设断接卡（一般不少于两处）。当利用混凝土内钢筋、钢柱作为自然引下线并同时采用基础接地体时，可不设断接卡，但利用钢筋作引下线时应在室内外的适当地点设若干接地板。当仅利用钢筋作引下线并采用埋于土壤中的人工接地体时，应在每根引下线上距地面不低于0.3m处设接地体连接板。采用埋于土壤中的人工接地体时应设断接卡，其上端应与连接板或钢柱焊接。连接板处宜有明显标志。在易受机械损伤之处，从地面以下 0.3m 至地面以上 1.7m 的一段接地线应采用暗敷，或采用镀锌角钢、改性塑料管或橡胶管等加以保护。

（三）接地装置

接地装置的作用是接收引下线传来的雷电流，并以最快的速度泄入大地。接地装置包括接地母线和接地体两部分。

接地母线是用来连接引下线与接地体的金属线，常用截面不小于 25mm×4mm 的扁钢。

接地体分为自然接地体和人工接地体。自然接地体是指兼作接地体用的直接与大地接触的各种金属管道、金属构件、钢筋混凝土基础等。人工接地体是指人为埋入地下的金属导体。

在设计和装设接地装置时，首先应充分利用自然接地体，以节约投资。如果实地测量所利用的自然接地体的接地电阻满足要求，而且这些自然接地体又满足热稳定条件时，除变配电所外，可不必另设人工接地体。可作为自然接地体的有：与大地有可靠接触的金属结构和钢筋混凝土基础中的钢筋；埋设在地下的金属管道，但不包括可燃和有爆炸物质的管道；直接埋地敷设的不少于两根的电缆金属外皮等。利用自然接地体，必须保证良好的电气连接，在建筑物钢结构结合处凡是用螺栓连接的，都要采用跨接焊接，而且跨接线尺寸不得小于规定要求。

自然接地体不能满足接地要求或无自然接地体时，应装设人工接地体。人工接地体有垂直和水平埋设两种基本型式，如图 8-7 所示。人工接地体大多采取垂直埋设，特殊情况（如多岩石地区）可采取水平埋设。垂直埋设的接地体常采用直径为 40~50mm、壁厚为 3.5mm 的钢管，或者（40mm×40mm×4mm）~（50mm×50mm×5mm）的角钢，长度宜取 2.5m。水平埋设的接地体常采用厚度不小于 4mm、截面不小于 100mm^2 的扁钢或直径不小于 10mm 的圆钢，长度宜为 5~20m。如果接地体埋设处土壤有较强的腐蚀性，则接地体应镀锌或镀锡，并适当加大截面，不准采用涂漆或涂沥青的方法防腐。

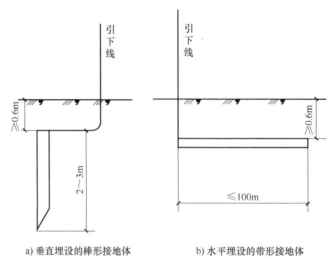

a) 垂直埋设的棒形接地体   b) 水平埋设的带形接地体

图 8-7　人工接地体的型式

为减少自然因素（如环境温度）对接地电阻的影响，人工接地体在土壤中的埋设深度不应小于0.5m，并宜敷设在当地冻土层以下，其距墙或基础不宜小于1m。多根接地体相互靠近时，入地电流将相互排斥，影响入地电流流散，这种现象称屏蔽效应。屏蔽效应使得接地体组的利用率下降。因此，安排接地体位置时，为减少相邻接地体间的屏蔽作用，垂直接地体的间距应不小于接地体长度的两倍，水平接地体的间距一般宜为5m。

 【任务实施】

1）学习过电压种类及特点。

2）熟悉各种接闪器的特点、应用及安装要求，根据实际情况选择并安装接闪器。

3）了解引下线的安装要求，进行引下线安装。

4）了解接地装置的组成及接地体布置原则，合理选择接地体并确定其布置方式。

 【提交成果】

任务完成后，需提交防雷装置安装任务表（见任务工单8-1）。

课后思考与习题

1. 何谓过电压？过电压有哪些种类？雷电过电压有哪些种类？

2. 何谓接闪器？常见接闪器有哪几种？各自应用在哪些场所？

任务工单 8-1　防雷装置安装任务表

接闪器类型	
接闪器选择原因	
接闪器的安装	
引下线的安装	
接地体类型	
接地体选择原因	
接地体的布置	
小结	
体会	

填表人：

任务 2 防 雷 措 施

【任务描述】

根据工程的实际情况，确定建筑物的防雷等级，制订相应的防雷措施。

【任务分析】

为保证架空线路、变配电所及建筑物免受雷击，应制订并采取有效的防雷措施使其安全、可靠运行。

【相关知识】

一、架空线路的防雷保护

1. 架设避雷线

这是架空线路防雷的有效措施，但造价高，因此只在 66kV 及以上架空线路上才沿全线装设。35kV 的架空线路上，一般只在进出变配电所的一段线路上装设。而 10kV 及以下的架空线路上一般不装设避雷线。

2. 提高线路本身的绝缘水平

在线路上采用瓷横担代替铁横担，或改用高一绝缘等级的绝缘子，都可以提高线路的防雷水平，这是 10kV 及以下架空线路的基本防雷措施。

3. 利用三角形排列的顶线兼做防雷保护线

由于 3~10kV 线路一般是中性点不接地系统，因此，如在三角形排列的顶线绝缘子上装设保护间隙，如图 8-8 所示，则在雷击时顶线承受雷击，保护间隙被击穿，通过引下线对地泄放雷电流，从而保护了下面两根导线，一般不会引起线路断路器跳闸。

4. 加强对绝缘薄弱点的保护

线路上个别特别高的电杆、跨越杆、分支杆、电缆头、开关等处，就全线路来说是绝缘薄弱点，雷击时最容易发生短路。在这些薄弱点，需装设排气式避雷器或保护间隙加以保护。

5. 装设自动重合闸装置（ARD）

在遭受雷击时，线路发生相间短路是难免的，在断路器跳闸后，电弧自行熄灭。如果线路装设 ARD，使断路器经过 0.5s 或稍长一点时间后又自动合上，电弧一般不会复燃，从而可以恢复供电，这对一般用户不会有什么影响。

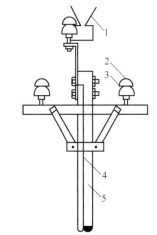

图 8-8 顶线兼做防雷保护线
1—保护间隙 2—绝缘子 3—架空线
4—接地引下线 5—电杆

6. 绝缘子铁脚接地

分布广密的用户低压线路及接户线的绝缘子铁脚宜接地，当其上落雷时，就能通过绝缘子铁脚放电，把雷电流泄入大地而起到保护作用。

二、变配电所的防雷保护

1. 防直击雷

变配电所及其室外配电装置，应装设避雷针以防护直击雷；如无室外配电装置，可在变配电所屋顶装设避雷针或避雷带（网）。如果变配电所及其室外配电装置处于相邻的建（构）筑物防雷保护范围以内，可不再装设避雷针或避雷带（网）。

当雷击避雷针时，强大的雷电流通过引下线和接地装置泄入大地，避雷针及引下线上的高电位可能对附近的建筑物和变配电设备产生反击闪络。

为防止反击闪络事故的发生，应注意下列规定与要求。

1）独立避雷针与被保护物之间应保持一定的空间距离 S_0，如图 8-9 所示，此距离与建筑物的防雷等级有关，但通常应满足 $S_0 \geqslant 5\mathrm{m}$。

2）独立避雷针应装设独立的接地装置，其接地体与被保护物的接地体之间也应保持一定的地中距离 S_E，如图 8-9 所示，通常应满足 $S_E \geqslant 3\mathrm{m}$。

3）独立避雷针及其接地装置不应设在人员经常出入的地方。其与建筑物的出入口及人行道的距离不应小于 3m，以限制跨步电压。

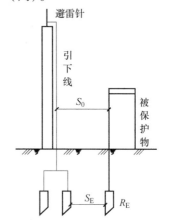

图 8-9　避雷针接地装置与被保护物
及其接地装置的距离
S_0—空气中间距　S_E—地中间距

2. 进线防雷保护

在 35kV 及以上的变电所架空进线上，架设 1～2km 的避雷线，以消除一段进线上的雷击闪络，防止其引起的雷电波侵入对变配电所电气装置的危害。为使避雷线保护段以外的线路受雷击时侵入变电所内的过电压有所限制，一般可在避雷线两端处的线路上装设排气式避雷器，如图 8-10 所示。当保护段以外线路受雷击时，雷电波到排气式避雷器 F_1 处，即对地放电，降低了雷电过电压值。排气式避雷器 F_2 的作用是防止雷电波侵入在断开的断路器 QF 处产生过电压击坏断路器。

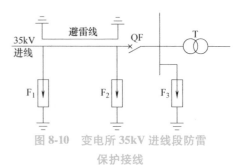

图 8-10　变电所 35kV 进线段防雷
保护接线
F_1、F_2—排气式避雷器　F_3—阀型避雷器

3～10kV 配电线路的进线防雷保护，可以在每路进线终端，装设排气式避雷器，以保护线路断路器及隔离开关，如图 8-11 所示的 F_1、F_2。如果进线是电缆引入的架空线路，则在架空线路终端靠近电缆头处装设避雷器，其接地端与电缆头外壳相连后接地。

3. 配电装置防雷保护

为防止雷电冲击波沿高压线路侵入变电所，对所内设备（特别是价值最高但绝缘相对薄弱的电力变压器）造成危害，在变配电所每段母线上装设一组阀型避雷器，并应尽量靠近变压器，距离一般不应大于 5m，如图 8-10 和图 8-11 中的 F_3。避雷器的接地线应与变压器低压侧接地中性点及金属外壳连在一起接地，如图 8-12 所示。

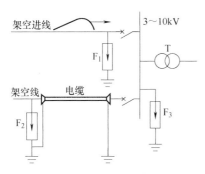

图 8-11　3~10kV 变配电所进线
防雷保护接线

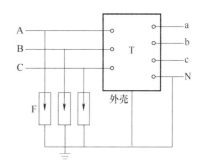

图 8-12　电力变压器的防雷保护及其接地系统
T—电力变压器　F—阀型避雷器

三、建筑物的防雷保护

（一）雷电的有关参数

1. 雷电流的幅值和陡度

雷电流是一个幅值很大、陡度很高的冲击波电流，其波形示意图如图 8-13 所示。雷电流一般在 1~4μs 增长到幅值 I_m。雷电流在幅值以前的一段波形称为波头；从幅值起到雷电流衰减至 $I_m/2$ 的一段波形称为波尾。雷电流幅值 I_m 的变化范围很大，一般为数十至数百千安，它与雷云中的电荷量及雷电放电通道的阻抗有关。雷电流的陡度 α 用雷电流波头部分增长的速率来表示，即 $\alpha = d_i/d_t$。据测定，α 可达 50kA/μs 以上。对电气设备绝缘来说，雷电流的陡度越大，产生的过电压越高，对绝缘的破坏性也越严重。

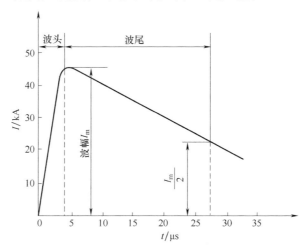

图 8-13　雷电流的波形示意图

2. 年平均雷暴日数

为了统计雷电的活动频繁程度，一般采用雷暴日为单位。在一天内只要听到雷声或看到雷闪就算一个雷暴日。由当地气象台站统计的多年雷暴日数的年平均值，称为年平均雷暴日。年平均雷暴日数不超过 15 天的地区，称为少雷区；年平均雷暴日数超过 40 天的地区，称为多雷区。年平均雷暴日数越多，说明该地区雷电活动越频繁，因此防雷要求也越高，防雷措施更需加强。

3. 年预计雷击次数

这是表征建筑物可能遭受的雷击频率的一个参数。按 GB 50057—2010《建筑物防雷设计规范》规定，建筑物年预计雷击次数按下式计算。

$$N = 0.1kT_dA_e \tag{8-2}$$

式中　N——建筑物的年预计雷击次数（次/a），这里的 a 为"年"的单位符号；

　　　k——校正系数，在一般情况下取 1；位于河边、湖边、山坡下或山地中土壤电阻率较小处、地下水露头处、土山顶部、山谷风口等处的建筑物以及特别潮湿的建筑物取 1.5；金属屋面没有接地的砖木结构建筑物取 1.7；位于山顶上或旷野孤立的建筑物取 2；

　　　T_d——年平均雷暴日数，按当地气象台站资料确定，d/a；

　　　A_e——建筑物截收雷击次数相同的等效面积，km²。

（二）建筑物防雷等级的划分

GB 50057—2010《建筑物防雷设计规范》规定，建筑物根据其重要性、使用性质、发生雷电事故的可能性和后果，分为以下三类。

1. 第一类防雷建筑物

① 凡制造、使用或贮存炸药、火药、起爆药、人工品等大量爆炸物质的建筑物，因电火花而引起爆炸，会造成巨大破坏和人身伤亡者。

② 具有 0 区或 20 区爆炸危险环境的建筑物。

③ 具有 1 区或 21 区爆炸危险环境的建筑物，因电火花而引起爆炸，会造成巨大破坏和人身伤亡者。

2. 第二类防雷建筑物

① 国家级重点文物保护的建筑物。

② 国家级的会堂、办公建筑物、大型展览和博览建筑物、大型火车站、国宾馆、国家级档案馆、大型城市的重要给水水泵房等特别重要的建筑物。

③ 国家级计算中心、国际通信枢纽等对国民经济有重要意义且装有大量电子设备的建筑物。

④ 制造、使用或贮存爆炸物质的建筑物，且电火花不易引起爆炸或不致造成巨大破坏和人身伤亡者。

⑤ 具有 1 区或 21 区爆炸危险环境的建筑物，且电火花不易引起爆炸或不致造成巨大破坏和人身伤亡者。

⑥ 具有 2 区或 22 区爆炸危险环境的建筑物。

⑦ 工业企业内有爆炸危险的露天钢质封闭气罐。

⑧ 预计雷击次数大于 0.05 次/a 的部、省级办公建筑物及其他重要或人员密集的公共建

筑物以及火灾危险场所。

⑨ 预计雷击次数大于 0.25 次/a 的住宅、办公楼等一般性民用或工业建筑物。

3. 第三类防雷建筑物

① 省级重点文物保护的建筑物及省级档案馆。

② 预计雷击次数大于或等于 0.01 次/a，且小于或等于 0.05 次/a 的部、省级办公建筑物和其他重要或人员密集的公共建筑物以及火灾危险场所。

③ 预计雷击次数大于或等于 0.05 次/a，且小于或等于 0.25 次/a 的住宅、办公楼等一般性民用建筑物或一般性工业建筑物。

④ 在平均雷暴日大于 15d/a 的地区，高度在 15m 及以上的烟囱、水塔等孤立的高耸建筑物；在平均雷暴日小于或等于 15d/a 的地区，高度在 20m 及以上的烟囱、水塔等孤立的高耸建筑物。

⑤ 根据雷击后对工业生产的影响及产生的后果，并结合当地气象、地形、地质及周围环境等因素，确定需要防雷的 21 区、22 区、23 区火灾危险环境。

（三）建筑物易受雷击的部位

GB 50057—2010《建筑物防雷设计规范》规定，各类防雷建筑物均应在建筑物上装设防直击雷的接闪器，避雷带（网）应沿表 8-2 所示的屋角、屋脊、屋檐和檐角等易受雷击的部位敷设。

表 8-2　建筑物易受雷击的部位

序号	屋面情况	易受雷击部位示意图	备注
1	平屋面		① 图上圆圈"○"表示雷击率最高的部位；实线"——"表示易受雷击部位；虚线"……"表示不易受雷击部位 ② 对序号 3、4 所示屋面，在屋脊有避雷带的情况下，当屋檐处于屋脊避雷带的保护范围内时，屋檐上可不再装设避雷带
2	坡度不大于 1/10 的屋面		
3	坡度大于 1/10 且小于 1/2 的屋面		
4	坡度不小于 1/2 的屋面		

（四）各类防雷建筑物的防雷措施

1. 第一类防雷建筑物的防雷要求

（1）防直击雷　装设独立避雷针，架空避雷线（网）使被保护的建筑物及风帽、放散管等凸出屋面的物体均处于接闪器的保护范围内。架空接闪网的网格尺寸不应大于5m×5m或6m×4m。排放爆炸危险气体、蒸汽或粉尘的放散管、呼吸阀、排风管等管口外以下的空间应处于接闪器的保护范围内。独立避雷针和架空避雷线（网）的支柱及其接地装置至被保护建筑物及其有联系的管道、电缆等金属物之间的距离，架空避雷线至屋面和各种凸出屋面物体之间的距离，均不得小于3m。独立避雷针、架空避雷线或架空避雷网应有独立的接地装置，每一引下线的冲击接地电阻不宜大于10Ω。

（2）防雷电感应　建筑物内、外所有可产生雷电感应的金属物件均应接到防雷电感应的接地装置上。金属屋面周围每隔18~24m应采用引下线接地一次。现场浇灌的或用预制构件组成的钢筋混凝土屋面，其钢筋网的交叉点应绑扎或焊接，并应每隔18~24m采用引下线接地一次。平行敷设的管道、构架和电缆金属外皮等长金属物，其净距小于100mm时应采用金属线跨接，跨接点的间距不应大于30m；交叉净距小于100mm时，其交叉处亦应跨接。防雷电感应的接地装置应和电气设备接地装置共用，其工频接地电阻不应大于10Ω。当屋内设有等电位连接的接地干线时，其与防雷电感应接地装置的连接不应少于2处。

（3）防雷电波侵入　室外低压配电线路应全线采用电缆直接埋地敷设，在入户处应将电缆的金属外皮、钢管接到等电位连接带或防雷电感应的接地装置上。当全线采用电缆困难时，可采用钢筋混凝土杆和铁横担的架空线，并应使用一段金属铠装电缆或护套电缆穿钢管直接埋地引入，架空线与建筑物的距离不应小于15m。在电缆与架空线连接处，尚应装设户外型电涌保护器。电涌保护器、电缆金属外皮、钢管和绝缘子铁脚、金具等应连在一起接地，其冲击接地电阻不宜大于30Ω。所装设的电涌保护器应选用Ⅰ级试验产品，其电压保护水平应小于或等于2.5kV，其每一保护模式应选冲击电流大于或等于10kA；若无户外型电涌保护器，则应选用户内型电涌保护器，其使用温度应满足安装处的环境温度，并应安装在防护等级IP54的箱内。

（4）防侧击雷　当建筑物高于30m时，还应采取防侧击雷措施。从30m起，每隔不大于6m沿建筑物四周设水平避雷带，并与引下线相连；30m及以上外墙上的栏杆、门窗等较大的金属物与防雷装置相连；在电源引入的总配电箱处宜装设过电压保护器。

2. 第二类防雷建筑物防雷措施

（1）外部防雷措施　采用装设在建筑物上的接闪网、接闪带或接闪杆，也可采用由接闪网、接闪带或接闪杆混合组成的接闪器。接闪网、接闪带应按规范规定沿屋角、屋脊、屋檐和檐角等易受雷击的部位敷设，并应在整个屋面组成不大于10m×10m或12m×8m的网格；当建筑物高度超过45m时，首先应沿屋顶周边敷设接闪带，接闪带应设在外墙外表面或屋檐边垂直面上，也可设在外墙外表面或屋檐边垂直面外。接闪器之间应互相连接。

专设引下线不应少于2根，并应沿建筑物四周均匀对称布置，其间距沿周长计算不应大于18m。当建筑物的跨度较大，无法在跨距中间设引下线时，应在跨距端设引下线并减小其他引下线的间距，专设引下线的平均间距不应大于18m。

外部防雷装置的接地应和防闪电感应、内部防雷装置、电气和电子系统等接地共用接地装置，并应与引入的金属管线进行等电位连接。外部防雷装置的专设接地装置宜围绕建筑物敷设成环形接地体。利用建筑物的钢筋作为防雷装置时，构件内有箍筋连接的钢筋或成网状的钢筋，其箍筋与钢筋、钢筋与钢筋应采用土建施工的绑扎法、螺丝、对焊或搭焊连接。单根钢筋、圆钢或外引预埋连接板、线与构件内钢筋应焊接或采用螺栓紧固的卡夹器连接。构件之间必须连接成电气通路。

（2）防雷电波侵入的措施　当低压线路全长采用埋地电缆或敷设在架空金属线槽内的电缆引入时，在入户端应将电缆金属外皮、金属线槽接地。当低压架空线改换一段埋地电缆引入时，埋地长度不应小于15m，且入户端电缆的金属外皮、钢管应与防雷的接地装置相连。在电缆与架空线连接处尚应装设避雷器，避雷器、电缆金属外皮、钢管和绝缘子铁脚、金具等应连在一起接地，其冲击接地电阻不应大于30Ω。在电气接地装置与防雷接地装置共用或相连的情况下，应在低压电源线路引入的总配电箱、配电柜处装设Ⅰ级试验的电涌保护器。电涌保护器的电压保护水平值应小于或等于2.5kV。每一保护模式的冲击电流值，当无法确定时应取大于或等于12.5kA。

（3）防侧击和等电位保护措施　高度超过45m的钢筋混凝土结构、钢结构建筑物，还应采取防侧击和等电位的保护措施。钢构架和混凝土的钢筋应互相连接；应利用钢柱或柱钢筋作为防雷装置引下线；应将45m及以上外墙上的栏杆、门窗等较大的金属物与防雷装置连接；竖直敷设的金属管道及金属物的顶端和底端与防雷装置连接。

3. 第三类防雷建筑物的防雷措施

第三类防雷建筑物外部防雷的措施宜采用装设在建筑物上的接闪网、接闪带或接闪杆，也可采用由接闪网、接闪带和接闪杆混合组成的接闪器。接闪网、接闪带应按规范的规定沿屋角、屋脊、屋檐和檐角等易受雷击的部位敷设，并应在整个屋面组成不大于20m×20m或24m×16m的网格；当建筑物高度超过60m时，首先应沿屋顶周边敷设接闪带，接闪带应设在外墙外表面或屋檐边垂直面上，也可设在外墙外表面或屋檐边垂直面外。接闪器之间应互相连接。

专设引下线不应少于2根，并应沿建筑物四周和内庭院四周均匀对称布置，其间距沿周长计算不应大于25m。当建筑物的跨度较大，无法在跨距中间设引下线时，应在跨距两端设引下线，并减小其他引下线的间距，专设引下线的平均间距不应大于25m。

防雷装置的接地应与电气和电子系统等接地共用接地装置，并应与引入的金属管线进行等电位连接。外部防雷装置的专设接地装置宜围绕建筑物敷设成环形接地体。

建筑物宜利用钢筋混凝土屋面、梁、柱、基础内的钢筋作为引下线和接地装置。当其女儿墙以内的屋顶钢筋网以上的防水和混凝土层允许不保护时，宜利用屋顶钢筋网作为接闪器；当建筑物为多层建筑，其女儿墙压顶板内或檐口内有钢筋且周围除保安人员巡逻外通常无人停留时，宜利用女儿墙压顶板内或檐口内的钢筋作为接闪器。

为防止雷电流流经引下线和接地装置时产生的高电位对附近金属物或电气和电子系统线路的反击，应在低压电源线路引入的总配电箱、配电柜处装设Ⅰ级试验的电涌保护器。配电变压器设在本建筑物内或附设于外墙处，并在低压侧配电屏的母线上装设Ⅰ级试验的电涌保护器。

高度超过60m的建筑物，要有防侧击和等电位保护措施，并应将60m及以上外墙上的栏杆、门窗等较大的金属物与防雷装置连接。

4. 其他防雷措施

当一座防雷建筑物中兼有第一、二、三类防雷建筑物时，其防雷分类和防雷措施宜符合下列规定。

1）当第一类防雷建筑物部分的面积占建筑物总面积的30%及以上时，该建筑物宜确定为第一类防雷建筑物。

2）当第一类防雷建筑物部分的面积占建筑物总面积的 30% 以下，且第二类防雷建筑物部分的面积占建筑物总面积的 30% 及以上时，或当这两部分防雷建筑物的面积均小于建筑物总面积的 30%，但其面积之和又大于 30% 时，该建筑物宜确定为第二类防雷建筑物。但对第一类防雷建筑物部分的防闪电感应和防闪电电涌侵入，应采取第一类防雷建筑物的保护措施。

3）当第一、二类防雷建筑物部分的面积之和小于建筑物总面积的 30%，且不可能遭直接雷击时，该建筑物可确定为第三类防雷建筑物；但对第一、二类防雷建筑物部分的防闪电感应和防闪电电涌侵入，应采取各自类别的保护措施；当可能遭直接雷击时，宜按各自类别采取防雷措施。

【任务实施】

1）了解架空线的防雷措施。
2）了解变配电所的防雷措施。
3）学习建筑物防雷等级，进行建筑物防雷等级的划分。
4）学习建筑物的防雷措施，针对建筑物的防雷等级，制订相应的防雷措施。

【提交成果】

任务完成后，需提交防雷措施任务表（见任务工单 8-2）。

 课后思考与习题

1. 架空线有哪些防雷措施？3~10kV 线路主要采取哪种防雷措施？
2. 变配电所有哪些防雷措施？重点应保护什么设备？
3. 高压电动机怎样防雷？应采用哪类避雷器？
4. 建筑物易受雷击的部位与什么有关？建筑物易受雷击的部位有哪些？
5. 建筑物按防雷要求分为哪几类？各类建筑物应采取哪些防雷措施？

任务工单 8-2　防雷措施任务表

电力变压器的 防雷措施	1. 避雷器的类型 2. 电力变压器防雷保护接线图
建筑物的 防雷措施	1. 建筑物的防雷等级 2. 防雷措施说明
小结	
体会	

填表人：

任务 3 电气装置的接地

【任务描述】

测量某建筑物的接地电阻值并验证其是否满足要求，同时检查建筑物等电位联结是否符合要求。

【任务分析】

为保证电气装置及人身安全，应采取不同的接地保护措施。接地装置竣工后应检查测量其接地电阻是否符合要求。采用接地故障保护时，应在建筑物内作总等电位联结；当电气装置或其某一部分的接地故障保护不能满足规定要求时，尚应在局部范围内作局部等电位联结。

【相关知识】

一、接地的有关概念

1. 接地和接地装置

电气设备的某部分与大地之间做良好的电气连接，称为接地。埋入地下并直接与大地接触的金属导体，称为接地体或接地极，如埋地的钢管、角钢等。电气设备应接地部分与接地体相连接的金属导体，称为接地线。接地线与接地体合称为接地装置。由若干接地体在大地中相互用接地线连接起来的整体，称为接地网。其中接地线又有接地干线和接地支线之分，如图 8-14 所示。

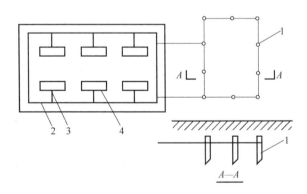

图 8-14 接地网示意图
1—接地体 2—接地干线 3—接地支线 4—电气设备

接地干线一般不应少于两根导体，在不同地点与接地网连接。

2. 接地电流与对地电压

当电气设备发生接地故障时，电流就通过接地体向大地作半球形散开，这一电流称为接地电流，如图 8-15 所示。这半球形的球面，在距接地体越远的地方，球面越大，散流电阻越小。试验表明，在距接地体或接地故障点约 20m 的地方，电位基本为零，称为电气上的"地"或"大地"。

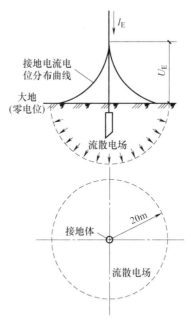

图 8-15　接地电流、对地电压及接地电流电位分布曲线

　　电气设备的接地部分（如接地体的外壳或接地体等）与零电位的"大地"之间的电位差，称为对地电压，如图 8-15 中的 U_E。

　　3. 接触电压与跨步电压（图 8-16）

　　（1）接触电压　当电气设备的绝缘损坏时，在身体可同时触及的两部分之间出现的电位差称为接触电压 U_{tou}。例如，人站在发生接地故障的电气设备旁边，手触及设备的金属外壳，那么手与脚之间所呈现的电位差，即为接触电压。

　　（2）跨步电压　人在接地故障点附近行走，两脚之间所感受的电位差称为跨步电压 U_{step}，如图 8-16 所示。在带电的断线落地点附近及雷击时防雷装置泄放雷电流的接地体附近行走时，同样也会出现跨步电压。跨步电压的大小与离接地故障点的远近及跨步的长短有关。越靠近接地故障点及跨步越长，跨步电压就越大。通常离故障点 20m 以上时，跨步电压为零。

　　4. 工作接地、保护接地、重复接地

　　（1）工作接地　在正常或故障情况下，为保证电气设备可靠地运行，将电力系统中某一点接地称为工作接地。例如电力系统中性点直接或经阻抗（消弧线圈）的接地、防雷装置的接地等。系统中性点直接接地后，能维持相线对地电压不变（除单相接地故障相对地电压为零外）；而系统中性点经消弧线圈接地后，能在单相接地时消除接地电弧，避免出现谐振过电压，但单相接地时，故障相对地电压为零，另两相对地电压则升高到线电压。而防雷装置的接地，是为了泄放雷电流，否则无法实现其防雷的功能。

　　（2）保护接地　在系统故障情况下，为保障人身安全，防止发生触电事故而进行的一种接地方式，称为保护接地，例如电气设备外露可导电部分（金属外壳和构架等）的

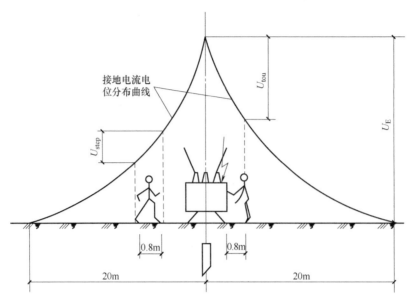

图 8-16　接触电压和跨步电压

接地。

设备发生接地故障后，人体若触及漏电设备外壳，因人体电阻与接地电阻并联，且人体电阻远大于接地电阻，由于分流作用，通过人体的故障电流将远小于流经接地装置的故障电流，从而极大地降低触电的危害程度。

（3）重复接地　将保护中性线上的一处或多处通过接地装置与大地再次连接，称为重复接地。在架空线路末端及沿线每隔 1km 处，电缆或架空线引入建筑物处都要重复接地。如果不重复接地，则在零线断线且有设备发生单相碰壳时，接在断线后面的所有设备外壳上将呈现接近于相电压的对地电压，即 $U_E = U_\varphi$，如图 8-17a 所示，对人非常危险。如果重复接地，则在发生同样故障时，断线后面的设备外壳对地电压很小，如图 8-17b 所示，危险程度大为降低。

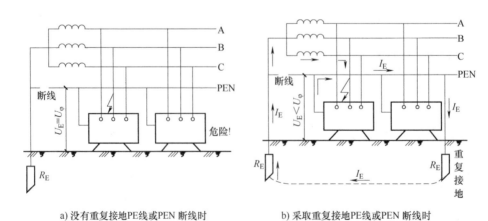

a) 没有重复接地PE线或PEN断线时　　　b) 采取重复接地PE线或PEN断线时

图 8-17　重复接地功能说明示意图

二、接地电阻及其测量

1. 接地电阻

接地电阻是接地线和接地体的电阻与接地体的流散电阻之和。由于接地线和接地体的电阻相对于接地体流散电阻来说非常小，可以略去不计，因此接地电阻通常认为是接地体的流散电阻。

工频（50Hz）接地电流流经接地装置所呈现的接地电阻，称为工频接地电阻，用 R_E 表示。

雷电流流经接地装置所呈现的接地电阻，称为冲击接地电阻，用 R_{sh} 表示。

我国有关现行规程对部分电力装置所要求的接地电阻值有明确规定，见表8-3。

表8-3 部分电力装置要求的工作接地电阻值

序号	电力装置名称	接地的电力装置特点		接地电阻值
1	1kV 以上大电流接地系统	仅用于该系统的接地装置		$R_E \leqslant \dfrac{2000V}{I_k^{(1)}}$，当 $I_k^{(1)} > 4000A$ 时 $R_E \leqslant 0.5\Omega$
2	1kV 以上小电流接地系统	仅用于该系统的接地装置		$R_E \leqslant \dfrac{250V}{I_E}$ 且 $R_E \leqslant 10\Omega$
3		与 1kV 以下系统共用的接地装置		$R_E \leqslant \dfrac{120V}{I_E}$ 且 $R_E \leqslant 10\Omega$
4	1kV 以下系统	与总容量在 100kV·A 以上的发电机或变压器相连的接地装置		$R_E \leqslant 10\Omega$
5		上述（序号4）装置的重复接地		$R_E \leqslant 10\Omega$
6		与总容量在 100kV·A 以下的发电机或变压器相连的接地装置		$R_E \leqslant 10\Omega$
7		上述（序号6）装置的重复接地		$R_E \leqslant 30\Omega$
8	避雷装置	独立避雷针或避雷线		$R_E \leqslant 10\Omega$
9		变电所装设的避雷器	与序号4装置共用	$R_E \leqslant 4\Omega$
10			与序号6装置共用	$R_E \leqslant 10\Omega$
11		线路上装设的避雷器或保护间隙	与电机无电气联系	$R_E \leqslant 10\Omega$
12			与电机有电气联系	$R_E \leqslant 5\Omega$

（续）

序号	电力装置名称	接地的电力装置特点	接地电阻值
13		第一类防雷建筑物	$R_E \leqslant 10\Omega$
14	防雷建筑物	第二类防雷建筑物	$R_E \leqslant 10\Omega$
15		第三类防雷建筑物	$R_E \leqslant 30\Omega$

注：R_E 为工频接地电阻；$I_k^{(1)}$ 为流经接地装置的单相短路电流。

2. 接地电阻的测量

接地装置施工完成后，使用之前应测量接地电阻的实际值，以判断其是否符合要求。若不符合要求，则需补打接地极。接地电阻的测量常用接地电阻测量仪，俗称接地摇表，因其自身能产生交变的接地电流，使用简单，携带方便，而且抗干扰性能较好，所以得到广泛应用。

接地电阻测量仪的接线如图 8-18 所示。在测量之前，首先要切断接地装置与电源、电气设备的所有联系。然后沿被测接地装置 E′使电位探针 P′和电流探针 C′彼此相距 20m，以直线形式排列，插入深度约 400mm。按图 8-18 的接线方式，用导线将 E′、P′和 C′与接地电阻测试仪的相应端钮 E、P、C 连接。导线接好后，将仪表放置于接地体附近水平放置，检查检流计指针是否指在中心线上；若不在中心线位置，可用零位调整器将其调整在中心线上。测试时将倍率标度置于最大倍数，慢慢转动发电机的摇把，同时转动测量标度盘，检流计的指针指于中心线上。当检流计的指针接近

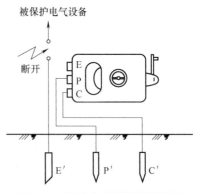

图 8-18　接地电阻测量仪的接线

于平衡时，加快发电机摇把的转速，使其达到 120r/min，同时调整好测量标度盘，使指针指在中心线上。若测量标度盘的读数小于 1，应将倍率标度置于较小的倍数，再重新调整测量标度盘，以得到正确读数。用测量标度盘的读数乘以倍率标度的倍数，即得出被测接地体的接地电阻。

三、低压系统的等电位联结

等电位联结是使电气装置各外露可导电部分和装置外可导电部分电位基本相等的一种电气联结。等电位联结的功能在于降低接触电压，以保障人身安全。

GB 50054—2011《低压配电设计规范》规定：采用接地故障保护时，在建筑物内应作总等电位联结（MEB）。当电气装置或其某一部分的接地故障保护不能满足规定要求时，尚应在局部范围内作局部等电位联结（LEB）。

1. 总等电位联结

总等电位联结是在建筑物进线处，将 PE 线或 PEN 线与电气装置接地干线、建筑物内的各种金属管道（如水管、煤气管、采暖空调管道等）以及建筑物的金属构件等，都接向总等电位联结端子，使它们都具有基本相等的电位，如图 8-19 中的 MEB 所示。

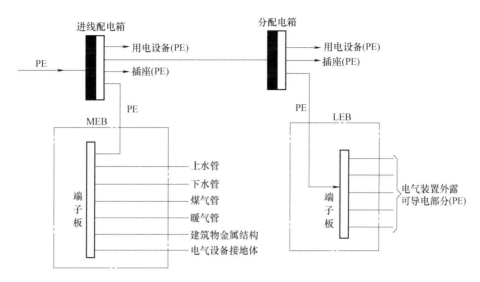

图 8-19　总等电位联结和局部等电位联结

2. 局部等电位联结

局部等电位联结又称辅助等电位联结，是在远离总等电位联结处，非常潮湿、触电危险性大的局部地区内进行的等电位联结，作为总等电位联结的一种补充，如图 8-19 中的 LEB 所示。在容易触电的浴室、卫生间及安全要求极高的胸腔手术室等处，宜作局部等电位联结。

局部等电位
联结

3. 等电位联结导线的要求

等电位联结主母线的截面，规定不应小于装置中最大 PE 线或 PEN 线的一半，但采用铜线时截面积不应小于 6mm^2，采用铝线时截面积不应小于 16mm^2，采用铝线时，必须采取机械保护，且应保证铝线连接处的持久导通性。如果采用铜导线作联结线，其截面积可不超过 25mm^2。如采用其他材质导线，其截面积应能承受与之相当的截流量。

连接装置外露可导电部分与装置外可导电部分的局部等电位联结线，其截面积不应小于相应 PE 线的一半。而连接两个外露可导电部分的局部等电位联结线，其截面积不应小于接至该两个外露可导电部分的较小 PE 线的截面积。

【任务实施】

1）掌握接地的目的、有关概念及接地的种类。
2）了解电力装置接地电阻值的要求，根据实际情况确定其接地电阻值标准。
3）掌握接地摇表的使用方法及要求，进行接地电阻值测量。
4）了解等电位联结的方式及要求，检查等电位联结情况。

【提交成果】

任务完成后，需提交电气装置接地任务表（见任务工单 8-3）。

课后思考与习题

1. 什么是接地？电气上的"地"是什么含义？

2. 什么是接地装置？

3. 什么是接触电压、跨步电压？

4. 什么是工作接地、保护接地、重复接地？

5. 什么是总等电位联结（MEB）和局部等电位联结（LEB）？它们的功能是什么？各应用在哪些场合？

任务工单 8-3　电气装置接地任务表

接地电阻的 测量	1. 接地电阻标准 2. 接地电阻测量步骤 3. 测量结果 4. 结论（是否满足要求）
等电位连接的 检查	1. 总等电位连接情况 2. 局部等电位连接情况 3. 存在的问题 4. 改进意见
小结	
体会	

填表人：

职业素养要求

　　雷电对建筑物、构筑物及电力设备有很大的破坏作用，严重威胁人们的生活和生产安全。通过分析危害成因及后果，培养安全意识、质量意识。在施工中严格执行国家颁布的最新标准、规范，遵守职业道德，保证人身和财产安全，培养求真务实、爱岗敬业的精神。

项目九　安全用电与急救

知识目标

1. 掌握安全电流及安全电压的概念，理解影响安全电流的因素。
2. 理解触电的概念，掌握触电防护的种类。
3. 熟悉电气安全措施。
4. 掌握触电急救的步骤及要求。
5. 了解电气火灾的特点，掌握电气失火处理的方法。

能力目标

1. 能依据客观条件合理地制订安全措施。
2. 发现有人触电时，能合理施救。
3. 发生电气火灾时能正确选择灭火器并进行灭火。

任务 1　制订电气安全措施

【任务描述】

根据实际情况及工作要求，制订电气安全措施。

【任务分析】

要使供配电系统正常运行，首先必须要保证其安全性，这就需要了解安全用电的有关知识，掌握电气安全的有关措施。

【相关知识】

一、电气安全的有关概念

1. 安全电流

安全电流就是人体触电后的最大摆脱电流。安全电流值，各国规定并不完全一致。我国一般采用 30mA（50Hz）为安全电流值，但其触电时间按不超过 1s 计，因此安全电流值也称为 30mA·s。

电气安全
基本知识

安全电流主要与下列因素有关。

① 触电时间。

② 电流性质。试验表明，直流、交流和高频电流通过人体时对人体的危害程度是不一样的，50~60Hz 的工频电流对人体的危害最为严重。

③ 电流路径。电流通过心脏会引起心室颤动，较大的电流还会使心脏停止跳动。

④ 健康状况。

2. 安全电压

安全电压是不致危及人身安全的电压。安全电压值取决于人体的电阻和人体允许通过的电流。我国规定的安全电压等级，即为防止因触电造成人身直接伤害事故而采用的由特定电源供电的电压等级。在正常和故障情况下，此电压等级的上限值为：任何两导体间或任一导体与地间均不得超过交流（50~500Hz）有效值 50V 或直流（非脉动值）120V。安全电压应根据使用环境、人员和使用方式等因素选用。

为确保人身安全，供给安全电压和特定电源，除采用独立电源外，供电电源的输入电路与输出电路必须实行电气上的隔离。工作在安全电压下的电路必须与其他电气系统和与之无关的可导电部分实行电气上的隔离。当电气设备采用 24V 以上的安全电压时，必须采取防止直接接触带电体的保护措施，其电路必须与大地绝缘。

二、触电及防护

1. 触电的概念及危害

当人体某部位接触一定电位时，就有电流通过人体，人体内部组织将产生复杂的反应，这就是触电。触电分直接触电和间接触电两类。

触电事故可分为电击与电伤两类。电击是指电流通过人体内部，破坏人的心脏、呼吸系统与神经系统，重则危及生命；电伤是指由电流的热效应、化学效应或机械效应对人体造成的伤害，它可伤及人体内部，甚至骨骼，还会在人体体表留下诸如电流印、电纹等触电伤痕。

2. 触电的防护

直接触电防护，指对直接接触正常带电部分的防护，例如，对带电体加隔离栅栏或加保护罩、使用绝缘物等。

间接触电防护，指对故障时可带危险电压而正常时不带电的外露可导电部分（如金属外壳、框架等）的防护，例如，将正常不带电的外露可导电部分接地，并装设接地故障保护装置，故障时可自动切断电源。

三、电气安全措施

1）加强电气安全教育，建立完善的安全管理机构。

2）健全各项安全规程，并严格执行。

3）严格遵循设计、安装规范。国家制订的设计、安装规范，是确保设计、安装质量的基本依据，应严格遵循，做到精心设计，按图施工，确保质量，绝不留下事故隐患。

安全用电
注意事项

4）加强供用电设备的运行维护和检修试验工作。应定期测量用电设备的绝缘电阻及接地装置的接地电阻，确保其处于合格状态；对安全用具、避雷器、保护电器，也应定期检查、测试，确保其性能良好，工作可靠。

安全急救

5）采用安全电压和符合安全要求的相应电器。对于容易触电及有触电危险的场所，应按规定采用相应的安全电压，并按规定要求对设备采取适当的安全措施。

对于有爆炸和火灾危险的环境，应采用符合安全要求的相应设备和导线电缆。

6）按规定采用电气安全用具。电气安全用具分绝缘安全用具和防护安全用具，绝缘安全用具又分为基本安全用具和辅助安全用具两类。

基本安全用具的绝缘足以承受电气设备的工作电压，操作人员必须使用它，才允许操作带电设备，例如操作高压隔离开关的绝缘棒和用来装拆低压熔断器熔断管的绝缘操作手柄等。

辅助安全用具的绝缘不足以完全承受电气设备工作电压的作用，但是操作人员使用它，可使人身安全有相应的保障，例如绝缘手套、绝缘靴、绝缘垫台、高压验电器、低压试电笔、临时接地线等。

7）普及安全用电常识。

① 不得超负荷用电。

② 导线上不得晾晒衣物，以防导线绝缘破损，漏电伤人。

③ 不得随意加大熔体规格，不得以铜丝或铁丝代替原有铅锡合金熔丝。

④ 不得随意攀登电杆和变配电装置的构架。

⑤ 当带电导线落地时，不可走近；对落地的高压导线，应离开落地点 8~10m 以上，更不得用手去捡。遇到断线接地故障，应划定禁止通行区，派人看守，并通知电工或供电部门前来处理。

⑥ 移动电器和手持电具的电源插座，一般应采用带保护接地（PE）插孔的三孔插座。

⑦ 如遇有人触电，应按规定方法进行急救处理。

8）正确处理电气火灾事故。

【任务实施】

1）学习安全电流及安全电压的概念。

2）学习触电的种类及防护措施。

3）学习安全用电的常识。

4）根据实际情况制订电气安全措施。

【提交成果】

任务完成后，需提交安全用电任务表（见任务工单 9-1）。

课后思考与习题

1. 什么是安全电流？安全电流与哪些因素有关？

2. 什么是安全电压？

3. 什么叫直接触电防护？什么叫间接触电防护？

任务工单 9-1　安全用电任务表

触电防护措施	
常用安全用具	
电气安全措施	
小结	
体会	

填表人：

任务 2 安 全 急 救

【任务描述】

根据实际情况，进行触电急救和电气火灾急救。

【任务分析】

安全是供配电的基本要求，在供配电工作中，应保证人身和设备两方面的安全。发现有人触电时，首先要尽快使触电人脱离电源，然后根据触电人的具体情况，采取相应的急救措施。电气失火可能带电，还可能引起爆炸，所以应采取正确的灭火方法，选择适当的灭火器材。

【相关知识】

一、触电急救

（一）脱离电源

立即拉下电源开关或拔掉电源插头；若无法及时找到或断开电源，可用干燥的竹竿、木棒等绝缘物挑开电线。

脱离电源的注意事项如下。

1）救护者一定要判明情况，作好自身防护。

2）不可直接拉扯伤者，必须先切断电源。

3）切勿用潮湿的工具或金属物拨开电线。

4）切勿用手触及带电者。

5）切勿用潮湿的物件搬动带电者。

6）在触电人脱离电源的同时，要防止二次摔伤事故。

7）如果是夜间抢救，要及时解决临时照明，以避免延误抢救时机。

（二）判断触电程度

将触电者移到安全、通风干燥处，解开紧身衣服；检查触电者的口腔，清理口腔的黏液及异物，如有假牙，则取下。

1）触电者神智尚清醒，但感觉头晕、心悸、出冷汗、恶心、呕吐等，应让其静卧休息，减轻心脏负担。

2）触电者神智有时清醒，有时昏迷，应静卧休息，并请医生救治。

3）触电者呼吸停止，但心跳尚存，应施行人工呼吸。

4）触电者心跳停止，但呼吸尚存，应施胸外心脏挤压法。

5）如呼吸、心跳均停止，则须同时采用人工呼吸法和胸外心脏挤压法进行抢救。

（三）触电急救的操作方法

1. 口对口人工呼吸法

口对口人工呼吸法的要诀：病人仰卧平地上，鼻孔朝天颈后仰；首先清理口鼻腔，然后松扣解衣裳；捏鼻吹气要适量，排气应让口鼻畅；吹两秒来停三秒，五秒一次最恰当。

2. 胸外心脏挤压法

胸外心脏挤压法的要诀：病人仰卧硬地上，松开领扣解衣裳；当胸放掌不鲁莽，中指应该对凹腔；掌根用力向下按，压下一寸至寸半；压力轻重要适当，过分用力会压伤；慢慢压下突然放，一秒一次最恰当。

3. 人工呼吸+胸外心脏挤压法

当呼吸、心跳均停止，则须同时采用人工呼吸法和胸外心脏挤压法进行抢救。

单人抢救时，每按压 15 次后吹气 2 次，反复进行；双人抢救时，每按压 5 次后由另一人吹气 1 次，反复进行。

二、电气防火和防爆

当电气设备、线路处于短路、过载、接触不良、散热不良的不正常运行状态时，其发热量增加，温度升高，容易引起火灾。在有爆炸混合物的场合，电火花、电弧还会引发爆炸。

1. 电气火灾的特点

1）失火的电气设备可能带电，灭火时要防止触电，应先尽快断开电源。

2）失火的电气设备可能充有大量的可燃油，可导致爆炸，使火灾范围扩大。

2. 防火防爆措施

1）选择适当的电气设备及保护装置，应根据具体环境、危险场所的区域等级选用相应的防爆电气设备和配电方式，所选用的防爆电气设备的级别应不低于该爆炸场所内爆炸性混合物的级别。

2）保持必要的防火间距及良好的通风。

3. 电气失火的处理

发生火灾，应立即启动电气火灾应急预案，并拨打 119 火警电话报警，向公安消防部门求助。

扑救电气火灾时注意触电危险，为此要及时切断电源，通知电力部门派人到现场指导和监护扑救工作。

（1）先断电后灭火　操作时戴绝缘手套、穿绝缘鞋，并使用相应电压等级的绝缘工具。剪断电线时，不同相的电线应在不同的部位剪断，以免造成短路。切断点选择在电源侧支持物附近，防止导线断落后触及人身。

（2）带电灭火　电气失火后首先切断电源，若来不及断电或因生产需要等原因不允许断电，则需带电灭火，带电灭火必须注意以下几点。

① 小范围带电灭火可使用干砂覆盖。

② 应选择适当灭火器。二氧化碳灭火器、干粉灭火器、四氯化碳或二氟一氯一溴甲烷等灭火器的灭火剂均不导电，可用于带电灭火。使用二氧化碳灭火器时，要打开门窗，并离开火区 2~3m，勿使干冰沾着皮肤，以防冻伤。使用四氯化碳灭火器时，要防止中毒，应打开门窗，有条件时最好戴上防毒面具。不能使用一般的泡沫灭火器，因为其灭火剂具有一定的导电性，而且对电气设备具有腐蚀性。也不能用水来灭火，因为水中含有一些导电的杂质，用水进行带电灭火容易发生触电事故。

遇带电导线断落地面，应划出半径约 8~10m 的警戒区，以避免产生跨步电压。未穿绝缘靴的扑救人员，要防止因地面积水而触电。

【任务实施】

1）学习脱离电源的方法及注意事项。

2）学习判断触电人的触电程度。

3）学习人工急救的方法。

4）根据实际情况实施触电急救。

5）学习电气火灾的特点。

6）学习防火防爆的措施。

7）学习电气火灾事故处理的方法。

8）根据实际情况进行电气火灾急救。

【提交成果】

任务完成后，需提交安全急救任务表（见任务工单9-2）。

课后思考与习题

1. 触电者心脏停止跳动是否判定其死亡、放弃抢救？

2. 电气火灾有何特点？

3. 带电灭火时应注意哪些问题？

任务工单 9-2　安全急救任务表

触电急救处理	
电气火灾处理	
小结	
体会	

填表人：

职业素养要求

电气火灾造成的危害极大，在实际工作中应认真分析电气火灾的主要成因，在施工中有效消除火灾隐患，提高火灾防护质量，减少火灾的发生，最大程度上保证人民群众的生命财产安全。

附　录

附录1　机械工厂常用重要用电设备的负荷级别（JBJ 6—1996）

序号	建筑物名称	电力负荷名称	负荷级别
1	炼钢车间	容量为100t 及以上的平炉加料起重机、浇铸起重机、倾动装置及冷却水系统的用电设备	一级
		容量为100t 以下的平炉加料起重机、浇铸起重机、倾动装置及冷却水系统的用电设备	二级
		平炉鼓风机、平炉用其他用电设备；5t 及以上电弧炼钢炉的电极升降机构、倾炉机构及浇铸起重机	二级
		总安装容量为30MV·A 及以上，停电会造成重大经济损失的多台大型电热装置（包括电弧炉、矿热炉、感应炉等）	一级
2	铸铁车间	30t 及以上的浇铸起重机、部重点企业冲天炉鼓风机	二级
3	热处理车间	井式炉专用淬火起重机、井式炉油槽抽油泵	二级
4	锻压车间	锻造专用起重机、水压机、高压水泵、油压机	二级
5	金属加工车间	价格昂贵、作用重大、稀有的大型数控机床；停电会造成损坏的设备，如自动跟踪数控仿形铣床、强力磨床等设备	一级
		价格贵、作用大、数量多的数控机床工部	二级
6	电镀车间	大型电镀工部的整流设备、自动流水作业生产线	二级
7	试验站	单机容量为200MW 以上的大型电机试验、主机及辅机系统，动平衡试验的润滑油系统	一级
		单机容量为200MW 及以下的大型电机试验、主机及辅机系统，动平衡试验的润滑油系统	二级
		采用高位油箱的动平衡试验润滑油系统	二级
8	层压制品车间	压机及供热锅炉	二级

（续）

序号	建筑物名称	电力负荷名称	负荷级别
9	线缆车间	熔炼炉的冷却水泵、鼓风机、连铸机的冷却水泵、连轧机的水泵及润滑泵 压铅机、压铝机的熔化炉、高压水泵、水压机 交联聚乙烯加工设备的挤压交联冷却、收线用电设备。漆包机的传动机构、鼓风机、漆泵 干燥浸油缸的连续电加热、真空泵、液压泵	二级
10	磨具成型车间	隧道窑鼓风机、卷扬机构	二级
11	油漆树脂车间	2500L 及以上的反应釜及其供热锅炉	二级
12	焙烧车间	隧道窑鼓风机、排风机、窑车推进机、窑门关闭机构油加热器、油泵及其供热锅炉	二级
13	热煤气站	煤气加压机、加压油泵及煤气发生炉鼓风机	一级
		有煤气罐的煤气加压机、有高位油箱的加压油泵	二级
		煤气发生炉加煤机及传动机构	二级
14	冷煤气站	鼓风机、排送机、冷却通风机、发生炉传动机构、高压整流器等	二级
15	锅炉房	中压及以上锅炉的给水泵	一级
		有汽动水泵时，中压及以上锅炉的给水泵	二级
		单台容量为 20t/h 及以上锅炉的鼓风机、引风机、二次风机及炉排电机	二级
16	水泵房	供一级负荷用电设备的水泵	一级
		供二级负荷用电设备的水泵	二级
17	空压站	部重点企业单台容量为 60m³/min 及以上空压站的空气压缩机、独立励磁机	二级
		离心式压缩机润滑油泵	一级
		有高位油箱的离心式压缩机润滑油泵	二级
18	制氧站	部重点企业中的氧压机、空压机冷却水泵、润滑液压泵（带高位油箱）	二级
19	计算中心	大、中型计算机系统电源（自带 UPS 电源）	二级
20	理化计量楼	主要实验室、要求高精度恒温的计量室的恒温装置电源	二级
21	刚玉、碳化硅冶炼车间	冶炼炉及其配套的低压用电设备	二级
22	涂装车间	电泳涂装的循环搅拌、超滤系统的用电设备	二级

附录2　民用建筑中各类建筑物的主要用电负荷分级

序号	建筑物名称	用电负荷名称	负荷级别
1	国家级会堂、国宾馆、国家级国际会议中心	主会场、接见厅，宴会厅照明，电声、录像、计算机系统用电	一级*
		客梯、总值班室、会议室、主要办公室、档案室用电	一级
2	国家及省部级政府办公建筑	客梯、主要办公室、会议室、总值班室、档案室用电	一级
		省部级行政办公建筑主要通道照明用电	二级
3	国家及省部级数据中心	计算机系统用电	一级*
4	国家及省部级防灾中心、电力调度中心、交通指挥中心	防灾、电力调度及交通指挥计算机系统用电	一级*
5	办公建筑	建筑高度超过100m的高层办公建筑主要通道照明和重要办公室用电	一级
		一类高层办公建筑主要通道照明和重要办公室用电	二级
6	地、市级及以上气象台	气象业务用计算机系统用电	一级*
		气象雷达、电报及传真收发设备、卫星云图接收机及语言广播设备、气象绘图及预报照明用电	一级
7	电信枢纽、卫星地面站	保证通信不中断的主要设备用电	一级*
8	电视台、广播电台	国家及省、市、自治区电视台、广播电台的计算机系统用电，直接播出的电视演播厅、中心机房、录像室、微波设备及发射机房用电	一级*
		语音播音室、控制室的电力和照明用电	一级
		洗印室、电视电影室、审听室、通道照明用电	二级
9	剧场	特大型、大型剧场的舞台照明、贵宾室、演员化妆室、舞台机械设备、电声设备、电视转播、显示屏和字幕系统用电	一级
		特大型、大型剧场的观众厅照明、空调机房用电	二级
10	电影院	特大型电影院的消防用电和放映用电	一级
		特大型电影院放映厅照明、大型电影院的消防用电负荷、放映用电	二级

（续）

序号	建筑物名称	用电负荷名称	负荷级别
11	会展建筑、博展建筑	特大型会展建筑的应急响应系统用电 珍贵展品展室照明及安全防范系统用电	一级 *
		特大型会展建筑的客梯、排污泵、生活水泵用电 大型会展建筑的客梯用电 甲等、乙等展厅安全防范系统、备用照明用电	一级
		特大型会展建筑的展厅照明，主要展览、通风机、闸口机用电 大型及中型会展建筑的展厅照明，主要展览、排污泵、生活水泵、通风机、闸口机用电；中型会展建筑的客梯用电 小型会展建筑的主要展览、客梯、排污泵、生活水泵用电 丙等展厅备用照明及展览用电	二级
12	图书馆	藏书量超过 100 万册及重要图书馆的安防系统、图书检索用计算机系统用电	一级
		藏书量超过 100 万册的图书馆阅览室及主要通道照明和珍本、善本书库照明及空调系统	二级
13	体育建筑	特级体育建筑的主席台、贵宾室及其接待室、新闻发布厅等照明用电；计时记分、现场影像采集及回放、升旗控制等系统及其机房用电；网络机房、固定通信机房、扩声及广播机房等的用电；电台和电视转播设备用电；应急照明用电（含 TV 应急照明）；消防和安防设备等的用电	一级 *
		特级体育建筑的临时医疗站、兴奋剂检查室、血样收集室等设备的用电；VIP 办公室、奖牌储存室、运动员及裁判员用房、包厢、观众席等照明用电；场地照明用电；建筑设备管理系统、售检票系统等用电；生活水泵、污水泵等用电；直接影响比赛的空调系统、泳池水处理系统、冰场制冰系统等的用电 甲级体育建筑的主席台、贵宾室及其接待室、新闻发布厅等照明用电；计时记分、现场影像采集及回放、升旗控制等系统及其机房用电；网络机房、固定通信机房、扩声及广播机房等的用电；电台和电视转播设备用电；场地照明用电；应急照明用电；消防和安防设备等的用电	一级

（续）

序号	建筑物名称	用电负荷名称	负荷级别
13	体育建筑	特级体育建筑的普通办公用房、广场照明等的用电 甲级体育建筑的临时医疗站、兴奋剂检查室、血样收集室等设备的用电；VIP办公室、奖牌储存室、运动员及裁判员用房、包厢、观众席等照明用电；建筑设备管理系统、售检票系统等用电；生活水泵、污水泵等用电；直接影响比赛的空调系统、泳池水处理系统、冰场制冰系统等的用电 乙级及丙级体育建筑（含相同级别的学校风雨操场）的主席台、贵宾室及其接待室、新闻发布厅等照明用电；计时记分、现场影像采集及回放、升旗控制等系统及其机房用电；网络机房、固定通信机房、扩声及广播机房等的用电；电台和电视转播设备用电；应急照明用电；消防和安防设备等的用电；临时医疗站、兴奋剂检查室、血样收集室等设备的用电；VIP办公室、奖牌储存室、运动员及裁判员用房、包厢、观众席等照明用电；场地照明用电；建筑设备管理系统、售检票系统等用电；生活水泵、污水泵等用电	二级
14	商场、百货商店、超市	大型百货商店、商场及超市的经营管理用计算机系统用电	一级
		大中型百货商店、商场、超市营业厅、门厅公共楼梯及主要通道的照明及乘客电梯、自动扶梯及空调用电	二级
15	金融建筑（银行、金融中心、证交中心）	重要的计算机系统和安防系统用电；特级金融设施用电	一级*
		大型银行营业厅备用照明用电；一级金融设施用电	一级
		中小型银行营业厅备用照明用电；二级金融设施用电	二级
16	民用机场	航空管制、导航、通信、气象、助航灯光系统设施和台站用电；边防、海关的安全检查设备用电；航班信息、显示及时钟系统用电；航站楼、外航住机场办事处中不允许中断供电的重要场所的用电	一级*
		Ⅲ类及以上民用机场航站楼中的公共区域照明、电梯、送排风系统设备、排污泵、生活水泵、行李处理系统用电；航站楼、外航住机场航站楼办事处、机场宾馆内与机场航班信息相关的系统用电、综合监控系统及其他信息系统；站坪照明、站坪机务；飞行区内雨水泵站等用电	一级
		航站楼内除一级负荷以外的其他主要负荷，包括公共场所空调系统设备、自动扶梯、自动人行道用电；Ⅳ类及以下民用机场航站楼的公共区域照明、电梯、送排风系统设备、排水泵、生活水泵等用电	二级

（续）

序号	建筑物名称	用电负荷名称	负荷级别
17	铁路旅客车站 综合交通枢纽站	特大型铁路旅客车站、集大型铁路旅客车站及其他车站等为一体的大型综合交通枢纽站中不允许中断供电的重要场所的用电	一级 *
		特大型铁路旅客车站、国境站和集大型铁路旅客车站及其他车站等为一体的综合交通枢纽站的旅客站房、站台、天桥、地道用电、防灾报警设备用电；特大型铁路旅客车站、国境站的公共区域照明；售票系统设备、安防及安全检查设备、通信系统用电	一级
		大、中型铁路旅客车站、集铁路旅客车站（中型）及其他车站等为一体的综合交通枢纽站的旅客站房、站台、天桥、地道、防灾报警设备用电；特大和大型铁路旅客车站、国境站的列车到发预告显示系统、旅客用电梯、自动扶梯、国际换装设备、行包用电梯、皮带输送机、送排风机、排污水设备用电；特大型铁路旅客车站的冷热源设备用电；大、中型铁路旅客车站的公共区域照明、管理用房照明及设备用电；铁路旅客车站的驻站警务室用电	二级
18	城市轨道交通车站 磁浮列车站 地铁车站	专用通信系统设备、信号系统设备、环境与设备监控系统设备、地铁变电所操作电源等车站内不允许中断供电的其他重要场所的用电	一级 *
		牵引设备用电负荷；自动售票系统设备用电；车站中作为事故疏散用的自动扶梯、电动屏蔽门（安全门）、防护门、防淹门、排水泵、雨水泵用电；信息设备管理用房照明、公共区域照明用电；地铁电力监控系统设备、综合监控系统设备、门禁系统设备、安防设施及自动售检票设备、站台门设备、地下站厅站台等公共区照明、地下区间照明、供暖区的锅炉房设备等用电	一级
		非消防用电梯及自动扶梯和自动人行道、地上站厅站台等公共区照明、附属房间照明、普通风机、排污泵用电；乘客信息系统、变电所检修电源用电	二级
19	港口客运站	一级港口客运站的通信、监控系统设备、导航设施用电	一级
		港口重要作业区、一级及二级客运站主要用电负荷，包括公共区域照明、管理用房照明及设备、电梯、送排风系统设备、排污水设备、生活水泵用电	二级

（续）

序号	建筑物名称	用电负荷名称	负荷级别
20	汽车客运站	一级、二级汽车客运站主要用电负荷，包括公共区域照明、管理用房照明及设备、电梯、送排风系统设备、排污水设备、生活水泵用电	二级
21	旅游饭店	四星级及以上旅游饭店的经营及设备管理用计算机系统用电	一级*
		四星级及以上旅游饭店的宴会厅、餐厅、厨房、康乐设施用房、门厅及高级客房、主要通道等场所的照明用电；厨房、排污泵、生活水泵、主要客梯用电；计算机、电话、电声和录像设备、新闻摄影用电	一级
		三星级旅游饭店的宴会厅、餐厅、厨房、康乐设施用房、门厅及高级客房、主要通道等场所的照明用电；厨房、排污泵、生活水泵、主要客梯用电；计算机、电话、电声和录像设备、新闻摄影用电	二级
22	科研院所及教育建筑	四级生物安全实验室用电；对供电连续性要求很高的国家重点实验室用电	一级*
		三级生物安全实验室用电；对供电连续性要求较高的国家重点实验室用电；学校特大型会堂主要通道照明用电	一级
		对供电连续性要求较高的其他实验室用电；学校大型会堂主要通道照明、乙等会堂舞台照明及电声设备用电；学校教学楼、学生宿舍等主要通道照明用电；学校食堂冷库及厨房主要设备用电以及主要操作间、备餐间照明用电	二级
23	三级、二级医院	急诊抢救室、血液病房的净化室、产房、烧伤病房、重症监护室、早产儿室、血液透析室、手术室、术前准备室、术后复苏室、麻醉室、心血管造影检查室等场所涉及患者生命安全的设备及其照明用电；大型生化仪器、重症呼吸道感染区的通风系统用电	一级*
		急诊抢救室、血液病房的净化室、产房、烧伤病房、重症监护室、早产儿室、血液透析室、手术室、术前准备室、术后复苏室、麻醉室、心血管造影检查室等场所中的除一级负荷中特别重要负荷外的其他用电 下列场所的诊疗设备及照明用电：急诊诊室、急诊观察室及处置室、分娩室、婴儿室、内镜检查室、影像科、放射治疗室、核医学室等；高压氧舱、血库及配血室、培养箱、恒温箱用电；病理科的取材室、制片室、镜检室设备用电；计算机网络系统用电；门诊部、医技部及住院部30%的走道照明用电；配电室照明用电；医用气体供应系统中的真空泵、压缩机、制氧机及其控制与报警系统设备用电	一级

（续）

序号	建筑物名称	用电负荷名称	负荷级别
23	三级、二级医院	电子显微镜、影像科诊断设备用电；肢体伤残康复病房照明用电；中心（消毒）供应室、空气净化机组用电；贵重药品冷库、太平柜用电；客梯、生活水泵、采暖锅炉及换热站等的用电	二级
24	一级医院	急诊室用电	二级
25	住宅建筑	建筑高度大于54m的一类高层住宅的航空障碍照明、走道照明、值班照明、安防系统、电子信息设备机房、客梯、排污泵、生活水泵用电	一级
		建筑高度大于27m但不大于54m的二类高层住宅的走道照明、值班照明、安防系统、客梯、排污泵、生活水泵用电	二级
26	一类高层民用建筑	消防用电；值班照明；警卫照明；障碍照明用电；主要业务和计算机系统用电；安防系统用电；电子信息设备机房用电；客梯用电；排水泵；生活水泵用电	一级
		主要通道及楼梯间照明用电	二级
27	二类高层民用建筑	消防用电；主要通道及楼梯间照明用电；客梯用电；排水泵、生活水泵用电	二级
28	建筑高度大于150m的超高层公共建筑	消防用电	一级＊
29	体育场（馆）及游泳馆	特级体育场（馆）及游泳馆的应急照明	一级＊
		甲级体育场（馆）及游泳馆的应急照明	一级
30	剧场	特大型、大型剧场的消防用电	一级
		中小型剧场消防用电	二级
31	交通建筑	地下车站及区间的应急照明、火灾自动报警系统设备用电	一级＊
		Ⅲ类及以上民用机场航站楼、特大型和大型铁路旅客车站、集民用机场航站楼或铁路及城市轨道交通车站为一体的大型综合交通枢纽站、城市轨道交通地下站以及具有一级耐火等级的交通建筑的消防用电；地铁消防水泵及消防水管电保温设备、防排烟风机及各类防火排烟阀、防火（卷帘）门、消防疏散用自动扶梯、消防电梯、应急照明等消防设备及发生火灾或其他灾害时仍需使用的设备用电；Ⅰ、Ⅱ类飞机库的消防用电；Ⅰ类汽车库的消防用电及其机械停车设备、采用升降梯作车辆疏散出口的升降梯用电；一类、二类隧道的消防用电	一级

（续）

序号	建筑物名称	用电负荷名称	负荷级别
31	交通建筑	Ⅲ类以下机场航站楼、铁路旅客车站、城市轨道交通地面站、地上站、港口客运站、汽车客运站及其他交通建筑等的消防用电；Ⅲ类飞机库的消防用电；Ⅱ、Ⅲ类汽车库和Ⅰ类修车库的消防用电及其机械停车设备、采用升降梯作车辆疏散出口的升降梯用电；三类隧道的消防用电	二级

注：1. 负荷分级表中"一级*"为一级负荷中特别重要负荷。

2. 当本表序号 1~25 中的各类建筑物与一类、二类高层建筑的用电负荷级别以及消防用电负荷级别不相同时，负荷级别应按其中高者确定。

3. 本表中未列出的负荷分级可结合各类民用建筑的实际情况，根据 GB 51348—2019《民用建筑电气设计标准》第 3.2.1 条的负荷分级原则参照本表确定。

附录 3　LJ 型铝绞线、LGJ 型钢芯铝绞线和 LMY 型涂漆矩形硬铝母线的主要技术数据

附表 3-1　LJ 型铝绞线的主要技术数据

额定截面积/mm²		16	25	35	50	70	95	120	150	185	240
实际截面积/mm²		15.9	25.4	34.4	49.5	71.3	95.1	121	148	183	239
股数/外径（mm）		7/5.10	7/6.45	7/7.50	7/9.00	7/10.8	7/12.5	19/14.3	19/15.8	19/17.5	19/20.0
50℃时电阻/($\Omega \cdot km^{-1}$)		2.07	1.33	0.96	0.66	0.48	0.36	0.28	0.23	0.18	0.14
线间几何均距/mm		线路电抗/($\Omega \cdot km^{-1}$)									
600		0.36	0.35	0.34	0.33	0.32	0.31	0.30	0.29	0.28	0.28
800		0.38	0.37	0.36	0.35	0.34	0.33	0.32	0.31	0.30	0.30
1000		0.40	0.38	0.37	0.36	0.35	0.34	0.33	0.32	0.31	0.31
1250		0.41	0.40	0.39	0.37	0.36	0.35	0.34	0.34	0.33	0.32
1500		0.42	0.41	0.40	0.38	0.37	0.36	0.35	0.35	0.34	0.33
2000		0.44	0.43	0.41	0.40	0.40	0.38	0.37	0.37	0.36	0.35
额定截面积/mm²		16	25	35	50	70	95	120	150	185	240
导线温度/℃	环境温度/℃	允许持续载流量/A									
70（室外架设）	20	110	142	179	226	278	341	394	462	525	641
	25	105	135	170	215	265	325	375	440	500	610
	30	98.7	127	160	202	249	306	353	414	470	573
	35	93.5	120	151	191	236	289	334	392	445	543
	40	86.1	111	139	176	217	267	308	361	410	500

注：1. 线间几何均距 $a_{av} = \sqrt[3]{a_1 a_2 a_3}$，式中 a_1、a_2、a_3 为三相导线的各相之间的线间距离。三相导线正三角形排列时，$a_{av} = a$；三相导线等距水平排列时，$a_{av} = 12a$。

2. 铜绞线 TJ 的电阻约为同截面 LJ 电阻的 61%；TJ 的电抗与 LJ 相等。TJ 的载流量约为同截面 LJ 载流量的 1.29 倍。

附表 3-2　LGJ 型钢芯铝绞线的主要技术数据

额定截面积/mm²		35	50	70	95	120	150	185	240
铝线实际截面积/mm²		34.9	48.3	68.1	94.4	116	149	181	239
铝股数/钢股数/外径（mm）		6/1/8.16	6/1/9.60	6/1/11.4	26/7/13.6	26/7/15.1	26/7/17.1	26/7/18.9	26/7/21.7
50℃时电阻/(Ω·km⁻¹)		0.89	0.68	0.48	0.35	0.29	0.24	0.18	0.15
线间几何均距/mm		线路电抗/(Ω·km⁻¹)							
1500		0.39	0.38	0.37	0.35	0.35	0.34	0.33	0.33
2000		0.40	0.39	0.38	0.37	0.37	0.36	0.35	0.34
2500		0.41	0.41	0.40	0.39	0.38	0.37	0.37	0.36
3000		0.43	0.42	0.41	0.40	0.39	0.39	0.38	0.37
3500		0.44	0.43	0.42	0.41	0.40	0.40	0.39	0.38
4000		0.45	0.44	0.43	0.42	0.41	0.40	0.40	0.39
导线温度/℃	环境温度/℃	允许持续载流量/A							
70 （室外架设）	20	179	231	289	352	399	467	541	641
	25	170	220	275	335	380	445	515	610
	30	159	207	259	315	357	418	484	574
	35	149	193	228	295	335	391	453	536
	40	137	178	222	272	307	360	416	494

附表 3-3　LMY 型涂漆矩形硬铝母线的主要技术数据

母线截面积 (宽/mm × 厚/mm)	65℃时电阻 /(Ω·km⁻¹)	相间距离为 250mm 时电抗/(Ω·km⁻¹)		母线竖放时的允许持续载流量/A（导线温度 70℃）环境温度/℃			
		竖放	平放	25	30	35	40
25×3	0.47	0.24	0.22	265	249	233	215
30×4	0.29	0.23	0.21	365	343	321	296
40×4	0.22	0.21	0.19	480	451	422	389
40×5	0.18	0.21	0.19	540	507	475	438
50×5	0.14	0.20	0.17	665	625	585	539
50×6	0.12	0.20	0.17	740	695	651	600
60×6	0.10	0.19	0.16	870	818	765	705
80×6	0.076	0.17	0.15	1150	1080	1010	932
100×6	0.062	0.16	0.13	1425	1340	1255	1155
60×8	0.076	0.19	0.16	1025	965	902	831
80×8	0.059	0.17	0.15	1320	1240	1160	1070
100×8	0.048	0.16	0.13	1625	1530	1430	1315
120×8	0.041	0.16	0.12	1900	1785	1670	1540
60×10	0.062	0.16	0.16	1155	1085	1016	936
80×10	0.048	0.17	0.14	1480	1390	1300	1200
100×10	0.040	0.16	0.13	1820	1710	1600	1475
120×10	0.035	0.16	0.12	2070	1945	1820	1680

注：本表母线载流量系母线竖放时的数据。如母线平放，且宽度大于 60mm 时，表中数据应乘以 0.92；如母线平放，且宽度不大于 60mm 时，表中数据应乘以 0.95。

附录4　绝缘导线和电缆的电阻和电抗值

附表 4-1　室内明敷和穿管的绝缘导线的电阻和电抗值

导线线芯额定截面积 /mm²	电阻/(Ω·km⁻¹)				电抗/(Ω·km⁻¹)					
	导线温度/℃				明敷线距/mm				导线穿管	
	50		60		100		150			
	铝芯	铜芯	铝芯	铜芯	铝芯	铜芯	铝芯	铜芯	铝芯	铜芯
1.5	—	14.00	—	14.50	—	0.342	—	0.368	—	0.138
2.5	13.33	8.40	13.8	8.70	0.327	0.327	0.353	0.353	0.127	0.127
4	8.25	5.20	8.55	5.38	0.312	0.312	0.338	0.338	0.119	0.119
6	5.53	3.48	5.75	3.61	0.300	0.300	0.325	0.325	0.112	0.112
10	3.33	2.05	3.45	2.12	0.280	0.280	0.306	0.306	0.108	0.108
16	2.08	1.25	2.16	1.30	0.265	0.265	0.290	0.290	0.102	0.102
25	1.31	0.81	1.36	0.84	0.251	0.251	0.277	0.277	0.099	0.099
35	0.94	0.58	0.97	0.60	0.241	0.241	0.266	0.266	0.095	0.095
50	0.65	0.40	0.67	0.41	0.229	0.229	0.251	0.251	0.091	0.091
70	0.47	0.29	0.49	0.30	0.219	0.219	0.242	0.242	0.088	0.088
95	0.35	0.22	0.36	0.23	0.206	0.206	0.231	0.231	0.085	0.085
120	0.28	0.17	0.29	0.18	0.199	0.199	0.223	0.223	0.083	0.083
150	0.22	0.14	0.23	0.14	0.191	0.191	0.216	0.216	0.082	0.082
185	0.18	0.11	0.19	0.12	0.184	0.184	0.209	0.209	0.081	0.081
240	0.14	0.09	0.14	0.09	0.178	0.178	0.200	0.200	0.080	0.080

附表 4-2　电力电缆的电阻和电抗值

额定截面积/mm²	电阻/(Ω·km⁻¹)								电抗/(Ω·km⁻¹)					
	铝芯电缆				铜芯电缆				纸绝缘电缆			塑料电缆		
	缆芯工作温度/℃								额定电压/kV					
	55	60	75	80	55	60	75	80	1	6	10	1	6	10
2.5	—	14.38	15.13	—	—	8.54	8.98	—	0.098	—	—	0.100	—	—
4	—	8.99	9.45	—	—	5.34	5.61	—	0.091	—	—	0.093	—	—
6	—	6.00	6.31	—	—	3.56	3.75	—	0.087	—	—	0.091	—	—
10	—	3.60	3.78	—	—	2.13	2.25	—	0.081	—	—	0.087	—	—
16	2.21	2.25	2.36	2.40	1.31	1.33	1.40	1.43	0.077	0.099	0.110	0.082	0.124	0.133
25	1.41	1.44	1.51	1.54	0.84	0.85	0.90	0.91	0.067	0.088	0.098	0.075	0.111	0.120
35	1.01	1.03	1.08	1.10	0.60	0.61	0.64	0.65	0.065	0.083	0.092	0.073	0.105	0.113
50	0.71	0.72	0.76	0.77	0.42	0.43	0.45	0.46	0.063	0.079	0.087	0.071	0.099	0.107
70	0.51	0.52	0.54	0.56	0.30	0.31	0.32	0.33	0.062	0.076	0.083	0.070	0.093	0.101
95	0.37	0.38	0.40	0.41	0.22	0.23	0.24	0.24	0.062	0.074	0.080	0.070	0.089	0.096
120	0.29	0.30	0.31	0.32	0.17	0.18	0.19	0.19	0.062	0.072	0.078	0.070	0.087	0.095
150	0.24	0.24	0.25	0.26	0.14	0.14	0.15	0.15	0.062	0.071	0.077	0.070	0.085	0.093

（续）

额定截面积/mm²	电阻/(Ω·km⁻¹)								电抗/(Ω·km⁻¹)					
	铝芯电缆				铜芯电缆				纸绝缘电缆			塑料电缆		
	缆芯工作温度/℃								额定电压/kV					
	55	60	75	80	55	60	75	80	1	6	10	1	6	10
185	0.20	0.20	0.21	0.21	0.12	0.12	0.12	0.13	0.062	0.070	0.075	0.070	0.082	0.090
240	0.15	0.16	0.16	0.17	0.09	0.09	0.10	0.11	0.062	0.069	0.073	0.070	0.080	0.087

注：1. 表中塑料电缆包括聚氯乙烯绝缘电缆和交联电缆。

2. 1kV 级四～五芯电缆的电阻和电抗值可近似地取用同级三芯电缆的电阻和电抗值（本表为三芯电缆值）。

附录 5　10kV 油浸式三相双绕组无励磁调压配电变压器能效等级及基本参数

额定容量/(kV·A)	1级						2级						3级						短路阻抗(%)
	电工钢带			非晶合金			电工钢带			非晶合金			电工钢带			非晶合金			
	空载损耗/W	负载损耗/W		空载损耗/W	负载损耗/W		空载损耗/W	负载损耗/W		空载损耗/W	负载损耗/W		空载损耗/W	负载损耗/W		空载损耗/W	负载损耗/W		
		Dyn11/Yzn11/W	Yyn0/W		Dyn11/Yzn11/W	Yyn0/W		Dyn11/Yzn11/W	Yyn0/W		Dyn11/Yzn11/W	Yyn0/W		Dyn11/Yzn11/W	Yyn0/W		Dyn11/Yzn11/W	Yyn0/W	
30	65	455	430	25	510	480	70	505	480	33	535	510	80	630	600	33	630	600	4.0
50	80	655	625	35	735	700	90	730	695	43	780	745	100	910	870	43	910	870	
63	90	785	745	40	880	840	100	870	830	50	930	890	110	1090	1040	50	1090	1040	
80	105	945	900	50	1060	1010	115	1050	1000	60	1120	1070	130	1310	1250	60	1310	1250	
100	120	1140	1080	60	1270	1215	135	1265	1200	75	1350	1285	150	1580	1500	75	1580	1500	
125	135	1360	1295	70	1530	1450	150	1510	1440	85	1615	1540	170	1890	1800	85	1890	1800	
160	160	1665	1585	80	1870	1780	180	1850	1760	100	1975	1880	200	2310	2200	100	2310	2200	
200	190	1970	1870	95	2210	2100	215	2185	2080	120	2330	2225	240	2600	2600	120	2730	2600	
250	230	2300	2195	110	2590	2470	260	2560	2440	140	2735	2610	290	3200	3050	140	3200	3050	
315	270	2760	2630	135	3100	2950	305	3065	2920	170	3275	3120	370	3830	3650	170	3830	3650	
400	330	3250	3095	160	3660	3480	370	3615	3440	200	3865	3675	410	4520	4300	200	4520	4300	
500	385	3900	3710	190	4380	4170	430	4330	4120	240	4625	4400	480	5410	5150	240	5410	5150	
630	460	4460		250	5020		510	4960		320	5300		570	6200		320	6200		4.5
800	560	5400		300	6075		630	6000		380	6415		700	7500		380	7500		
1000	665	7415		360	8340		745	8240		450	8800		830	10300		450	10300		
1250	780	8640		425	9720		870	9600		530	10260		970	12000		530	12000		
1600	940	10440		500	11745		1050	11600		630	12400		1170	14500		630	14500		
2000	1085	13180		550	14000		1225	14640		710	14800		1360	18300		720	18300		5.0
2500	1280	13360		670	15450		1440	14840		860	16300		1600	21200		865	21200		

附录6 部分并联电容器的主要技术数据

型号	额定容量 /kvar	额定电容 /μF	型号	额定容量 /kvar	额定电容 /μF
BCMJ0.4-4-3	4	80	BGMJ0.4-3.3-3	3.3	66
BCMJ0.4-5-3	5	100	BGMJ0.4-5-3	5	99
BCMJ0.4-8-3	8	160	BGMJ0.4-10-3	10	198
BCMJ0.4-10-3	10	200	BGMJ0.4-12-3	12	230
BCMJ0.4-15-3	15	300	BGMJ0.4-15-3	15	298
BCMJ0.4-20-3	20	400	BGMJ0.4-20-3	20	398
BCMJ0.4-25-3	25	500	BGMJ0.4-25-3	25	498
BCMJ0.4-30-3	30	600	BGMJ0.4-30-3	30	598
BCMJ0.4-40-3	40	800	BWF0.4-14-1/3	14	279
BCMJ0.4-50-3	50	1000	BWF0.4-16-1/3	16	318
BKMJ0.4-6-1/3	6	120	BWF0.4-20-1/3	20	398
BKMJ0.4-7.5-1/3	7.5	150	BWF0.4-25-1/3	25	498
BKMJ0.4-9-1/3	9	180	BWF0.4-75-1/3	75	1500
BKMJ0.4-12-1/3	12	240	BWF10.5-16-1	16	0.462
BKMJ0.4-15-1/3	15	300	BWF10.5-25-1	25	0.722
BKMJ0.4-20-1/3	20	400	BWF10.5-30-1	30	0.866
BKMJ0.4-25-1/3	25	500	BWF10.5-40-1	40	1.155
BKMJ0.4-30-1/3	30	600	BWF10.5-50-1	50	1.44
BKMJ0.4-40-1/3	40	800	BWF10.5-100-1	100	2.89
BGMJ0.4-2.5-3	2.5	55			

注：1. 并联电容器额定频率为50Hz。

2. 并联电容器型号的含义如下。

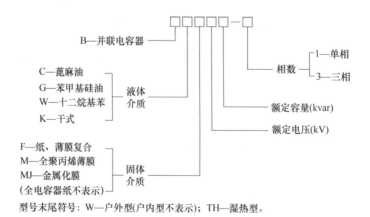

型号末尾符号：W—户外型(户内型不表示)；TH—湿热型。

附录7　功率因数调整电费表

月无功电能 月有功电能	功率 因数	电费调整（%）			月无功电能 月有功电能	功率 因数	电费调整（%）		
		0.90	0.85	0.80			0.90	0.85	0.80
0.0000~0.1003	1.00	−0.75	−1.10	−1.30	1.1848~1.2165	0.64	+17	+11	+8.0
0.1004~0.1751	0.99	−0.75	−1.10	−1.30	1.2166~1.2490	0.63	+19	+12	+8.5
0.1752~0.2279	0.98	−0.75	−1.10	−1.30	1.2491~1.2821	0.62	+21	+13	+9.0
0.2280~0.2717	0.97	−0.75	−1.10	−1.30	1.2822~1.3160	0.61	+23	+14	+9.5
0.2718~0.3105	0.96	−0.75	−1.10	−1.30	1.3161~1.3507	0.60	+25	+15	+10
0.3106~0.3461	0.95	−0.75	−1.10	−1.30	1.3508~1.3863	0.59	+27	+17	+11
0.3462~0.3793	0.94	−0.60	−1.10	−1.30	1.3864~1.4228	0.58	+29	+19	+12
0.3794~0.4107	0.93	−0.45	−0.95	−1.30	1.4229~1.4603	0.57	+31	+21	+13
0.4108~0.4409	0.92	−0.30	−0.80	−1.30	1.4604~1.4988	0.56	+33	+23	+14
0.4410~0.4700	0.91	−0.15	−0.65	−1.15	1.4989~1.5384	0.55	+35	+25	+15
0.4701~0.4983	0.90	0	−0.50	−1.0	1.5385~1.5791	0.54	+37	+27	+17
0.4984~0.5260	0.89	+0.5	−0.4	−0.9	1.5792~1.6211	0.53	+39	+29	+19
0.5261~0.5532	0.88	+1.0	−0.3	−0.8	1.6212~1.6644	0.52	+41	+31	+21
0.5533~0.5800	0.87	+1.5	−0.2	−0.7	1.6645~1.7091	0.51	+43	+33	+23
0.5801~0.6065	0.86	+2.0	−0.1	−0.6	1.7092~1.7553	0.50	+45	+35	+25
0.6066~0.6328	0.85	+2.5	0	−0.5	1.7554~1.8031	0.49	+47	+37	+27
0.6329~0.6589	0.84	+3.0	+0.5	−0.4	1.8032~1.8526	0.48	+49	+39	+29
0.6590~0.6850	0.83	+3.5	+1.0	−0.3	1.8527~1.9038	0.47	+51	+41	+31
0.6851~0.7109	0.82	+4.0	+1.5	−0.2	1.9039~1.9571	0.46	+53	+43	+33
0.7110~0.7370	0.81	+4.5	+2.0	−0.1	1.9572~2.0124	0.45	+55	+45	+35
0.7371~0.7630	0.80	+5.0	+2.5	0	2.0125~2.0699	0.44	+57	+47	+37
0.7631~0.7891	0.79	+5.5	+3.0	+0.5	2.0700~2.1298	0.43	+59	+49	+39
0.7892~0.8154	0.78	+6.0	+3.5	+1.0	2.1299~2.1923	0.42	+61	+51	+41
0.8155~0.8418	0.77	+6.5	+4.0	+1.5	2.1924~2.2575	0.41	+63	+53	+43
0.8419~0.8685	0.76	+7.0	+4.5	+2.0	2.2576~2.3257	0.40	+65	+55	+45
0.8686~0.8953	0.75	+7.5	+5.0	+2.5	2.3258~2.3971	0.39	+67	+57	+47
0.8954~0.9225	0.74	+8.0	+5.5	+3.0	2.3972~2.4720	0.38	+69	+59	+49
0.9226~0.9499	0.73	+8.5	+6.0	+3.5	2.4721~2.5507	0.37	+71	+61	+51
0.9500~0.9777	0.72	+9.0	+6.5	+4.0	2.5508~2.6334	0.36	+73	+63	+53
0.9778~1.0059	0.71	+9.5	+7.0	+4.5	2.6335~2.7205	0.35	+75	+65	+55
1.0060~1.0365	0.70	+10	+7.5	+5.0	2.7206~2.8125	0.34	+77	+67	+57
1.0366~1.0635	0.69	+11	+8.0	+5.5	2.8126~2.9098	0.33	+79	+69	+59
1.0636~1.0930	0.68	+12	+8.5	+6.0	2.9099~3.0129	0.32	+81	+71	+61
1.0931~1.1230	0.67	+13	+9.0	+6.5	2.0130~3.1224	0.31	+83	+73	+63
1.1231~1.1636	0.66	+14	+9.5	+7.0	3.1225~3.2389	0.30	+85	+75	+65
1.1637~1.1847	0.65	+15	+10	+7.5	3.2390~3.3632	0.29	+87	+77	+67

附录 8 绝缘导线明敷、穿钢管和穿塑料管时的允许载流量

（导线正常最高允许温度为65℃） （单位：A）

附表 8-1 绝缘导线明敷时的允许载流量

芯线截面积/mm²	橡皮绝缘线								塑料绝缘线							
	环境温度/℃								环境温度/℃							
	25		30		35		40		25		30		35		40	
	铜芯	铝芯	铜芯	铝芯	铜芯	铝芯	铜芯	铝芯	铜芯	铝芯	铜芯	铝芯	铜芯	铝芯	铜芯	铝芯
2.5	35	27	32	25	30	23	27	21	32	25	30	23	27	21	25	19
4	45	35	41	32	39	30	35	27	41	32	37	29	35	27	32	25
6	58	45	54	42	49	38	45	35	54	42	50	39	46	36	43	33
10	84	65	77	60	72	56	66	51	76	59	71	55	66	51	59	46
16	110	85	102	79	94	73	86	67	103	80	95	74	89	69	81	63
25	142	110	132	102	123	95	112	87	135	105	126	98	116	90	107	83
35	178	138	166	129	154	119	141	109	168	130	156	121	144	112	132	102
50	226	175	210	163	195	151	178	138	213	165	199	154	183	142	168	130
70	284	220	266	206	245	190	224	174	264	205	246	191	228	177	209	162
95	342	265	319	247	295	229	270	209	323	250	301	233	279	216	254	197
120	400	310	361	280	346	268	316	243	365	283	343	266	317	246	290	225
150	464	360	433	336	401	311	366	284	419	325	391	303	362	281	332	257
185	540	420	506	392	468	363	428	332	490	380	458	355	423	328	387	300
240	660	510	615	476	570	441	520	403	—	—	—	—	—	—	—	—

注：铜芯橡皮线—BX，铝芯橡皮线—BLX，铜芯塑料线—BV，铝芯塑料线—BLV。

附表 8-2 橡皮绝缘导线穿钢管时的允许载流量

芯线截面积/mm²	芯线材质	2根单芯线				2根穿管管径/mm		3根单芯线				3根穿管管径/mm		4~5根单芯线				4根穿管管径/mm		5根穿管管径/mm	
		环境温度/℃						环境温度/℃						环境温度/℃							
		25	30	35	40	SC	MT	25	30	35	40	SC	MT	25	30	35	40	SC	MT	SC	MT
2.5	铜	27	25	23	21	15	20	25	22	21	19	15	20	21	18	17	15	20	25	20	25
	铝	21	19	18	16			19	17	16	15			16	14	13	12				
4	铜	36	34	31	28	20	25	32	30	27	25	20	25	30	27	25	23	20	25	20	25
	铝	28	26	24	22			25	23	21	19			23	21	19	18				
6	铜	48	44	41	37	20	25	44	40	37	34	20	25	39	36	32	30	25	25	25	32
	铝	37	34	32	29			34	31	29	26			30	28	25	23				
10	铜	67	62	57	53	25	32	59	55	50	46	25	32	52	48	44	40	25	32	32	40
	铝	52	48	44	41			46	43	39	36			40	37	34	31				
16	铜	85	79	74	67	25	32	76	71	66	59	32	32	67	62	57	53	32	40	40	(50)
	铝	66	61	57	52			59	55	51	46			52	48	44	41				

（续）

芯线截面积/mm²	芯线材质	2根单芯线 环境温度/℃				2根穿管 管径/mm		3根单芯线 环境温度/℃				3根穿管 管径/mm		4~5根单芯线 环境温度/℃				4根穿管 管径/mm		5根穿管 管径/mm	
		25	30	35	40	SC	MT	25	30	35	40	SC	MT	25	30	35	40	SC	MT	SC	MT
25	铜	111	103	95	88	32	40	98	92	84	77	32	40	88	81	75	68	40	(50)	40	—
	铝	86	80	74	68			76	71	65	60			68	63	58	53				
35	铜	137	128	117	107	32	40	121	112	104	95	32	(50)	107	99	92	84	40	(50)	50	
	铝	106	99	91	83			94	87	83	74			83	77	71	65				
50	铜	172	160	148	135	40	(50)	152	142	132	120	50	(50)	135	126	116	107	50	—	70	
	铝	135	124	115	105			118	110	102	93			105	98	90	83				
70	铜	212	199	183	168	50	(50)	194	181	166	152	50	(50)	172	160	148	135	70	—	70	
	铝	164	154	142	130			150	140	129	118			133	124	115	105				
95	铜	258	241	223	204	70	—	232	217	200	183	70	—	206	192	178	163	70	—	80	
	铝	200	187	173	158			180	168	155	142			160	149	138	126				
120	铜	297	277	255	233	70	—	271	253	233	214	70	—	245	228	216	194	70	—	80	
	铝	230	215	198	181			210	196	181	166			190	177	164	150				
150	铜	335	313	289	264	70	—	310	289	267	244	70	—	284	266	245	224	80	—	100	
	铝	260	243	224	205			240	224	207	189			220	205	190	174				
185	铜	381	355	329	301	80	—	348	325	301	275	80	—	323	301	279	254	80	—	100	
	铝	295	275	255	233			270	252	233	213			250	233	216	197				

注：1. SC—焊接钢管，管径按内径计；MT—电线管，管径按外径计。

2. 4~5根单芯线穿管的载流量，是指低压 TN-C 系统、TN-S 系统或 TN-C-S 系统中的相线载流量，其中 N 线或 PEN 线中可有不平衡电流通过。如三相负荷平衡，则虽有 4 根或 5 根线穿管，但其载流量仍按 3 根线穿管考虑，而穿线管管径则按实际穿管导线数选择。

附表 8-3　塑料绝缘导线穿钢管时的允许载流量

芯线截面积/mm²	芯线材质	2根单芯线 环境温度/℃				2根穿管 管径/mm		3根单芯线 环境温度/℃				3根穿管 管径/mm		4~5根单芯线 环境温度/℃				4根穿管 管径/mm		5根穿管 管径/mm	
		25	30	35	40	SC	MT	25	30	35	40	SC	MT	25	30	35	40	SC	MT	SC	MT
2.5	铜	26	23	21	19	15	15	23	21	19	18	15	15	19	18	16	14	15	15	15	20
	铝	20	18	17	15			18	16	15	14			15	14	12	11				
4	铜	35	32	30	27	15	15	31	28	26	23	15	15	28	26	23	21	15	20	20	20
	铝	27	25	23	21			24	22	20	18			22	20	19	17				
6	铜	45	41	39	35	15	20	41	37	35	32	15	20	36	34	31	28	20	25	25	25
	铝	35	32	30	27			32	29	27	25			28	26	24	22				
10	铜	63	58	54	49	20	25	57	53	49	44	20	25	49	45	41	39	25	25	25	32
	铝	49	45	42	38			44	41	38	34			38	35	32	30				
16	铜	81	75	70	63	25	25	72	67	62	57	25	32	65	59	55	50	25	32	32	40
	铝	63	58	54	49			56	52	48	44			50	46	43	39				

（续）

芯线截面积/mm²	芯线材质	2根单芯线 环境温度/℃				2根穿管管径/mm		3根单芯线 环境温度/℃				3根穿管管径/mm		4~5根单芯线 环境温度/℃				4根穿管管径/mm		5根穿管管径/mm	
		25	30	35	40	SC	MT	25	30	35	40	SC	MT	25	30	35	40	SC	MT	SC	MT
25	铜	103	95	89	81	25	32	90	84	77	71	32	32	84	77	72	66	32	40	32	(50)
	铝	80	74	69	63			70	65	60	55			65	60	56	51				
35	铜	129	120	111	102	32	40	116	108	99	92	32	40	103	95	89	81	40	(50)	40	—
	铝	100	93	86	79			90	84	77	71			80	74	69	63				
50	铜	161	150	139	126	40	50	142	132	123	112	40	(50)	129	120	111	102	50	(50)	50	
	铝	125	116	108	98			110	102	95	87			100	93	86	79				
70	铜	200	186	173	157	50	50	184	172	159	146	50	(50)	164	150	141	129	50	—	70	
	铝	155	144	134	122			143	133	123	113			127	118	109	100				
95	铜	245	228	212	194	50	(50)	219	204	190	173	50	—	196	183	169	155	70		70	
	铝	190	177	164	150			170	158	147	134			152	142	131	120				
120	铜	284	264	245	224	50	(50)	252	235	217	199	50		222	206	191	175	70		80	
	铝	220	205	190	174			195	182	168	154			172	160	148	136				
150	铜	323	301	279	254	70		290	271	250	228	70		258	241	223	204	70		80	
	铝	250	233	216	197			225	210	194	177			200	187	173	158				
185	铜	368	343	317	290	70		329	307	284	259	70		297	277	255	233	80		100	
	铝	285	266	246	225			255	238	220	201			230	215	198	181				

注：同附表8-2注。

附表 8-4　橡皮绝缘导线穿硬塑料管时的允许载流量

芯线截面积/mm²	芯线材质	2根单芯线 环境温度/℃				2根穿管管径/mm	3根单芯线 环境温度/℃				3根穿管管径/mm	4~5根单芯线 环境温度/℃				4根穿管管径/mm	5根穿管管径/mm
		25	30	35	40		25	30	35	40		25	30	35	40		
2.5	铜	25	22	21	19	15	22	19	18	17	15	19	18	16	14	20	25
	铝	19	17	16	15		17	15	14	13		15	14	12	11		
4	铜	32	30	27	25	20	30	27	25	23	20	26	23	22	20	20	25
	铝	25	23	21	19		23	21	19	18		20	18	17	15		
6	铜	43	39	36	34	20	37	35	32	28	20	34	31	28	26	25	32
	铝	33	30	28	26		29	27	25	22		26	24	22	20		
10	铜	57	53	49	44	25	52	48	44	40	25	45	41	38	35	32	32
	铝	44	41	38	34		40	37	34	31		35	32	30	27		
16	铜	75	70	65	58	32	67	62	57	53	32	59	55	50	46	32	40
	铝	58	54	50	45		52	48	44	41		46	43	39	36		
25	铜	99	92	85	77	32	88	81	75	68	32	77	72	66	61	40	40
	铝	77	71	66	60		68	63	58	53		60	56	51	47		

（续）

芯线截面积/mm²	芯线材质	2根单芯线 环境温度/℃				2根穿管 管径/mm	3根单芯线 环境温度/℃				3根穿管 管径/mm	4~5根单芯线 环境温度/℃				4根穿管 管径/mm	5根穿管 管径/mm
		25	30	35	40		25	30	35	40		25	30	35	40		
35	铜	123	114	106	97	40	108	101	93	85	40	95	89	83	75	40	50
	铝	95	88	82	75		84	78	72	66		74	69	64	58		
50	铜	155	145	133	121	40	139	129	120	111	50	123	114	106	97	50	65
	铝	120	112	103	94		108	100	93	86		95	88	82	75		
70	铜	197	184	170	156	50	174	163	150	137	50	155	144	133	122	65	75
	铝	153	143	132	121		135	126	116	106		120	112	103	94		
95	铜	237	222	205	187	50	213	199	183	168	65	194	181	166	152	75	80
	铝	184	172	159	145		165	154	142	130		150	140	129	118		
120	铜	271	253	233	214	65	245	228	212	194	65	219	204	190	173	80	80
	铝	210	196	181	166		190	177	164	150		170	158	147	134		
150	铜	323	301	277	254	75	293	273	253	231	75	264	246	228	209	80	90
	铝	250	233	215	197		227	212	196	179		205	191	177	162		
185	铜	364	339	313	288	80	329	307	284	259	80	299	279	258	236	100	100
	铝	282	263	243	223		255	238	220	201		232	216	200	183		

注：附表 8-2 注 2 所述，如三相负荷平衡，则虽有 4 根或 5 根线穿管，但导线载流量仍应按 3 根线穿管的载流量选择，而穿线管管径则按实际穿管导线数选择。硬塑料管符号为 PC。

附表 8-5　塑料绝缘导线穿硬塑料管时的允许载流量

芯线截面积/mm²	芯线材质	2根单芯线 环境温度/℃				2根穿管 管径/mm	3根单芯线 环境温度/℃				3根穿管 管径/mm	4~5根单芯线 环境温度/℃				4根穿管 管径/mm	5根穿管 管径/mm
		25	30	35	40		25	30	35	40		25	30	35	40		
2.5	铜	23	21	19	18	15	21	18	17	15	15	18	17	15	14	20	25
	铝	18	16	15	14		16	14	13	12		14	13	12	11		
4	铜	31	28	26	23	20	28	26	24	22	20	25	22	20	19	20	25
	铝	24	22	20	18		22	20	19	17		19	17	16	15		
6	铜	40	36	34	31	20	35	32	30	27	20	32	30	27	25	25	32
	铝	31	28	26	24		27	25	23	21		25	22	21	19		
10	铜	54	50	46	43	25	49	45	42	39	25	43	39	36	34	32	32
	铝	42	39	36	33		38	35	32	30		33	30	28	26		
16	铜	71	66	61	51	32	63	58	54	49	32	57	53	49	44	32	40
	铝	55	51	47	43		49	45	42	38		44	41	38	34		
25	铜	94	88	81	74	32	84	77	72	66	40	74	68	63	58	40	50
	铝	73	68	63	57		65	60	56	51		57	53	49	45		
35	铜	116	108	99	92	40	103	95	89	81	40	90	84	77	71	50	65
	铝	90	84	77	71		80	74	69	63		70	65	60	55		

（续）

芯线截面积/mm²	芯线材质	2根单芯线 环境温度/℃				2根穿管管径/mm	3根单芯线 环境温度/℃				3根穿管管径/mm	4~5根单芯线 环境温度/℃				4根穿管管径/mm	5根穿管管径/mm
		25	30	35	40		25	30	35	40		25	30	35	40		
50	铜	147	137	126	116	50	132	123	114	103	50	116	108	99	92	65	65
	铝	114	106	98	90		102	95	89	80		90	84	77	71		
70	铜	187	174	161	147	50	168	156	144	132	50	148	138	128	116	65	75
	铝	145	135	125	114		130	121	112	102		115	107	98	90		
95	铜	226	210	195	178	65	204	190	175	160	65	181	168	156	142	75	75
	铝	175	163	151	138		158	147	136	124		140	130	121	110		
120	铜	266	241	223	205	65	232	217	200	183	65	206	192	178	163	75	80
	铝	206	187	173	158		180	168	155	142		160	149	138	126		
150	铜	297	277	255	233	75	267	249	231	210	75	239	222	206	188	80	90
	铝	230	215	198	181		207	193	179	163		185	172	160	146		
185	铜	342	319	295	270	75	303	283	262	239	80	273	255	236	215	90	100
	铝	265	247	220	209		235	219	203	185		212	198	183	167		

SI制/mm	15	20	25	32	40	50	65	70	80	90	100
英制/in	$\frac{1}{2}$	$\frac{3}{4}$	1	$1\frac{1}{4}$	$1\frac{1}{2}$	2	$2\frac{1}{2}$	$2\frac{3}{4}$	3	$3\frac{1}{2}$	4

注：1. 同附表8-4注。

2. 管径在工程中常用英寸（in）表示，管径的SI制（mm）与英制（in）的近似对照如下。

附录9　10kV三芯交联聚乙烯绝缘电缆持续允许载流量及校正系数

附表9-1　10kV常用三芯（铝芯）交联聚乙烯绝缘电缆的持续允许载流量

项目		电缆允许载流量/A			
绝缘类型		交联聚乙烯			
钢铠护套		无		有	
电缆导体最高工作温度/℃		90			
敷设方式		空气中	直埋	空气中	直埋
电缆导体截面/mm	25	100	90	100	90
	35	123	110	123	105
	50	146	125	141	120
	70	178	152	173	152
	95	219	182	214	182

（续）

敷设方式		空气中	直埋	空气中	直埋
电缆导体截面 /mm	120	251	205	246	205
	150	283	223	278	219
	185	324	252	320	247
	240	378	292	373	292
	300	433	332	428	328
	400	506	378	501	374
	500	579	428	574	424
环境温度/℃		40	25	40	25
土壤热阻系数/($K \cdot m \cdot W^{-1}$)		—	2.0	—	2.0

注：1. 本表系铝芯电缆数值。铜芯电缆的允许载流量值可乘以 1.29。

2. 本表据 GB 50217—2018《电力工程电缆设计标准》编制。

附表 9-2　电缆在不同环境温度时的载流量校正系数

电缆敷设位置		空气中				土壤中			
环境温度/℃		30	35	40	45	20	25	30	35
电缆导体最高 工作温度/℃	60	1.22	1.11	1.00	0.86	1.07	1.00	0.93	0.85
	65	1.18	1.09	1.00	0.89	1.06	1.00	0.94	0.87
	70	1.15	1.08	1.00	0.91	1.05	1.00	0.94	0.88
	80	1.11	1.06	1.00	0.93	1.04	1.00	0.95	0.90
	90	1.09	1.05	1.00	0.94	1.04	1.00	0.96	0.92

附表 9-3　电缆在不同土壤热阻系数时的载流量校正系数

土壤热阻系数/(℃·m·W^{-1})	分类特征（土壤特性和雨量）	校正系数
0.8	土壤很潮湿，经常下雨。如湿度大于 9% 的沙土；湿度大于 10% 的沙-泥土等	1.05
1.2	土壤潮湿，规律性下雨。如湿度大于 7% 但小于 9% 的沙土；湿度为 12%~14% 的沙-泥土等	1.00
1.5	土壤较干燥，雨量不大。如湿度为 8%~12% 的沙-泥土等	0.93
2.0	土壤干燥，少雨。如湿度大于 4% 但小于 7% 的沙土，湿度为 4%~8% 的沙-泥土等	0.87
3.0	多石地层，非常干燥。如湿度小于 4% 的沙土等	0.75

附录 10　架空裸导线的最小截面积

线路类别		导线最小截面积/mm²		
		铝及铝合金线	钢芯铝纹线	铜绞线
35kV 及以上线路		35	35	35
3~10kV 线路	居民区	35[①]	25	25
	非居民区	25	16	16
低压线路	一般	16[②]	16	16
	与铁路交叉跨越档	35	16	16

① 《中低压配电网改造技术导则》（DL/T 599—2016）规定，中压架空线路宜采用铝绞线，主干线截面积应为 120~240mm²，分支线截面积不宜小于 70mm²。但此规定不是从满足机械强度要求考虑的，而是考虑到城市电网设施标准化的要求。

② 低压架空铝绞线原规定最小截面积为 16mm²。而 DL/T 599—2016 规定：低压架空线宜采用铝芯绝缘线，一般干线截面积不宜小于 50mm²，支线截面积不宜小于 35mm²。

附录 11　绝缘导线芯线的最小截面积

线路类别			芯线最小截面积/mm²		
			铜芯软线	铜芯线	铝芯线
照明用灯头引下线		室内	0.5	1.0	2.5
		室外	1.0	1.0	2.5
移动式设备线路		生活用	0.75	—	—
		生产用	1.0	—	—
敷设在绝缘支持件上的绝缘导线（L 为支持点间距）	室内	L≤2m	—	1.0	10
	室外	L≤2m	—	1.5	10
		2m<L≤6m	—	2.5	10
		6m<L≤16m	—	4	10
		16m<L≤25m	—	6	10
穿管敷设或在槽盒中敷设的绝缘导线			1.5	1.5	2.5
沿墙明敷的塑料护套线			—	1.0	2.5
板孔穿线敷设的绝缘导线			—	1.0	2.5
PE 线和 PEN 线	有机械保护时		—	1.5	2.5
	无机械保护时	多芯线	—	2.5	4
		单芯干线	—	10	16

注：《住宅设计规范》（GB 50096—2011）规定，住宅导线应采用铜芯绝缘线，每套住宅的进户线截面积不应小于 10mm²，分支回路导线截面积不应小于 2.5mm²。

附录 12　部分民用和公共建筑照明标准值 （GB 50034—2013）

照明房间或场所		参考平面及其高度	照度标准值/lx	统一眩光值 UGR	一般显色指数 Ra
1. 居住建筑					
起居室	一般活动	0.75m 水平面	100	—	80
	书写、阅读		300*		
卧室	一般活动	0.75m 水平面	75	—	80
	床头、阅读		150*		
餐厅		0.75m 餐桌面	150	—	80
厨房	一般活动	0.75m 水平面	100	—	80
	操作台	台面	150*		
卫生间		0.75m 水平面	100	—	80

注：＊宜用混合照明，即一般照明加局部照明

	参考平面及其高度	照度标准值/lx	统一眩光值 UGR	一般显色指数 Ra
2. 商业建筑				
一般商店营业厅	0.75m 水平面	300	22	80
高档商店营业厅	0.75m 水平面	500	22	80
一般超市营业厅	0.75m 水平面	300	22	80
高档超市营业厅	0.75m 水平面	500	22	80
收款台	台面	500	—	80

		参考平面及其高度	照度标准值/lx	统一眩光值 UGR	一般显色指数 Ra
3. 旅馆建筑					
客房	一般活动区	0.75m 水平面	75	—	80
	床头	0.75m 水平面	150	—	80
	写字台	台面	300	—	80
	卫生间	0.75m 水平面	150	—	80
中餐厅		0.75m 水平面	200	22	80
西餐厅、酒吧间、咖啡厅		0.75m 水平面	100	—	80
多功能厅		0.75m 水平面	300	22	80
门厅、总服务台		地面	300	—	80
休息厅		地面	200	22	80

（续）

照明房间或场所	参考平面及其高度	照度标准值/lx	统一眩光值 UGR	一般显色指数 Ra
3. 旅馆建筑				
客房层走廊	地面	50	—	80
厨房	台面	200	—	80
洗衣房	0.75m 水平面	200	—	80
4. 学校建筑				
教室	课桌面	300	19	80
实验室	实验桌面	300	19	80
美术教室	桌面	500	19	90
多媒体教室	0.75m 水平面	300	19	80
教室黑板	黑板面	500	—	80
5. 图书馆建筑				
一般阅览室	0.75m 水平面	300	19	80
国家、省、市及其他重要图书馆的阅览室	0.75m 水平面	500	19	80
老年阅览室	0.75m 水平面	500	19	80
珍善本、舆图阅览室	0.75m 水平面	500	19	80
陈列室、目录厅（室）、出纳厅	0.75m 水平面	300	19	80
书库	0.25m 垂直面	50	—	80
工作间	0.75m 水平面	300	19	80
6. 办公建筑				
普通办公室	0.75m 水平面	300	19	80
高档办公室	0.75m 水平面	500	19	80
会议室	0.75m 水平面	300	19	80
接待室、前台	0.75m 水平面	300	—	80
营业厅	0.75m 水平面	300	22	80
设计室	实际工作面	500	19	80
文件整理、复印、发行室	0.75m 水平面	300	—	80
资料、档案室	0.75m 水平面	200	—	80

附录 13　部分工业建筑一般照明标准值（GB 50034—2013）

照明房间或场所		参考平面及其高度	照度标准值/lx	统一眩光值 UGR	一般显色指数 Ra	备　　注
1. 通用房间或场所						
试验室	一般	0.75m 水平面	300	22	80	可另加局部照明
	精细	0.75m 水平面	500	19	80	可另加局部照明
检验室	一般	0.75m 水平面	300	22	80	可另加局部照明
	精细，有颜色要求	0.75m 水平面	750	19	80	可另加局部照明
计量室、测量室		0.75m 水平面	500	19	80	可另加局部照明
变配电站	配电装置室	0.75m 水平面	200	—	60	
	变压器室	地面	100	—	20	
电源设备室、发电机室		地面	200	25	60	
控制室	一般控制室	0.75m 水平面	300	22	80	
	主控制室	0.75m 水平面	500	19	80	
电话站、网络中心		0.75m 水平面	500	19	80	
计算机站		0.75m 水平面	500	19	80	防光幕反射
动力站	风机房、空调机房	地面	100	—	60	
	水泵房	地面	100	—	60	
	冷冻站	地面	150	—	60	
	压缩空气站	地面	150	—	60	
	锅炉房、煤气站的操作层	地面	100	—	60	锅炉水位表的照度不小于 50lx
仓库	大件库（如钢坯、钢材、大成品、气瓶）	1.0m 水平面	50	—	20	
	一般件库	1.0m 水平面	100	—	60	
	精细件库（如工具、小零件）	1.0m 水平面	200	—	60	货架垂直照度不小于 50lx
	车辆加油站	地面	100	—	60	油表照度不小于 50lx
2. 机、电工业						
机械加工	粗加工	0.75m 水平面	200	22	60	可另加局部照明
	一般加工（公差≥0.1mm）	0.75m 水平面	300	22	60	应另加局部照明
	精密加工（公差<0.1mm）	0.75m 水平面	500	19	60	应另加局部照明

（续）

照明房间或场所		参考平面及其高度	照度标准值/lx	统一眩光值 UGR	一般显色指数 Ra	备　　注
2. 机、电工业						
机电、仪表装配	大件	0.75m 水平面	200	25	80	可另加局部照明
	一般件	0.75m 水平面	300	25	80	可另加局部照明
	精密	0.75m 水平面	500	22	80	应另加局部照明
	特精密	0.75m 水平面	750	19	80	应另加局部照明
电线、电缆制造		0.75m 水平面	300	25	60	
线圈绕制	大线圈	0.75m 水平面	300	25	80	
	中等线圈	0.75m 水平面	500	22	80	可另加局部照明
	精细线圈	0.75m 水平面	750	19	80	应另加局部照明
线圈浇注		0.75m 水平面	300	25	80	
焊接	一般	0.75m 水平面	200	—	60	
	精密	0.75m 水平面	300	—	60	
钣金		0.75m 水平面	300	—	60	
冲压、剪切		0.75m 水平面	300	—	60	
热处理		地面至 0.5m 水平面	200	—	20	
铸造	熔化、浇铸	地面至 0.5m 水平面	200	—	20	
	造型	地面至 0.5m 水平面	300	25	60	
精密铸造的制模、脱壳		地面至 0.5m 水平面	500	25	60	
锻工		地面至 0.5m 水平面	200	—	20	
电镀		0.75m 水平面	300	—	80	
喷漆	一般	0.75m 水平面	300	—	80	
	精细	0.75m 水平面	500	22	80	
酸洗、腐蚀、清洗		0.75m 水平面	300	—	80	
抛光	一般装饰性	0.75m 水平面	300	22	80	防频闪
	精细	0.75m 水平面	500	22	80	防频闪
复合材料加工、铺叠、装饰		0.75m 水平面	500	22	80	
机电修理	一般	0.75m 水平面	200	—	60	可另加局部照明
	精密	0.75m 水平面	300	22	60	可另加局部照明
3. 电力工业						
火电厂锅炉房		地面	100	—	40	
发电机房		地面	200	—	60	

（续）

照明房间或场所	参考平面 及其高度	照度标准 值/lx	统一眩光 值 UGR	一般显色 指数 Ra	备　　注
3. 电力工业					
主控室	0.75m 水平面	500	19	80	
4. 电子工业					
电子元器件	0.75m 水平面	500	19	80	应另加局部照明
电子零部件	0.75m 水平面	500	19	80	应另加局部照明
电子材料	0.75m 水平面	300	22	80	应另加局部照明
酸、碱、药液及粉配制	0.75m 水平面	300	—	80	

参 考 文 献

[1] 唐志平. 供配电技术 [M]. 4 版. 北京：电子工业出版社，2019.

[2] 刘介才. 供配电技术 [M]. 4 版. 北京：机械工业出版社，2017.

[3] 岳井峰. 建筑电气安装工程预算入门与实例详解 [M]. 2 版. 北京：中国电力出版社，2015.

[4] 中国航空工业规划设计研究院有限公司. 工业与民用供配电设计手册（上、下册）[M]. 4 版. 北京：中国电力出版社，2016.

[5] 张之光. 建筑电气 [M]. 北京：化学工业出版社，2013.

[6] 刘介才. 工厂供电 [M]. 6 版. 北京：机械工业出版社，2016.

[7] 刘复欣. 建筑供电与照明 [M]. 2 版. 北京：中国建筑工业出版社，2011.